新编21世纪高等职业教育精品教材

公共基础课系列

中华茶文化

主编　**胡民强**

副主编　**高玉萍　王瑶**

主审　**章志平**

U0386141

中国人民大学出版社
·北京·

前言

| Preface |

　　中华茶文化是高职涉茶专业的核心课程，也是社会爱茶人士热衷的文化类课程，还是中华传统文化的重要组成部分。茶的历史非常悠久，唐代陆羽《茶经》称"茶之为饮，发乎神农氏"。在远古时期，中国人就发现并利用了茶，茶一直伴随着炎黄子孙从原始社会走向现代文明社会。柴米油盐酱醋茶、琴棋书画诗歌茶，茶既是物质生活的必需品，又是精神生活的一大享受，还是文化艺术的一种品赏对象。

　　中华茶文化内涵极其丰富，从茶的发现利用到千姿百态的各类名优茶的形成；从《神农本草经》到《本草纲目》，再到现代科学揭示了茶的健康保健功效；从第一只饮茶陶碗到出自名家艺人的精美茶具；从古人推崇的沏茶的天泉、寒英到各地名泉。茶通六艺，茶的冲泡是一门技艺，茶叶的品评和鉴赏更是一种艺术享受。客来敬茶，茶与婚俗、茶与祭祀的礼仪千古流传。汉族的饮茶习俗丰富多彩，少数民族的茶俗千姿百态。中国茶道思想集儒、释、道各家精华，其核心是"和"，茶和天下万事兴，从陆羽的《茶经》到历代文人墨客创作的茶诗词、歌舞、戏曲、故事、书画、雕刻、茶事典故等文学艺术作品；从煎茶、点茶逐步发展形成茶礼、茶德、茶俗、茶道、茶艺，甚至茶会、茶宴、茶禅、茶食等一系列道德风尚和民俗风情。如今，茶产业是农村脱贫致富和乡村振兴的支柱产业，全民饮茶、健康养生、愉悦心情是人民对美好生活的向往。茶起源于中国并逐渐传播到世界各地，这一古老的饮料为人类的文明与进步做出了积极的贡献。

本教材由多位老师合力完成。高玉萍编写了第四章第一节中的"茶之艺"和第五章第二节"茶与文学"，王瑶编写了第四章第一节中的"茶之水"和第五章第三节"茶与艺术"、第四节"茶与掌故"，景德镇学院周雅琦编写了第四章第一节中的"茶之具"，吴咏芳编写了第三章第一节"神奇的东方树叶"和第六章第一节"茶的税制文化"，刘月生编写了第三章第四节"营养保健茶健康"，崔飞龙编写了第六章第二节"茶的博览文化"和第三节"茶的旅游文化"，孙培培编写了第三章第三节"琳琅满目的茶馆"，四川省农业科学院茶叶研究所黄藩编写了第三章第二节中的"千姿百态的名优茶"。其余章节由胡民强编写。

在本教材编写过程中，我们参考了大量相关图书、期刊和互联网资料，并引用了部分内容，在此对原作者表示衷心感谢！本教材的出版得到了浙江农业商贸职业学院农业经济管理系的大力支持，在此一并表示感谢。

由于编写时间仓促、茶文化史料浩如烟海而编者水平有限，书中难免有错误和不足之处，恳请专家、学者和广大读者批评指正，以便修订时进一步完善。

胡民强

2022 年 2 月

目 录
|Contents|

第一章

茶文化概述

一、茶文化的概念和内涵

（一）茶文化的概念

二维码 1-1
微课：茶文化的概念和内涵

茶是源于植物的饮料之一，"茶"字既包含物质的含义，又引申有精神内涵。"文化"则是人类在社会历史的发展过程中所创造的物质财富和精神财富的总称。

茶文化是茶在被品饮或应用的过程中所产生和形成的文化。茶是核心，茶文化的形成和发展在中国已绵延数千年，但"茶文化"一词最早出现在 20 世纪 80 年代，当代茶学泰斗庄晚芳先生首先提出"茶文化"这一名称，我国台湾的茶人也几乎同时提出和使用这一词。关于茶文化的概念根据多数学者归纳总结有三种观点，即广义的茶文化、狭义的茶文化和介于两者之间的中义的茶文化。

广义的茶文化是指人类在社会实践活动过程中创造的所有与茶有关的物质财富和精神财富的总和。它是茶与文化的有机融合，包含每一时期的物质文明和精神文明。

狭义的茶文化是指茶对人的精神和社会的影响及作用。表现为以茶为载体，通过茶的品饮来传播各种文化，展示民俗风情、审美情趣、道德风尚、价值观念和精神面貌的大众生活文化。

中义的茶文化介于广义和狭义的茶文化之间，包括茶的物质文化层——名茶及饮茶的器物层、茶的行为文化层、茶的精神文化层、茶的经济制度文化层。茶的栽培、加工、机械、营销、管理等不属于之列。

姚国坤老师综合各家之说提出，茶文化是人类在发展、生产、利用茶的过程中，以茶为载体，在研究茶的起源、演变、传播、结构、功能与本质的同时，表达人与自然、人与社会、人与人、人与自我之间产生的各种理念、信仰、思想感情、意识形态的综合学科。

中国茶文化是中国饮食文化的重要分支，也是中华民族优秀传统文化的重要组成部分。茶文化作为一种生活文化，包括大众文化和精英文化。

（二）茶文化的内涵

中华茶文化内涵极其丰富，从茶的发现利用到千姿百态的各类名优茶的形成；从第一只饮茶陶碗到出自名家艺人的精美茶具；从陆羽的《茶经》到历代文人墨客创作的茶诗词、歌舞、戏曲、故事、书画、雕刻、茶事典故等文学艺术作品；从煎茶、点茶到茶礼、茶德、茶俗、茶道、茶艺，甚至茶会、茶宴、茶禅、茶食等一系列道德风尚和民俗风情。所有这些构成了丰富多彩的中华茶文化的主要内容，使茶文化成为中华传统文化的重要组成部分。

茶文化涉及科技教育、文化艺术、医学保健、历史考古、经济贸易、餐饮旅游和新闻出版等学科与行业。它包含茶叶专著、茶叶期刊、茶与诗词、茶与歌舞、茶与小说、茶与美术、茶与婚礼、茶与祭祀、茶与宗教、茶与楹联、茶与谚语、茶事掌故、茶与故事、饮茶习俗、茶类品种、茶艺演示、陶瓷茶具、茶馆茶楼、冲泡技艺、茶食茶疗、健康养生、茶事博览、茶事旅游、茶事制度等。

1. 茶的物质文化

茶的物质文化是指茶、茶饮以及与茶有关的物质实体，它是茶文化的表层部分，是人们能直接感受到的物体，诸如茶、水、火、器；还包括实体的文化设施，如茶楼、茶室、茶馆、茶桌、茶椅、茶几、茶舍、茶亭、茶鼓等；另外还有茶树的形态、茶的内含物质以及这些成分对人的营养保健功效等。物质文化是从直观上把握不同茶文化色彩的依据，如茶的色、香、味、形，水的清、甘、轻、活，器的造形、图文、装饰，茶楼的建筑、风格、造型、环境等。

2. 茶的行为文化

茶的行为文化是指物质文化和精神文化相结合的层次，是人们在长期实践与交往中约定俗成的习惯行为定式，是以民风和民俗形态出现，见诸日常生活中的、具有民族特性和地域特性的行为模式。主要有茶艺、茶俗、茶礼等。

（1）茶艺。茶除了有饮用功能外还有审美功能，茶艺就是通过茶、水、器的选配、冲泡来展现茶的风采神韵，同时表现自己的身心与追求。茶、水、器、席、环境、仪表、仪态都是茶艺展示的内容。俗话说，茶通六艺，茶艺是一门综合艺术，琴棋书画、诗词歌赋、陶瓷工艺等都与茶结缘。

二维码 1-2

微课：红茶茶艺

（2）茶俗。各地、各民族有不同的饮茶风俗和习俗，如藏族的"酥油茶"、蒙古族的"咸奶茶"、白族的"三道茶"、江南水乡的"青豆茶"等，各地茶馆的不同风格也是茶俗，杭州、扬州、成都、北京的茶馆风格、主题迥异。还有一些神话、传说、谚语、歌谣都属于茶俗。

（3）茶礼。在礼仪之邦、文明古国，茶在冲泡品饮之中渗透着宾主之礼、亲朋之情，客来敬茶这个礼节大概始于唐代，宋代的敬客之茶有颇多讲究，不但客至敬茶，送客时还点汤。婚姻嫁娶中的"三茶六礼"、祭祀敬祖时的"三茶五酒"等都是茶礼的体现。

二维码 1-3

视频：白族三道茶

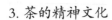

3. 茶的精神文化

茶的精神文化是茶文化的深层部分，精神是人的意识、思维活动等，与宗教、礼仪、文学、艺术、道德、哲学等有着密切的关系，又受政治、经济、社会的影响，并与之相互联系、相互渗透。茶的精神文化集中体现在"茶道"上，茶道是中华民族在喝茶品茗中体悟到的生存智慧。"廉、美、和、敬"是中华茶道的核心精神，是现代茶德的体现，也是茶人精神，包括"以茶养廉、以茶育德、以茶养生、以茶修性、茶和天下、以茶敬客、以茶尊礼"。茶道与儒家、佛家、道家都有关系，佛家说"茶禅一味"，儒家说"致清导和"，道家说"以茶养生"。

4. 茶的经济制度文化

茶的经济制度文化是茶文化的中间层部分，构成茶文化的个性特征。如有关茶的政策、法律、法令等。古代的贡茶、榷茶、茶马互市、茶法、礼规等，以及现时制定管理茶叶的产销、税收政策、规范等，都属于这一范畴。

上述茶的物质文化、行为文化、精神文化和经济制度文化是相互联系、相互作用、相互影响的，它们有机地结合，构成了中国茶文化的结构体系。

二、茶文化的特点

茶文化与其他文化一样，有它自身的普遍性和本身固有的特点，不仅要研究作为载体的茶，还包括围绕茶所产生的一系列物质的、行为的、精神的、经济制度的现象。作为一种文化现象，茶文化具有历史性、社会性、民族性、区域性和广泛性。

二维码 1-4

微课：茶文化的特点

1. 历史性

茶的历史几乎与埃及金字塔一样悠久，唐代陆羽《茶经》称"茶之为饮，发乎神农氏"，我国原始社会时人们就发现并利用了茶；周武王伐纣时，茶叶已作为贡品；战国时期，茶业已有一定规模，巴蜀的饮茶习俗开始向长江中下游传播；秦汉《尔雅·释木》中记载的"槚，苦荼"、《凡将篇》中的"荈、诧"指的都是茶；汉代以后茶成为佛教"坐禅"的必备品；魏晋南北朝时期，饮茶习俗迅速传播，在社会上已广泛流行；隋代，全民普遍饮茶，茶在人们心目中的地位进一步提高；唐代茶业繁荣、饮茶盛况空前，茶成为家家不可无的物品，提倡客来敬茶，出现茶馆、茶宴、茶会；宋代流行点茶、贡茶和赐茶，上流社会饮茶成风，饮茶程式日益精密，由点茶引申出丰富多彩的斗茶和茶百戏，百姓家更是不可一日无茶；明代，废除了团饼茶进贡，散茶得到大力发展，泡茶法流行，饮茶更加便捷；清代，曲艺进入茶馆,特别是八旗子弟在文化上"渐习汉俗,于淳朴旧制,日有更张",使饮茶艺术得以增强,同时茶叶的对外贸易也有了很大发展;等等。这些无不体现茶文化厚重的历史特点。

2. 社会性

在我国,饮茶的群众基础十分广泛。历史上富贵之家过的是"茶来伸手,饭来张口"的生活,而贫穷之户过的是"粗茶淡饭"的日子,但都离不开一个"茶"字。西藏特殊的自然环境使藏族同胞有"宁可三日无食,不可一日无茶"的感受。而文人墨客、社会名流、僧道佛教界人士,更是以崇茶为荣。他们烹泉煮茗,品茗议文,吟诗作画,倡行"君子之交淡如水",推动了茶文化的发展。至于平民百姓,居家茶饭,一日三餐,不可或缺。"开门七件事,柴米油盐酱醋茶",说的就是茶是人民生活的必需品,茶及茶文化与人们的生活关系密切。饮茶是人类一种美好的物质享受和精神陶冶,随着社会进步和物质水平提高,饮茶文化已渗透到社会的各个领域、层次、角落和生活的方方面面。特别是新时期,茶与经济文化、茶与人民健康、茶与人们美好生活紧密相连,中国国际茶文化研究会前会长刘枫倡导"茶为国饮",号召全民饮茶,茶已成为中华民族的举国之饮。

3. 民族性

茶在我国少数民族生活中是一种不可或缺的饮品,各民族酷爱饮茶,西北蒙古族、藏族、维吾尔族等高寒地区人民崇尚熬煮,不喜欢沏泡,有的用锅熬,有的用壶煮,还有的用罐煨。蒙古族的咸奶茶、藏族的酥油茶、维吾尔族的奶茶都是熬煮后加各种佐料制成的,解渴、助消化又补充营养,但居住在南疆的维吾尔族人则爱饮冲泡的香茶。陕甘宁地区的回族、羌族同胞爱喝罐罐茶,用茶罐在火塘边上边煨边饮,在茶中加各种佐料一起煨煮,有的甚至还加面食等当餐用。南方少数民族则保留了较传统的吃茶习俗。吃茶源于巴蜀,南方许多少数民族仍保留至今,盐茶汤、擂茶等均为羹饮风俗的遗存。居住在湘、鄂、渝毗连武陵山区一带的土家族,有喝擂茶的习惯。居住在云南西双版纳一带的傣族人,有喝烤茶的习惯。景颇族的腌茶其实是一道茶菜。纳西族人制作的"龙虎斗"茶,色彩奇异,既有特殊风味,又能去寒湿、治感冒。彝族人喜欢喝盐巴茶,而且有"早茶一盅,一天威风;午茶一盅,劳动轻松;晚茶一盅,提神去痛;一天三盅,雷打不动"的习惯。还有拉祜族、佤族、怒族等都以茶作食。茶与各民族文化生活结合,形成了丰富多彩的、具有民族特色的茶艺、茶礼及饮茶习俗,各民族的茶艺富有多样性、生活性、情趣性和文化性。虽然各民族饮茶习俗不同,但客来敬茶的礼仪和以茶示敬的意义却是相同的。所以,按照中国各民族的习惯,凡有客人进门,主人不待客吃饭是可以的,但不敬茶往往被认为是不礼貌的。

4. 区域性

俗话说"千里不同风，百里不同俗"，我国地域辽阔，各地的饮茶风俗差异很大，对茶类的爱好各不相同。由于受历史文化、特定生活、地理环境、区域风情、民俗民风等因素的影响，中国茶文化具有区域性。如江、浙、皖以饮用绿茶为主，江西、河南、湖北、贵州、广西也以饮用绿茶为主、花茶次之；饮茶基本都是直接用开水冲泡茶叶，推崇的是清饮，但也有江南水乡的青豆茶是在绿茶中加入烘青豆和笋干一起冲泡饮用。相对而言，山东、北京、天津、河北、陕西以及东北各地均以饮用花茶为主，绿茶次之。福建各地则以乌龙茶为主。广东粤北潮汕地区以乌龙茶、工夫茶为主，其他地区以红茶为主，次为乌龙茶和绿茶，花茶少量。港澳地区则以喝普洱茶为主。四川少数民族主饮砖沱茶，城市多饮花茶和绿茶。西藏、青海、宁夏、新疆等地均饮用紧压茶。不同茶类的消费使各地形成了不同的饮茶方法，进而形成了各地不同的茶文化特点。

5. 广泛性

茶文化是一种范围广泛、雅俗共赏、受者众多的大众文化，茶文化的发展历史告诉我们，最初传说的自"神农尝百草"始知茶具有解毒功能和治病作用，也许神农并无其人，只是中国南方农耕文明的一个代表。如今，茶已成为世界三大无酒精饮料之首，成了人们物质生活的必需品，又成了人们精神生活的一大享受，在品饮和鉴赏中形成了茶俗、茶礼、茶艺、茶会、茶宴等广泛的民俗风情和道德风尚；大量的茶诗、茶词、茶画、茶歌、茶事典故在民间传诵，成为人们文化艺术的品赏对象，"春到人间草木知""春茶一杯沁人心，品茶品味人生，茶中蕴含人生哲理，洁性不可污、为饮涤尘烦。"所以说，中国茶文化是范围广泛的群众性文化。

三、茶文化的功能

茶文化不仅具有很高的文化价值，也具有多方面的社会功能，如生活实用功能、强身健体功能、文化娱乐功能、宣传教育功能、社会组织功能、社会传承及商品价值功能等。晚唐时期刘贞亮提出茶之"十德"就从某种意义上反映了我国古代对茶的社会功能的认识，这"十德"包括："以茶散郁气，以茶驱睡气，以茶养生气，以茶除病气，以茶利礼仁，以茶表敬意，以茶尝滋味，以茶养身体，以茶可行道，以茶可雅志。"目前，茶文化主要有以下几大功能：

二维码1-5
微课：茶文化的作用

1. 稳定和谐功能

茶是人际交往的重要润滑剂，社会生活中无论是朋友相会、亲人团聚、友好往来、招待贵宾、商务洽谈，一般都以茶相待，"清茶一杯"象征着礼貌、纯洁和热情。"和"是中国茶道哲学思想的核心，也是儒、释、道共通的哲学思想，中和、和平、和睦、和谐是社会稳定的基石。2002年在马来西亚举行的第七届国际茶文化研讨会上，时任该国总理的马哈蒂尔在献词中说："如果有什么东西可能促进人与人之间关系的话，那便是茶。茶味馥甘醇，意境悠远，象征中庸和平，在今天这个文明与文明互动的世界里，茶是对话交流最好的中介。"事实证明，茶具有重要的社会和谐功能，具有很强的亲和力和凝聚力。

茶对社会稳定也有很重要的作用。在古代，茶叶是人们生活的必需品，是"开门七件事"之一，特别是在边疆少数民族地区，茶更是不可或缺，因此茶叶的生产供应关系到社会稳定和国家安定。以茶为基础的文化生活表现为礼貌、和谐的生活，可以化解矛盾、解决纠纷。

2. 健康休闲功能

喝茶有利于健康，茶是健康饮品，这是中国乃至世界公认的。茶叶中有多种成分有利于健康，能抵御疾病，如茶多酚、茶多糖、茶氨酸、儿茶素、咖啡碱、维生素等，尤其是儿茶素及其氧化产物有抗氧化、清除自由基、调节人体代谢、增强免疫、降血脂、抑菌、解毒等多种功效。饮茶能使人心情舒畅、平和心境、大脑轻松、思维敏捷，饮茶能给人带来快乐，调节心理。古时候的"斗茶"是一种休闲娱乐，在斗茶中品比茶道艺术，品鉴茶叶好坏，还有品茗作诗，一较高下。现存范仲淹的《斗茶歌》以及刘松年的《斗茶图》、容庚的《斗茶记》等充分描述了当时的斗茶情景，极富休闲娱乐性。现代人到茶馆、茶楼、农家乐品茶也是一种休闲，茶文化能给人带来身心健康。

3. 廉政教育功能

通过茶文化可以培养伦理道德和行为规范，教育下一代，"清茶一杯"蕴含了"节俭、淡泊、朴素、廉洁"的精神。中国是礼仪之邦，几千年的茶文化中包含着谦和、平等、有度的礼仪，自古以来，民间就有"客来敬茶""客至茶烟起"的说法，现代的茶话会、团拜会、敬老茶会等许多场合以茶代酒。在云南大理，每逢过年过节都会有"一苦二甜三回味"的三道茶礼，寓意先苦后甜、苦尽甘来，回味无穷，教育意义深刻。

中国古代茶德是"清、静、怡、情"，当代茶德是庄晚芳先生提出的"廉、美、和、敬"，即廉俭育德、美真康乐、和诚处世、敬爱为人。日本将茶德内涵引申为"和、敬、清、寂"，韩国将茶德内涵引申为"清、静、和、乐"。可见，茶文化的廉洁教育是中国的，同时也是世界的，中国茶文化给世界送去了人与人之间的平和、自然、踏实和中庸。

4.欣赏审美功能

首先，名茶的"色、香、味、形"之美，茶具的"形、神、气、态"之美，品茗环境的"清、幽、雅、静"之美都会带给人们美的享受；其次，品茗本身就是一种艺术欣赏行为，赏心悦目的茶席设计和泡茶艺术，茶与琴棋书画的结合，品茗赏月、以茶助诗、挥毫泼墨，历代的茶诗、茶联、茶画、茶歌、茶舞是人们欣赏审美的对象；最后，博大精深的茶道艺术体现了茶的精神之美、茶人之美。苏东坡有诗云"戏作小诗君勿笑，从来佳茗似佳人"，他把优质的茶比喻成让人一见倾心的绝代佳人。

5.繁荣经济功能

茶产业是我国南方农业的重要支柱产业，是山区农民脱贫致富的经济作物，是我国传统的出口外贸产品。2021年，我国茶叶产量306万吨，其中内销230万吨，销售额3120亿元人民币，出口36.94万吨，出口额22.99亿美元。近年来全民饮茶日、国际茶日的确立，极大地推动了茶叶的消费。随着茶产业链的延伸，精深加工产品不断被发掘，喝茶、饮茶、吃茶、用茶、玩茶、事茶六茶共舞，奶茶等新茶饮兴起，茶食品、茶保健品、茶日用品不断被开发出来。

四、学习茶文化的方法和任务

茶文化是我国优秀的传统文化，中国国际茶文化研究会早就提出"茶文化四进"，即茶文化进校园、进机关、进社区、进企业，开展全民饮茶活动，以提高全民的文化修养和身心健康。近年来，各高校在学科教育的同时注重人文教育，不仅在涉茶专业开设茶文化及茶艺方面的课程，其他专业也将茶文化作为公共选修课程开设，茶文化越来越受到广大师生的欢迎。

1.茶文化的研究范围

茶文化有广义、狭义和中义三方面，范围差异较大，根据2004年第一届中国国际茶文化研讨会上程启坤老师提出的观点，以及姚国坤老师综合各家提出中义的茶文化，茶文化研究的对象和范围如下：

（1）茶的起源与历史：茶树与茶的起源、饮茶的起源与饮茶发展史、茶树种植史、茶叶加工史、茶类的演变、茶利用史、茶贸易史、茶的传播史等。

（2）茶的古籍考证与解读：包括唐以前的茶事记载、唐到今的历代茶书、唐至清非茶书中的茶事记载、茶诗词及其他茶文学艺术作品等。

（3）茶文化资源：各地现存的茶文化文物、古迹、人文资源、茶叶博物馆等。

（4）饮茶习俗：各民族的饮茶习俗、茶与婚姻、茶与祭祀、茶与礼仪等。

（5）茶艺：各类茶艺呈现、茶的烹饮技艺、茶会茶宴等。

（6）茶馆文化：茶馆历史、现代茶馆、茶艺馆等。

（7）茶具文化：历代茶具演变、历代茶具鉴赏、现代茶具与创新、茶具制作工艺、历代茶具工艺师及其代表作品等。

（8）茶的性状与名茶文化：茶树的特征、历代名茶与贡茶及发展、现代各地名茶赏析。

（9）茶人与爱茶人：历代茶人和历代爱茶人、当代茶人等。

（10）茶与文学艺术：茶与诗词、小说、词赋、散文、谚语、楹联，茶与书画、戏曲、歌舞、影视、雕塑，茶的传说与典故等。

（11）茶文化的社会功能：倡导茶为国饮、茶文化社团活动、茶文化与民生、茶文化与经济等。

（12）茶道、茶与宗教：中国茶道的形成与发展、中国茶文化的核心价值、茶与佛教、茶与道教、茶与儒家、茶与其他宗教等。

（13）茶叶经营贸易文化：历代茶政、茶法，当代茶叶制度，茶叶企业文化、茶叶品牌文化，茶的供销文化等。

（14）茶与健康：茶的主要功能成分、古籍论茶之功效、现代科技下的茶功效、科学饮茶等。

（15）茶与休闲旅游：观光茶园、茶文化旅游、茶在未来休闲业的作用等。

（16）茶文化普及与教育：茶文化宣传与普及、茶文化职业教育与学历教育等。

（17）茶文化对世界的影响：中国茶文化对西方饮食文化的影响，中国茶文化对世界文明的贡献等。

2. 茶文化的学习目的、任务

2020年"国际茶日"的设立说明茶不仅是我国的举国之饮，也已成为全世界的绿色健康饮料，茶文化促进了人类进步，也推动了世界文明进程。今天我们学习和研究茶文化，一是要培养爱国精神，热爱民族文化，用发展的眼光、创新的思路，回眸源远流长和博大精深的中华茶文化，丰富和扩大茶文化的内容和范畴，进而推动中华文化脉络的延续，更好地为新时期物质文化、精神文化和道德文明建设服务。二是增强青年学生的社会责任感，培养健全的人格、清廉的精神、和敬的道德修养，抵御社会不良因素的侵蚀，主动适应社会的需求。三是把茶文化与茶科技相结合，为繁荣茶科学，促进茶经济发展做出贡献。四是促进交流沟通，茶是文明与文明对话的最好介质，年轻人要加强沟通交流，努力打造自己的人文功底，拓宽知识面，同时要加强国际茶文化的交流与合作，推动世界文明的进步，造福全人类。

因此，学习茶文化首先具有弘扬茶文化精神、普及茶文化知识、促进茶文化传播的功能，用茶文化影响和改变人们的思维方式、价值观念、审美情趣、道德风尚和行为习惯，构建文明、和谐、健康的社会。其次，茶文化能够推动茶产业的健康发展，自古以来文化和产业就是相互关联、相互促进的，茶文化与茶科技、茶健康、茶产业紧密相连，产业的文化化和文化的产业化是未来经济的两大趋势。

3. 茶文化的学习方法

茶文化是一门综合学科，内容非常广泛，首先要采用多学科的学习方法。茶文化以茶为载体，因此学生要对茶及茶产品有一个全面深刻的认识和理解，同时研究茶的起源、演变、传播，茶的饮用和药理保健功能，掌握茶的沏泡品饮原理与方法、泡茶及品赏的艺术，在品茗中感悟人生哲理，学习各民族的饮茶习俗，文学艺术中表达的茶与茶的精神，还有茶与自然、茶与社会、茶与经济等。涉及的知识范畴包括历史学、生物学、制造学、品鉴学、文学、行为艺术学、民俗学等，学生不仅需要茶相关知识的储备，还需要多学科知识的储备，广泛研读、认真学习、加深理解。其次是理论与实践结合的学习方法，在学习理论知识的同时，要深入习茶，不光要多饮茶、品茶、认识各种茶类，还要开展茶艺冲泡实践、饮茶习俗体验、茶艺及茶文化推广应用，在习茶中品悟人生、提升自我，特别是要学习"茶圣"陆羽实践、钻研、深入茶区的精神。最后是古为今用、洋为中用的学习方法。我国古代茶及茶文化传到国外，与国外文化结合形成各具特色的茶文化，如日本茶道、韩国茶礼、英式下午茶等，我们要加以借鉴和学习，不断扩大视野，提升茶文化的国际推广能力。

 课 后 习 题

1. 茶文化的概念和内涵是什么？

2. 茶文化的特点是什么？

3. 茶文化的功能有哪些？

第二章
茶与茶文化源流

第一节　茶及茶树的起源

一、茶树及其原产地

茶树是多年生常绿木本植物，原产于我国西南地区的原始森林中，陆羽在《茶经》中称茶为"南方嘉木"。茶树在地球上存在可能有数十万年了。中国从发现和利用茶至今，已有5000多年的历史，人工栽培茶树也有约3000年的历史。1753年，瑞典植物学家林奈把茶的学名定为"Thea sinensis"，意即原产于中国的茶树。

二维码 2-1
微课：茶树及其原产地

我国的云贵高原是世界山茶科植物的分布中心。目前世界上山茶科植物共23属、380余种，中国占有15属、260多种，主要分布在我国西南地区。茶树是山茶科－山茶属植物，在我国西南地区高度集中，云南、贵州、四川一带分布着大部分的茶树品种资源，而且变种也最多、最丰富。从物种的起源和分布多样性来看，云贵高原是最适合山茶科－山茶属植物生长繁衍的地方。目前我国云南、贵州、广西等十余省区有200多处发现野生大茶树，最长树龄达千年以上。其中，树干直径达1米以上的野生大茶树有十多株，全都分布在云南省，树最高的数十米。有些野生大茶树群面积达上千亩，而且全都是乔木型的，这是原产地植物最显著的植物地理学特征。因此，云南是茶树的地理起源和栽培起源中心。

云贵高原野生大茶树的形态特征和生化特性属于原始类型。20世纪30年代以来，中国茶叶科学家经调查研究和分析发现，中国西南地区的野生大茶树具有最原始的形态特征和生化特性，特别是茶树中最重要的特征性物质——儿茶素，它的进化由简单到复杂，原始型茶树中有更高的简单儿茶素含量。这一史实也为世界上众多学者所认可。

1981年贵州普安、晴龙县交界处发现茶籽化石，被认定是新生代第三纪四球茶的茶籽化石，距今已有100万年的历史了。从古地质和气候变迁来看，我国西南地区是茶树的原产地。在冰川时期，我国西南地区受冰川影响较小，茶树得以存活下来，在高山河谷地带生长，慢慢地向亚热带、温带地区延伸发展，由乔木向小乔木、灌木发展，因而茶树现在有大叶种、中叶种和小叶种。

近年，在对商周时代甲骨文的考古研究中发现了有关采茶的记载，晋人常璩所撰写的《华阳国志》中表明，公元前1000多年的周代，巴蜀一带已经有了人工种植的茶树，并用所产的茶叶作为贡品。我国秦汉时期就有茶的记载，"荈""诧""荼"是最古老的"茶"字。西汉王褒的《僮约》中有"武阳买茶，烹茶尽具"，说明当时已有茶和茶具了。1987年陕西法门寺地宫出土的1100年前唐僖宗供奉宫廷金银器茶具，是唐代最精美的金银茶具，这些茶器可分为贮茶器、炙茶器、取量器、贮盐器、取水器、点茶器、卫生用具和茶点容器，为唐代大兴饮茶之风提供了佐证。

另外，许多国家的茶字和茶的发音与中国有关，如英语中"tea"的发音源自粤语的发音，法语、德语、俄语中茶的发音也都译自我国茶的地方发音。

二、茶的发现与利用

早在远古时期，我国的先民就对茶有了认知，在1973年发掘的浙江省余姚市河姆渡新石器时代古人类遗址中发现疑似茶的遗物；2004年又在距河姆渡7千米的田螺山遗址中发现不少树根块，经植物形态学、解剖学结构对比分析，初步鉴定是先民种植的茶树根；2011年夏又在田螺山遗址中出土疑似茶树根，后

二维码2-2
微课：茶的发现与利用

经研究机构对样本中的化学成分分析检测和显微切片分析，认为其氨基酸含量接近活体茶树主根，木质结构与栽培茶树一致，这是迄今考古发现的最早人工种植茶树根遗存。1990年，在发掘萧山跨湖桥遗址时，也发现了一粒类似山茶属植物茶树种子和类似原始茶的"荼"纹饰遗存。这些遗址都在5500~8000年前，比"神农尝百草"还要早，人工种茶历史也往前推了1000多年。

关于茶的利用，陆羽在《茶经》中称"茶之为饮，发乎神农氏"。其实茶最早是作为药用的，人们在用茶的过程中，发现了许多药用功能。东汉至魏晋南北朝时期，不少古籍中描述了茶的药性，我国最早的医学著作《神农本草经》（汉朝）中记载"茶味苦，饮之使人益思、少卧、轻身、明目"。其他许多古书也记载有"苦茶久食，益意思""茶治便脓血甚效""久喝茶可轻身换骨"等，便是佐证。茶在药用的同时还被人们当作菜食，魏晋时期的茗粥羹饮就被当作食物食用；西南基诺族等少数民族至今还保留食用茶树青叶的习惯；现今人们也将茶入菜，如龙井虾仁。茶因长期作为药用和菜食，提神、使人兴奋的作用展现，慢慢发展成饮料。因此对茶的利用呈现了从药用、食用到饮用的演变。

最初的饮茶方法是烹煮饮用，叫"焙茶"，将茶叶在火上烤至金黄，然后加水煎煮后饮用。唐代，饮茶已相当普遍，但仍保留着羹饮的痕迹；明代以后，散茶发展，饮

茶由烹煮过渡到冲泡饮用。

三、茶名、茶字及茶音

茶被发现利用后，在不同的历史时期有不同的称谓和发音。就茶字、茶名而言，代表茶的名词就有数十个，如荼、苦荼、檟、蔎、苦荈、茗、蔎、荈、诧、葭、葭萌、皋芦、瓜芦、苦菜、苦芽、选、冬游、云腴、金英、玉蕊、渲老等。

"茶"字最早出现在中唐，《茶经》注中已清楚地说明了"茶"字的出处是唐玄宗撰的《开元文字音义》，由"荼"略去一笔而来。"茶"字出现后与"荼"并用了很长时间，陆羽在《茶经》中将"荼"字统一改为"茶"，才使"茶"字广泛流传开来。

"荼"字最早出现于《诗经》，"采荼薪樗，食我农夫""谁谓荼苦，其甘如荠"。《周礼》也记有"掌荼以供丧事"。古文中"荼"的含义较多，字音也不止一个，有指苦菜、茅草、荆荼的，也有指茶的。《尔雅·释木》中的"檟，苦荼"明确地指茶，现在普遍认为"荼"字是"茶"字的前身，汉代也有将"荼"读成"chá"。如西汉茶陵刘沂的领地之一荼陵县，现今湖南茶陵县，汉时读音就为"chá"。因茶味苦又是木本植物，古书中有称茶为"荈"和"苦荈"的。

"檟"出自郭璞的《尔雅注》："檟，苦荼。"郭璞注为"树小如栀子，冬生叶，可煮作羹饮"。以后陆羽《茶经》中也有"檟"字记载，据考证，长沙马王堆西汉墓中的随葬清册中有"槚—笥"的竹简文和木牌文，经查，这个"槚"是"檟"的异体字，"槚—笥"指茶箱的意思。说明当时湖南已有饮茶和茶叶生产了，檟字也已普遍使用。

"茗"出自《晏子春秋》，"婴相齐景公时，食脱粟之饭，炙三弋、五卵、茗菜而已"。后《神农食经》称"荼茗久服，令人有力、悦志"，许慎的《说文解字》曰"茗，荼芽也"。汉代以后，"茗"用得比较多；唐代以后，"茗"被文人墨客广泛使用，是茶的雅称。

据考证，东汉许慎的《说文解字》里已出现"荼""檟""茗"这三个小篆字了。

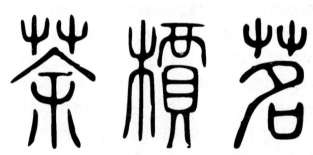

图2-1 "荼""檟""茗"三个字的篆体写法

"蔎"出自扬雄的《方言》，是四川西部人对茶的称呼，"蜀西南人谓茶曰蔎"。清郝懿行《证俗文》记"按蔎、诧即茶也，茶有茶音，盖始于此"。古书上用"蔎"代表茶的较少见。

"荈"出自西汉司马相如《凡将篇》中，"……藿菌、荈诧、白敛、白芷……"，这是最早将茶列为药物的文字记载，其中谈及二十种药物，将茶称为"荈诧"。"荈"是一个古老的茶字，意为采摘后期较老的茶叶及制品。南北朝《魏王花木志》说"茶，叶似栀子，可煮为饮。其老叶谓之荈，嫩叶谓之茗"。三国时吴国君主孙皓"密赐茶荈以当酒"，晋代孙楚的《出歌》记"……姜、桂、茶荈出巴蜀"，晋代杜育作的《荈赋》等都指的是茶。隋唐以后"荈"已很少用，逐渐被"茗"替代。

"葭萌"，西汉扬雄《方言》记载"蜀人谓茶曰葭萌"，对此，明代杨升庵撰《郡国外夷考》曰"葭萌，《汉志》葭萌，蜀郡名。葭音芒，《方言》'蜀人谓茶曰葭萌'，盖以茶氏郡也"。表明葭萌指的是茶，也是我国的一个郡名。

"瓜芦"又名"皋芦"，是分布于我国南方的一种叶大而味苦的树木。瓜芦这一名称出自东汉的《桐君录》，这里指瓜芦似茶而非茶，唐代陈藏器《本草拾遗》说"《广州记》曰：新平县出皋芦。皋芦，茗之别名也"。1938 年出版的《植物学大辞典》第六版也明确认定皋芦是茶的一种。

茶在古诗词、古文献中还有许多美称，如瑞草魁、草中英、余甘氏、不夜侯、王孙草、涤烦子、玉川子、凌霄芽、翘英、清友、酪奴、森伯、花乳、隽永、水厄、玉蕊、叶嘉等。

我国民族众多，尽管茶在文字上得到了统一，但在发音上，不同地区、不同民族差异仍很大，如长江流域发音为"cha""chai""zhou""zha"，华北发音为"cha"，广东、福建发音为"te""ti""tei"，云南的傣族、苗族、彝族读"la"（拉），哈尼族发音"lao ba"（老拔），藏族发音"jia"（同"槚"）。维吾尔族发"qia yi"（恰依），是茶叶的译音。基诺族读"la bo"（啦博）。贵州的侗族发音"si""syi"，布衣族发音"chuan"，川黔一带的瑶族、畲族、彝族发音为"se""she"。

世界各国对茶的发音基本是由中国茶叶输出地读音直译过去。茶叶从我国走海路传播到西欧各国，发音同福建一带"te""ti""tei""tui"音，如英语 tea、法语 the、拉丁语 thee、德语 tee、西班牙语 te 等。茶叶由我国从陆路向西、向北传播去的国家，发音同华北"cha"音，如日语 cha、蒙古语 chai、俄语 cha-i、波斯语 chay 等。

四、制茶技术的发展

在中国数千年的制茶历史上，茶类的发展经过绿茶、白茶、

二维码 2-3

微课：制茶技术的发展

黑茶、乌龙茶、红茶等，制茶技术大致经历了以下几个阶段的演变。

（一）直接采食茶树鲜叶

《格致镜原》称："神农尝百草，日遇七十毒（注有"称七十二毒"的），得茶而解之。"陆羽《茶经》也称"茶之为饮，发乎神农氏"，说明茶的利用最早是在 5000 年前从咀嚼茶树鲜叶开始的，这是对茶最原始、最直接的利用方式。这种生吃茶树芽叶的现象、遗风至今尚存，云南基诺族、佤族、布朗族等至今还保留着直接生吃、加盐腌制后吃或是加佐料凉拌吃的习惯。

（二）从生煮羹饮到烤后煮饮

春秋时期，茶作茗菜食，见于《晏子春秋》："婴相齐景公时，食脱粟之饭，炙三弋、五卵、茗菜而已。"《晋书》记述："吴人采茶煮之，曰茗粥。"茶作羹饮见于晋代郭璞《尔雅》的"槚，苦荼"之注："树小如栀子，冬生叶，可煮羹饮。"到了唐代，仍有吃茗粥的习惯。现在湖南等地土家族的擂茶（又称"三生汤"）就是生煮羹饮形式的保留。

生煮羹饮进一步发展就是鲜叶经火烤后再煮饮，这种鲜叶火烤的做法就是最原始的加工绿茶的方法，火烤相当于现代制茶中的"杀青"。我国云南西双版纳的布朗族、傣族、哈尼族、佤族，至今仍保留着这种"烤鲜茶煮饮"的习俗。

（三）从晒干收藏到蒸青做饼

三国时期，为了日后饮用或把茶带到不产茶的地方去，人们发明了"晒干收藏"的方法，就是利用阳光直接将鲜叶晒干或烤后再晒干，加工成"干茶"，这样就能保存了。三国时，魏国张揖《广雅》记载，虽也是煮茶作羹饮，但它是将采来的茶叶先做成饼，加佐料调和作羹饮。当时采叶做饼是制茶技艺的萌芽。

由于鲜叶直接晒干有很浓的青草味，且没有太阳的日子无法干燥，人们就利用"甑"（古代的蒸食用具）来蒸茶，于是就发明了原始的"蒸青"。蒸后为了干燥收藏，又发明了锅炒和烘焙至干的方法，从而产生了原始的"炒青茶"和"烘青茶"。到了唐代，制茶技术空前发展，蒸青做饼已逐渐完善，陆羽《茶经·三之造》记述："晴采之，蒸之，捣之，拍之，焙之，穿之，封之，茶之干矣。"自采至于封七经目，唐代的蒸青饼茶有大有小，有花、方、圆三种形状。蒸青后虽去其青气，但苦涩味仍浓，于是又通过洗涤鲜叶，蒸青压榨，去汁制饼，使茶叶的苦涩味大大降低。宋代，制茶技术发展很快，出现了研膏茶、蜡面茶，并逐渐在团饼茶表面有了龙凤之类的纹饰，称为龙凤团茶。龙凤团茶的加工，据宋代赵汝砺《北苑别录》记述，有六道工序：蒸茶、榨茶、研茶、造茶、过黄、烘茶。

图2-2　唐代茶饼

（四）从团饼茶到散叶茶

在蒸青团茶的加工中，为了改善茶叶苦味重、香味不正的缺点，逐渐采取蒸后不揉不压、直接烘干的做法，将蒸青团茶改为蒸青散茶。

唐代制茶虽以团饼茶为主，但也有其他茶，陆羽《茶经·六之饮》中"饮有觕茶、散茶、末茶、饼茶者"，其中觕茶即粗茶。宋代至元代，饼茶、龙凤团茶、散茶同时并存。

到了明代，团饼茶耗时费工、香味欠佳等一些缺点和弊端逐渐为茶人所认识。明太祖朱元璋下令罢造龙团，于洪武二十四年（1391）九月十六日下了一道诏令，废团茶兴叶茶。据《明太祖实录》载："庚子诏，……罢造龙团，惟采茶芽以进。其品有四，曰探春、先春、次春、紫笋……"由于有了这道朝廷诏令，从此蒸青散叶茶大为盛行。

（五）从炒青绿茶发展至其他茶类

唐、宋时期以蒸青茶为主，但也开始萌发炒青茶技术。唐代刘禹锡《西山兰若试茶歌》中写道："斯须炒成满室香，便酌砌下金沙水。"这是至今发现的关于炒青绿茶最早的文字记载。经唐、宋、元代的进一步发展，炒青茶逐渐增多。至于"炒青"茶名，宋代诗人陆游曾记述："日铸则越茶矣，不团不饼，而曰炒青。"自明代以后，茶人对炒制工艺不断革新，先后产生了不少外形、内质各具特色的炒青绿茶。

除绿茶外，其他茶类也在各朝代相继出现并得到完善和发展。

1. 白茶的由来

古代晒干收藏的茶有点类似于原始的白茶，我国唐宋时期有不少有关白茶的记载，如宋子安的《东溪试茶录》记有："白叶茶……茶叶如纸，民间以为茶瑞，取其第一者为斗茶。"宋徽宗赵佶的《大观茶论》称："白茶自为一种，与常茶不同，其条敷阐，其叶莹薄，崖林之间，……生者不过一二株……于是白茶遂为第一。"但这只是茶树品种的白茶，而不是加工方法的白茶，现在安吉白茶就是这种白叶茶。

现代白茶是从宋代绿茶三色细芽、银丝水芽开始逐渐演变而来的，明代田艺衡《煮泉水品》记述"芽茶以火作者为次，生晒者为上，亦更近自然……"，这类似于白茶的制法。1796 年，福建福鼎茶农采摘大白毫的茶芽，加工成针形茶。1857 年，福建发现茶叶茸毛特多的茶树品种，如福鼎大白茶、政和大白茶。从 1885 年起，就有大白茶的嫩芽加工成"白毫银针"。20 世纪开始，以一芽二叶的嫩梢加工成"白牡丹"，后又出现"贡眉"和"寿眉"。现代白茶品种披满茸毛、干茶遍布白毫、不炒不揉、形态自然。

2. 黄茶的产生

历史上最早记载的黄茶是茶树品种特征，唐朝享有盛名的安徽寿州黄茶和作为贡茶的四川蒙顶黄芽，都因芽叶自然发黄而得名。

1570 年前后，黄茶的闷黄技术诞生，绿茶杀青后未及时摊晾、揉捻，或揉捻后未及时烘干、炒干，堆积过久，使叶子变黄，但滋味更醇，也更易保存。黄大茶创制于明代隆庆年间。明代许次纾的《茶疏》中说："江南地暖，故独宜茶，大江南北，则称六安。然六安乃其郡名，其实产霍山县之大蜀山也……顾彼山中不善制造，就于食铛大薪炒焙，未及出釜，业已焦枯，讵堪用哉！兼以竹造巨笥，乘热便贮，虽只有绿枝紫笋，辄就萎黄，仅供下食，奚堪品斗。"这是批评制茶技术不好，绿茶变成黄茶，因此，发现黄茶的制法。现在，霍山黄大茶制法，正是如此。又如《明会典》记载"隆庆五年（1571）令买茶中马事宜，收买真细好茶，毋分黑黄，一例蒸晒，每笾重不过七斤"。这是四川晒青绿茶做色蒸压为边茶，做色重的变黑色，轻的变黄色。

3. 黑茶的出现

历史记载，湖南黑茶起源于 16 世纪，安化黑毛茶是揉捻后渥堆 20 多个小时后烘干为黑毛茶，然后经蒸压技术做成各种各样的黑砖茶。"黑茶"一词最早出现于明嘉靖三年（1524）的《明史·食货志》中："……以商茶低劣，悉征黑茶。地产有限，乃第茶为上中二品，印烙笾上，书商名而考之。每十斤蒸晒一篦，送至茶司，官商对分，官茶易马，商茶给卖。"此时的安化黑茶已经闻名全国，并由"私茶"逐步演变为"官茶"，用以易马。

另一黑茶的类型——四川边茶则更早。11 世纪前后，四川绿茶运销西北，由于当时交通不便，运输困难，必须压缩体积，蒸制成团块茶，经马帮运输日晒雨淋后，品质变得更加醇厚。于是有了变色的认识，半成品绿毛茶要经过 20 多天渥堆才能变黑，就此发明了黑毛茶的制法。

普洱茶因普洱地名而得名。云南产团块茶历史悠久，晋代傅巽《七诲》中记各地的名特产"……巫山朱橘，南中茶子，西极石密"。南中茶子就是云南一带产的紧团茶。唐代樊绰《蛮书·云南管内物产第七》中记载"茶出银生城界诸山，散收无采造法。蒙舍蛮以椒、姜、桂和烹而饮之"。散收的就是简单的晒青茶。宋代普洱茶通过茶马古道到西蕃换取马匹，明代谢肇淛《滇略》记"土庶所用，皆普茶也，蒸而成团"。清代赵学敏《本草纲目拾遗》记"普洱茶出云南普洱府，成团，有大中小三等"。唐代普洱茶就作为商品销到西藏和内地，清代普洱茶作为贡茶大量朝贡给朝廷。20世纪70年代研究成功普洱茶渥堆发酵新工艺，使发酵时间大大缩短。

4. 乌龙茶的创制

乌龙茶在清朝创制于福建省，制法介于绿茶、红茶之间。据《安溪县志》记载，1725年前后，安溪人于清雍正三年（1725）首次发明乌龙茶的做法，然后传入闽中沙县，再到闽北，后来广东也有了乌龙茶的制法，台湾的乌龙茶技术是由福建移民传过去的。1855年前后，福建红茶生产过剩，销路不畅，影响茶农生活，而后大量改制青茶。清初王草堂的《茶说》中记述："武夷茶，自谷雨采至立夏，谓之头春；……茶采后以竹筐匀铺，架于风日中，名曰晒青。俟其青色渐收，然后再加炒焙。阳羡片只蒸不炒，火焙以成。松萝、龙井皆炒而不焙，故其色纯。独武夷炒焙兼施，烹出之时半青半红，青者乃炒色，红者乃焙色。茶采而摊，摊而摝，香气发越即炒，过时不及皆不可。既炒既焙，复拣去其中老叶枝蒂，使之一色。"这种独特的武夷岩茶制法一直保留至今。

5. 红茶的起源

红茶的加工技术已有400多年历史，最早是在绿茶、黑茶、白茶的基础上发展起来的，由白茶的晒制认识到日光萎凋，由黑茶的堆积认识到"渥红即发酵"。福建崇安县桐木关首创小种红茶，被称为红茶的发源地。据现有文献记载，"红茶"一词最早见于明代中叶刘基的《多能鄙事》一书。陈宗懋在《中国茶经》中称红茶创制于明代，具体年份无从考证。入清后随外贸的发展需要，红茶由福建很快传到江西、浙江、安徽、湖南、湖北、云南和四川等省。

1610年，福建崇安产的小种红茶首次从海上运往荷兰，荷兰是欧洲最早饮茶的国家，然后相继运送到英国、法国、德国、葡萄牙等国家。

6. 花茶的来历

茶加香料或香花的做法已有很久的历史，宋代蔡襄《茶录》提到加香料茶，"茶有真香，而入贡者微以龙脑（冰片）和膏，欲助其香"。南宋施岳《步月·茉莉》词中已有茉莉花焙茶的记述，该词原注："茉莉岭表所产……此花四月开，直至桂花时尚有玩芳味，古人用此花焙茶。"明代刘基《多能鄙事》中述及"薰花茶"。明代顾元庆《茶谱》中有用橙皮窨茶和用莲花含窨的记述。

明代钱椿年《茶谱》述及，"木樨、茉莉、玫瑰、蔷薇、兰蕙、桔花、栀子、木香、梅花皆可作茶"。"花多则太香而脱茶韵，花少则不香而不尽美，三停茶叶一停花始称，用瓷罐，一层茶，一层花，相间至满，纸箬抓固，入锅，重汤煮之，取出待冷，用纸封裹，置火上焙干收用。"现代窨制花茶的香花则更多。

南宋《调变类编》卷三记录了莲花茶窨制，"莲花茶于日未出时，将半含莲花拨开，放细茶一撮，纳满花蕊中，以麻皮略扎，令其经宿，次早摘花，倾出茶叶，用纸包茶焙干。再如前法，又将茶叶入别蕊中，如此者数次，取出焙干，不胜香美"。

花茶较大量生产，始于 1851 年前后。到了 1890 年，花茶生产已较为普遍。20 世纪 50 年代，我国花茶发展较快，除了大量销往北方市场，还有不少出口。

五、茶及茶树的传播

中国是茶树的原产地，这一片神奇的树叶对人类做出了巨大的贡献，形成了独特灿烂的茶文化。

（一）茶从起源地向国内的传播

二维码 2-4
微课：茶及茶树的传播

古生物、古气候、古地质学家认为，云南南部（孔雀之乡云南西双版纳）是茶树的发祥地和原产地，范围再扩大一点，我国云、贵、川一带是茶树的原产地，5000 多年前的原始社会时期我国百姓就发现了茶树并加以利用。

茶树的演变和迁移与生态环境的变化和人为干预等因素有关，茶的利用和传播与当时的政治、经济、交通、文化及自然条件等因素有关。

云南是植物王国，属亚热带和热带季风气候，也是一些江河的发源地。金沙江、澜沧江、盘江等水系连通长江、珠江、湄公河，非常适合茶树的生长，江河两岸有丰富的野生茶树资源，是驯化栽培茶树的基地。从生物学角度看，物种一般沿江河流向传播，长江是我国第一大江，流域面积十分广阔，因此茶树从云南、贵州向四川、陕西、重庆、湖北、湖南、河南、安徽、江苏、浙江、福建、广东、台湾、海南等一带传播和演变。从热带、亚热带到温带，茶树也演化成大叶种的乔木、中叶种的小乔木和小叶种的灌木型以及各种各样的亚种和变种。

巴蜀是我国茶业的始发点和茶文化的发祥地。四川与云南接壤，是茶树起源的副中心，种茶、制茶历史悠久，吴理真被雅安名山人尊为人工栽培茶树的茶祖。据考证，战国时期，巴蜀就形成了一定规模的茶区，顾炎武曾指出"自秦取蜀而后，始有茗饮之事"。西汉时成都一带已饮茶成风，出现茶叶市场，茶叶已经商品化了。

秦统一六国后，随着巴蜀与各地的经济文化交流增强，茶先从四川传到陕西，秦岭以北的人也大量饮茶，但茶树种植主要在秦岭以南，北面气候寒冷，不宜种茶。进而茶树转向东，向长江中下游扩展。湖南茶陵是汉代设的一个县，以产茶而名，三国、西晋时，荆楚茶叶日益发展，西晋的《荆州土地记》记载"武陵七县通出茶，最好"，此时长江中游和华中地区茶业发展很快，巴蜀茶业不再独冠全国。

东晋南北朝时，南京成为政治中心，长江下游和东南沿海茶业迅速发展，湖北、安徽、江浙一带茶业兴起。到了唐代，长江中下游地区成为中国茶叶生产和技术中心，种茶区域与现代相当了。宋代的茶业向东南转移，福建成为茶叶中心，进一步扩大到闽南、岭南。山东的茶叶是中华人民共和国成立以后南茶北移发展起来的。

茶叶的传播造就了著名的"茶马古道"，它是穿越横断山脉，贯穿滇、川、藏大三角地带的一条神秘古道。茶马古道起源于唐宋时期，人们将产自云南的茶叶等生活必需品通过古道运到西藏等边缘少数民族地区，返回时又将马骡、毛皮、药材运到内地，达到商品交换的目的。一部分茶叶还经拉萨运往亚欧各国。

（二）茶及茶文化向国外传播

茶是中华民族对人类文明的伟大贡献之一，当今世界上有60多个国家种植茶叶，160多个国家饮茶。追溯其根源，这些国家最初的茶叶产品、茶种、加工栽培技术、饮茶方法和习俗以及茶道茶礼都是直接或间接从中国传播出去的。源自中国的茶文化与世界各国人民的生活方式、风土人情、文化修养、宗教意识相融合，衍生出各具特色的民族茶文化。中国茶的对外传播，一是通过特使和使节，将茶作为礼品或赠品带给其他国家；二是通过佛教僧侣的往来交流将茶种、茶及制茶技术传入其他国家；三是通过海上或陆上丝绸之路等贸易往来，把茶作为商品输出到国外；四是通过技术输出应邀派员到国外种茶、制茶。

中国茶最早在2000多年前的汉代就传到国外，汉武帝曾派特使到印度支那半岛，随带的物品中就有黄金、锦帛和茶叶。

1. 传入朝鲜半岛

早在公元4世纪至5世纪初，茶叶就随佛教传入朝鲜半岛。在南北朝和隋唐时期，当时的朝鲜半岛是高丽、百济和新罗三国鼎立时期，中国与新罗的往来比较频繁，经济和文化的交流也比较密切。在唐代，新罗有通使往来120次以上，是与唐通使来往最多的邻国之一。中国茶传入朝鲜半岛有明确文字记载的时期是唐代，据朝鲜高丽时代金富轼的《三国史纪》卷十《新罗本纪·兴德王三年》记载："冬十二月，遣使入唐朝贡，文宗召对于麟德殿，宴赐有差。入唐回使大廉，持茶种子来，王使命植于地理（亦称智异）山。茶自善德王时有之，至此盛焉。"善德王在位是公元632—647年，是唐太宗贞观时期，这一时期茶叶已经传入朝鲜。后新罗的使节大廉，在唐文宗太和后期，将茶籽带回国内，种于智异山下的华岩寺周围，朝鲜真正的种茶历史由此开始。新罗统一初期，中国饮茶风俗开始引入，但那时的饮茶只是流行于王室成员、贵族及僧侣中，并且茶已用于祭祀、礼佛。高丽时期《三国遗事》中收录的金良鉴所撰《驾洛国记》载"每岁时酿醪醴，设以饼、饭、茶、果、庶羞等奠，年年不坠"，说明当时茶已成为祭祖时重要的祭品。高丽王朝时期是朝鲜半岛茶文化和陶瓷文化的兴盛时期，韩国茶礼在这个时期形成。

至宋代时，新罗人也学习宋代的烹茶技艺。新罗人在参考吸取中国茶文化的同时，还建立了自己的一套茶礼。高丽时代后期（1022—1392），迎接使臣的宾礼仪式共有5种，迎接宋、辽、金、元的使臣，其地点在乾德殿阁里举行，国王在东朝南，使臣在西朝东接茶，或国王在东朝西，使臣在西朝东接茶，有时，由国王亲自敬茶。当时新罗茶礼的程式和内容，与宋代的宫廷茶宴茶礼有不少相通之处。朝鲜李朝时期，受明朝茶文化的影响，饮茶之风颇为盛行，散茶壶泡法和杯泡法开始在朝鲜流行。

2. 传入日本

隋文帝开皇年间，中国在向日本传播文化艺术和佛教的同时，已将茶传到日本。到了唐代，大量的日本僧人到中国留学，在学习佛教的同时也学习了种茶、制茶、饮茶技术并把茶籽带回日本。中国茶籽被带到日本种植，始于唐代中叶。据文献记载，公元804年，日本高僧最澄禅师到中国天台山国清寺留学，翌年（805）师满回国时，带去茶籽种植于日本近江国（今滋贺县）比睿山麓日吉神社旁。空海和尚（又称弘法大师）是与最澄禅师同年来华求学的另一僧人，他比最澄禅师迟一年回国，回去时从中国带回大师典籍、书画、法典和茶叶等物，其中奉献给嵯峨天皇御览的《空海奉献表》记述"观练余暇，时学印度之文，茶汤坐来，乍阅振旦之书"，记录了他在中国一边学习一边饮茶的情况，空海和尚也将茶籽带回去种在京都高野山金刚寺等地。最澄和空海两人被认为是在日本种茶的始祖。成书于宽平四年（892）的日本史籍《类聚国史》中记载嵯峨天皇于815年4月巡幸近江滋贺县的唐琦，经过梵释寺时，该寺大僧都永忠亲手煮茶进献，永忠年轻时在大唐长安西明寺学习、生活了近30年，熟悉大唐茶道，在日本德高望重，受天皇赏识，天皇巡幸后，下令畿内、近江、丹波、播磨等地种茶，作为贡品。在嵯峨天皇执政的弘仁年间，日本茶文化进入黄金时代。唐朝末期，日本饮茶之风开始衰落。

此外，在最澄之前，天台山与天台宗僧人也多有赴日传教者，如天宝十三年（754）的鉴真等，他们带去的不仅是天台派的教义，还有科学技术和生活习俗，饮茶之道无疑也是其中之一。

南宋时期，日僧荣西禅师曾两次来华，前后达24年，在天台山万年寺、国清寺、宁波阿育王寺等处留学，其间游遍江南名山大川。荣西第一次入宋是在1168年，回国时除带了《天台新章疏》30余部60卷，还带回了茶籽，种植于佐贺县肥前背振山、拇尾山一带。荣西第二次入宋是日本文治三年四月，日本建久二年七月，荣西回到长崎。荣西在华期间，南宋饮茶之风正盛，他得以领略各地饮茶风俗，熟悉寺院饮茶方法，悟得禅宗茶道，掌握点茶技艺。嗣后荣西便在京都修建了建仁寺，在镰仓修建了圣福寺，并在寺院中种植茶树，大力宣传禅教和茶饮，并根据我国寺院《茶道仪规》制定了饮茶仪式，这套饮茶仪式成为日本茶道仪规的基础。晚年荣西著《吃茶养生记》一书，是日本的第一部茶书，书中称茶是圣药，万灵长寿剂，促进了饮茶在日本的普及，因此荣西也被尊为"日本茶圣"。1235年，圆尔辩圆西渡来临安（今杭州）巡礼求法，先后在天竺寺和径山寺学习禅法与中国文化长达6年。回国时，他将径山的茶种、采茶、制茶技术以及茶点、饮茶、茶礼之道带回日本，特别是径山寺自成一体的"径山茶宴"。他将茶籽种在自己的家乡静冈，开辟抹茶生产，还先后在日本建立了崇福寺、承天寺和东福寺三座大寺，至今这几座寺庙与径山寺都保持着密切来往。

浙江名刹大寺有天台山国清寺、天目山径山寺、宁波阿育王寺、天童寺等。其中天台山国清寺是天台宗的发源地，径山寺是临济宗的发源地。浙江地处东南沿海，是唐、宋、元各代重要的进出口岸。自唐代至元代，日本遣使和学问僧络绎不绝，来到浙江各佛教圣地修行求学，回国时，不仅带去了茶的种植知识、煮泡技艺，还带去了中国传统的茶道精神，使茶道在日本发扬光大，并形成具有日本民族特色的艺术形式和精神内涵。

3. 传入印度尼西亚

东南亚的印度尼西亚真正从我国引进茶籽试种始于1684年，并获成功，随后又分别引入日本及阿萨姆（印度）茶籽试种。1827年由爪哇华侨第一次试制样茶成功。1828—1833年间，荷属东印度公司派茶师杰克逊先后6次来中国学习研究茶叶技术，1829年杰克逊第二次从中国回去后，制成绿茶、小种红茶和白毫茶等样品。1832年杰克逊第五次来中国，从广州带回12名制茶工人以及各种制茶器具，传授制茶技术。1833年，爪哇茶第一次出现在市场上。

4. 传入印度

南亚的印度与中国接壤，饮茶的历史较早，但种茶只有 200 多年历史，最早于 1780 年由英国东印度公司将我国茶籽传入种植在加尔各答等地，但未获成功。1835 年英国传教士和戈登等人从福建武夷山将大批茶籽带回加尔各答种植。与此同时，1834 年印度还成立了印度茶叶种植委员会并决定种植中国茶，将在加尔各答育成的茶苗分种于阿萨姆、古门、苏末尔等地。1836 年派遣时任茶委会秘书戈登到中国雅安学习种茶、制茶技术，购买茶种，聘请雅安茶业技工去印度指导茶叶生产，初步获得成功。1840 年鸦片战争后，中国限制外国人进入中国内地，据美国人萨拉·罗斯著的《茶叶大盗》描述"英国派皇家植物园主任植物学家罗伯特·福钧于 1845 年秋潜入中国内地武夷山、江浙皖一带盗取大量茶苗、茶籽偷运到印度种植，前后持续 6～7 年之久"。1848 年，英国东印度公司派员到中国选购茶籽，还聘回 8 名制茶技工。如此经过近百年的努力，印度茶叶才大规模发展起来，喜马拉雅山南麓大吉岭等地是主要产茶区，至 19 世纪后期印度茶之名已充噪于世，如今印度已成为世界产茶大国。

5. 传入斯里兰卡

斯里兰卡原名锡兰，气候、土壤都非常适合茶树的种植，但原来多种植咖啡，最早在 1824 年由荷兰人从中国输入茶籽试种，但没有成功。1839 年 11 月，有一批茶籽从印度加尔各答植物园被带到锡兰佩拉德尼亚皇家植物园种植。1840 年 2 月，锡兰政府收到 200 棵茶苗并将之种在努沃勒埃里耶的佩得罗种植场。随后，从中国和阿萨姆寄来的茶籽被种在努沃勒埃里耶、普萨拉瓦、多洛斯巴盖、顶普拉等地的种植园。

用于商业目的的茶叶种植开始于 1867 年，由"锡兰茶之父"詹姆斯·泰勒（James Taylor）（苏格兰种植者）从皇家植物园收集茶籽种于赫瓦赫塔的卢尔康德拉庄园，这 19 英亩茶园开启了斯里兰卡茶叶的黄金时代。

1873 年，泰勒的茶厂里生产的茶叶每磅卖 1.5 卢比（目前每千克锡兰茶大约 1000 卢比），同年泰勒将 23 磅锡兰茶卖到伦敦茶叶拍卖市场，得到 4 英镑 7 先令；到了 1880 年末锡兰几乎所有的咖啡种植场都改种茶了，茶叶产量增加到 813 吨；从 1880 年到 1888 年茶园种植面积达到 40 万英亩。1883 年，科伦坡开办了首个茶叶拍卖市场。1884 年成立了科伦坡茶叶贸易委员会。1896 年，科伦坡茶叶经纪商联合会成立，开始宣传"锡兰茶"。

6. 传入葡萄牙

最早始于 1516 年，葡萄牙商人以明代郑和"七下西洋"开辟的马六甲为据点，率先来中国从事包括茶在内的贸易活动，打开中国茶叶从海上贸易的门户。1522—1566 年，葡萄牙传教士和商人不断到达中国广州和澳门等地，了解当地居民饮茶习惯，尝试喝茶，回国时将茶叶带回去馈赠亲友，此后葡萄牙人就开始饮茶。1560 年传教士克鲁兹公开撰文推荐中国茶叶，"此物味略苦，呈红色，可治病"。葡萄牙商人不断运输中国茶叶到法国、荷兰等国牟取高额利润，直到荷兰和英国取得海上霸权，葡萄牙的贸易地位才被取代。

7. 传入荷兰

荷兰于1602年成立荷兰东印度公司，专门从事远东的海上贸易。明神宗万历三十五年（1607），荷兰海船自爪哇来我国澳门贩茶转运欧洲，这是我国茶叶直接销往欧洲的最早记载。1610年，荷兰东印度公司将从中国和日本买来的茶叶集中到印度尼西亚的爪哇，然后运回荷兰；1650年又将中国红茶运往欧洲。荷兰是欧洲最早饮茶的国家之一，茶最初是宫廷和富人的养生奢侈品，一般放在药店里出售，后来逐渐流行开来。1637年，荷兰东印度公司董事会给巴达维亚（今雅加达）总督的一封信中说："自从人们渐多饮用茶叶后，余等均望各船能多载中国及日本茶叶运到欧洲。"可见当时茶叶已成为欧洲的重要商品。

8. 传入英国

英国早在1600年就成立了东印度公司从事远东贸易。1603年，英国在爪哇万丹设立万丹东印度公司，其间，英国员工和海员受当地华人的影响，开始对饮茶发生兴趣，并将茶带回英国，但初期的茶叶贸易是经荷兰人之手的。1644年，英国东印度公司在福建厦门设立贸易办事处，开始直接进口中国茶叶，一名叫威忒的英国船长首次从中国直接运去大量茶叶。伦敦街头喝的茶是在咖啡馆兼卖的。1657年，英国伦敦《政治通报》刊登了一则广告："中国的茶，是一切医生们推荐赞誉的优质饮料。"这是英国出现的第一则茶叶广告，也是至今发现的欧洲最早的茶叶广告。1662年，酷爱饮茶的葡萄牙凯瑟琳公主嫁给英王查尔斯二世，随嫁带去了很多茶叶和茶具，把饮茶风尚带入了英国皇室，贵族、官员也纷纷仿效，掀起了饮茶之风。18世纪初，安妮公主爱茶出名，而且特别喜欢在午后饮茶，据说英国饮"下午茶"的习惯就与此有关。1793年，为庆祝乾隆80寿诞，英王乔治三世派其弟马戛尔尼勋爵率员来华访问，回国时乾隆回赠了大量的茶叶和茶具。

18世纪英国人从荷兰人手中抢到了茶叶的贸易垄断权，但中国茶叶高昂的价格依旧让英国人捉襟见肘，英国每年需要花数千万两白银购买中国茶叶。为弥补严重的贸易逆差，英国在1800年后开始向中国输出鸦片来骗取中国白银，结果遭到中国人民的反抗，爆发了鸦片战争。1836年，中国制茶工人在印度阿萨姆制茶成功，英国人的茶树种植才看到希望。随后，英国的其他一些殖民地也相继发展茶叶生产，此后英国人的红茶消费越来越多，特别喜欢加奶、柠檬味浓的红茶。目前，80%的英国人每天饮茶，英国是世界上人均茶叶消费最多的国家之一。

9. 传入俄罗斯

茶叶传入俄罗斯的历史较早。在元代，蒙古人远征俄国，中国文化随之传入。1618年，明廷派遣使臣携茶4箱，历时18个月到达俄国赠送给沙皇，这是通过使者带茶入俄的最早记载。1689年，在中俄《尼布楚条约》中增添了不少商务内容，茶就是其中之一。至清代雍正五年（1727）中俄签订了《恰克图条约》，以恰克图为中心开展陆路通商贸易，茶叶就是其中主要的商品，输出方式主要是晋商在产茶地福建、江西、湖北等周边省将茶叶统一收购后，在湖北汉口集中，运至樊城，再用车马经河南、山西运至张家口或归化（今呼市），然后用骆驼穿越沙漠直抵恰克图。1883年后，俄国多次引进中国茶籽，试图栽培茶树。1848年，索洛沃佐夫从汉口运去12000株茶苗和成箱的茶籽，在外高加索的查瓦克—巴统附近开辟一小块茶园，从事茶树栽培和制茶。1884年，俄国从汉口引进大量茶种，种于黑海沿岸苏克亨港口的植物园内。1888年，俄国人波波夫来华，访问宁波一家茶厂，回国时聘去了以刘峻周为首的茶叶技工10名，同时购买了不少茶籽和茶苗。后来刘峻周等在高加索、巴统开始工作，历时3年，种植了80公顷茶树，并建立了一座小型茶厂。1896年，刘峻周等人合同期满，回国前，波波夫托刘峻周再招聘技工，并购茶苗、茶籽。1897年，刘峻周又带领12名技工携家眷往俄国种茶并加工。

10. 传入美国

最早在1626年，荷兰人把中国茶叶运销至其美洲的管辖地，当时还未独立的美国，后又成为英国的殖民地，英国人又将从中国进口的茶叶销往其殖民地。后来英国东印度公司一直垄断美国茶叶贸易，以至于1773年发生了波士顿倾茶事件，以此反抗英国国会于1773年颁布的《茶税法》。波士顿倾茶事件最终导致美国独立战争开始。

美国独立后，1783年圣诞节前夕，排水量55吨的单桅帆船"哈里特"号满载花旗参自波士顿港出发，准备驶往中国。但碍于旅途艰险，"哈里特"号在好望角与英国商人交换一船茶叶后返航。1784年2月22日，由费城商人罗伯特·莫里斯、丹尼尔·派克和纽约公司共同装备的360吨级远洋帆船"中国皇后"号由格林船长率领，装载着40多吨花旗参离开纽约港，经好望角于8月23日抵达葡萄牙人占领的澳门，一周后抵达了最终目的地广州港，换取了中国的茶叶、瓷器和丝绸等商品，这是美

二维码2-5
延伸阅读：波士顿倾茶事件

国正式与中国开始茶叶贸易。以后美国又陆续增派船只来华采购茶叶，1785—1804年共派出203艘货船来华，从广州运回茶叶总计5366万磅（2万多吨）。为保护对华贸易，美国国会在1789年通过了《航海法》，规定美国商人从亚洲进口货物除茶叶外给予12.5%的关税保护，并对美国商人从中国进口的茶叶转销欧洲给予免税政策。

1858 年，美国政府相关部门派园艺学家罗伯特专程来中国采购茶籽和茶苗，种在美国南方地区，后因气候关系未成规模，民国赵尔巽撰的《清史稿》有记载。现今在美国南卡罗来纳州的查尔斯顿还有美国唯一的一小块茶园。

11. 传入南美一些国家

19 世纪后茶在南美洲国家也开始了传播。巴西种茶大致分为三大阶段：第一阶段为 1808—1822 年，由在巴西的葡萄牙王室负责，招募中国茶农在里约热内卢种茶；第二阶段为 1824—1889 年，巴西建立共和制，由圣保罗州与米纳斯吉拉斯州的一些庄园主种茶，中国茶农负责技术指导；第三阶段从 1889 年巴西合众国成立至今，主要由巴西庄园主和日侨、日裔负责种茶，巴西一度成为世界上主要产茶国。1824 年，阿根廷也输入中国茶籽并在该国种植茶树。

12. 传入非洲一些国家

茶叶传入非洲的历史也较早，明代郑和七次下西洋，历经越南、爪哇、印度、斯里兰卡及阿拉伯半岛，最后到达非洲东岸，每次都带有茶叶。有记载说摩洛哥人已有 300 余年的饮茶历史，摩洛哥虽然不产茶，但饮茶风气很盛，是世界上进口绿茶最多的国家。走进摩洛哥人的家庭、公司的办公室，或者政府和社区的接待厅（室），你都会嗅到一股茶的幽香。

非洲发展茶园较迟一些，从 20 世纪才开始，都是通过殖民者从中国、印度等引入茶籽开始的。肯尼亚、乌干达稍早一些，东非的肯尼亚于 1903 年首次从印度引入茶种，1920 年进入商业性开发种茶，然而规模经营则是在 1963 年独立以后。肯尼亚依靠科技管理，独辟蹊径，驱动茶叶生产的发展，成为世界茶坛新崛起的国家，其发展速度之快、质量之优、出口茶比例之高，为世人所瞩目。2019 年，肯尼亚茶叶出口量居世界之首。

第二节　茶文化的起源与发展

一、先秦纳贡的茶文化

尽管"神农尝百草"是一个传说，但有文字记载的饮茶可追溯到西周，东晋常璩著的《华阳国志·巴志》记录了从远古到东晋永和三年（347）巴蜀的出产和历史人物，其中"周武王伐纣，实得巴蜀之师……武王既克殷，以其宗姬封于巴，爵之以子……

二维码 2-6
微课：先秦纳贡的
茶文化

其地东至鱼腹，西至道，北接汉中，南极黔涪。土植五谷，牲具六畜。桑、蚕、麻、纻、鱼、盐、铜、铁、丹漆、茶、蜜、灵龟、巨犀、山鸡、白雉、黄润、鲜粉，皆纳贡之"。意思是周武王伐纣灭商时，四川盆地的巴蜀小国前来助阵共同讨伐，周武王打败殷商以后，见巴蜀的小国打仗有功，就把他们原来的驻地分封给他们，巴国国君为了感谢周武王让他当自治区的君主，就把巴国特产上贡给了周武王姬发，这其中就有茶。该志中还有记载"园有芳蒻香茗""南安（今四川乐山）、武阳（今四川彭山），皆出名茶"，这说明在巴蜀一带，当时已有人工栽培的茶园并出产名茶。

不论是殷商还是巴蜀，那个时代的巫蛊气息都很浓厚，经常祭祀鬼神，而茶叶作为一种有资格上贡给天子的东西，很可能也会充当祭品。最早的记载是在《周礼·地官·司徒》中，记载"掌荼"和"聚荼"以供丧事之用，这里说的荼很可能就是茶。《晏子春秋》记录晏婴给齐景公当相国时，把茶叶当菜吃，这是最早记录的茶叶食用的方法。

二、汉魏立业的茶文化

如果说之前的茶叶只供小部分贵族饮用，到了秦统一六国之后，中国各地的商品才真正畅通起来。秦朝短命，汉朝接班。西汉时王褒的《僮约》中记载"烹鳖烹茶"，"武阳买茶，烹茶尽具"，说明成都一带不仅饮茶成风，还出现了专用茶具和形成一定的茶叶市场。东汉末年医学家华佗的《食论》中也说"苦茶久食、益意思"，说明这个时候茶已经在民间普及了。

二维码 2-7
微课：汉魏立业的茶文化

三国的《桐君采药录》等古籍中，记载了茶与桂姜及一些香料同煮食用的方法。傅巽《七诲》中写到当时的 8 种珍品"蒲桃、宛柰、齐柿、燕栗、峘阳黄梨、巫山朱橘、南中茶子、西极石蜜"，南中在现今川滇黔交会处，茶在三国时就已列入珍品之列。《三国志·吴志》记载以茶代酒，吴国的第四代国君孙皓，嗜好饮酒，大臣韦曜不会饮酒，每次设宴让侍者偷偷换成茶。据宋《嘉定赤城志》、清《天台山全志》、清《浙江通志·物产》、南宋《天台山赋》等史料记载，三国吴道士葛玄是江南最早种茶的人，他在天台山华顶和临海盖竹山二处开山种茶，将茶作为养生、修炼、陶性之物。这是江南有文字记载最早的茶园，葛玄因此被称为"江南茶祖"。

另外，三国张揖《埤苍》、吴秦菁《秦子》、郭璞《尔雅注》、张华《博物志》等都有关于茶事的记载。

汉魏以后，巴蜀茶业进一步发展、扩大、繁荣，成为我国茶叶生产、技术的重要中心。西晋张载《登成都楼》有"芳茶冠六清，溢味播九区"之句，西晋孙楚《出歌》

中有"茱萸出芳树颠，鲤鱼出洛水泉……姜、桂、茶荈出巴蜀……"，都说明了茶在巴蜀地区的地位。

东晋、南朝时，南京为当时的政治中心，长江中下游及沿海的茶叶较快地发展起来，茶叶重心逐渐东移，此时饮茶成为一种迎客的方式。东晋时期，茶已成为南京地区的待客之物。茶饮成为清廉俭朴的标志。《晋·中兴书》记载当时上层社会流行"以茶、果宴客"，以示节俭。

茶饮、茶事进入左思的《娇女诗》、杜育的《荈赋》、刘义庆的《世说新语》、王浮的《神异记》、刘敬叔的《异苑》等文学作品，表明饮茶之风已开始在文人中兴起，文人墨客为茶吟诗作赋，引为雅举。同时，茶饮也广泛进入祭祀，南朝齐世祖武皇帝在遗诏中说"我灵座上……但设饼果、茶饮、干饭、酒脯而已"，开启了"以茶为祭"的先河。《晋书·艺术传》记录敦煌人单道开不畏寒暑、坐禅诵经，以紫苏茶来防睡，这也是茶与佛教最早的结缘。

到了北魏，张揖《广雅》称"荆巴间采茶作饼"，记载了饼茶的制法。饼茶的出现，也实属无奈，毕竟不是每个地方都适合种植茶树，而饮茶的习惯又被士大夫带到了全国各地，怎么才能在不产茶叶的地方喝到茶呢？茶饼技术应运而生。茶叶的食用方法就从生煮羹饮发展到制饼碾末，风味改变，储存也更方便了。而这个时候，已有了专门的烹饮方法和简单的茶具，饮时将茶饼捣成碎末放入壶中，注入沸水，加上葱、姜调味，"煮之百沸"。

种种史实表明，自两汉至六朝，饮茶不仅在上层社会流行，而且得到广泛的传播和深化，饮茶逐渐进入人们的精神领域，茶与儒、释、道等哲学思想交融，形成了"节俭、淡泊、朴素、廉洁"的精神内涵，而一些文人士大夫在饮茶过程中还创作了歌咏茶的诗、赋，茶文化的基底已建立起来。

三、隋唐繁荣的茶文化

隋朝命短，大唐盛世，国家强盛、文化繁荣，前后延续300多年，在这期间茶叶生产遍及江南大地，茶种开始向国外传播，饮茶在全国盛行并开始向边疆蔓延，各种茶文化现象涌现，茶融入社会生活的各个领域、各个层次，渗透人们的心灵。

二维码 2-8
微课：隋唐茶文化

（一）茶叶生产繁荣，饮茶之风盛行

唐代是中国茶文化空前发展的时期，长江中下游成为中国茶叶生产和技术中心。据《茶经》所述，唐代茶叶产区已遍及今四川、陕西、湖北、重庆、广西、贵州、湖

第二章 茶与茶文化源流

南、广东、福建、江西、浙江、江苏、安徽、河南 14 个省区市、42 个州和 1 个郡。云南其实早已产茶，陆羽《茶经》中未提及是因为当时云南属于南诏国管辖。据唐代其他文献记载表明，唐代的茶叶产地达到了与我国现代茶区相当的局面，当时已形成八大茶区，有山南茶区（峡州、襄州、荆州、衡州、金州、梁州），淮南茶区（光州、舒州、寿州、蕲州、黄州、义阳郡），浙西茶区（湖州、常州、宣州、杭州、睦州、歙州、润州、苏州），剑南茶区（彭州、绵州、蜀州、邛州、雅州、泸州、眉州、汉州），浙东茶区（越州、明州、婺州、台州），黔中茶区（思州、播州、费州、夷州），江西茶区（鄂州、袁州、吉州），岭南茶区（福州、建州、韶州、象州）。

唐代，随着茶区的扩大和产量增加，贡茶制度兴起，茶叶生产质量有了较大提高，名茶不断出现。据资料统计，唐代名茶有 150 多种，如紫笋茶、阳羡茶、蒙顶茶、夷陵茶、麦颗茶、剡溪茶、睦州茶、义阳茶、六安茶等。在唐代众多名茶中，尤其以四川蒙顶茶为最，但数量较少，所以唐代影响比较深远的是江苏宜兴的阳羡茶和浙江长兴的紫笋茶。另外，从当时茶叶的品质来看，湖北宜昌、远安，河南光山，浙江长兴、余姚，四川彭山产的茶被视为上品。

六朝以前，茶的生产和饮用主要在南方，北方饮茶者还不多，至唐代中期后，中原和西北少数民族地区都嗜茶成俗。由此，南方茶的生产和全国茶叶贸易空前蓬勃地发展起来。茶叶的利润可观，引来许多种茶、卖茶者。唐代饮茶广泛盛行，民间饮茶成为开门七件事之一，平常百姓过着粗茶淡饭的日子；上品贡茶进贡朝廷，宫廷上下都饮茶，茶宴、茶会频繁举行；寺庙及周边大量种茶、制茶，僧侣、佛徒坐禅饮茶。据唐《封氏闻见记》载"茶道大行，王公朝士无不饮者"，茶成了"比屋皆饮"之物。另外，唐朝的茶馆业已经相当发达了，《封氏闻见记》道"自邹、齐、沧、棣、渐至京邑城市"，已有许多煎茶卖茶的茶馆了。

图 2-3　唐僖宗御用茶具（陕西法门寺地宫出土）

1987 年，在陕西法门寺地宫出土的系列茶器是唐僖宗御用茶具，这套金银制成的精美茶器，就功能而言，可分为贮茶器、炙茶器、碾茶器、罗茶器、取量器、贮盐器、取水器、点茶器、卫生用具和茶点容器等。这进一步提供了唐代大兴饮茶之风的佐证。

（二）首部茶书问世，茶叶专著出现

唐代陆羽的《茶经》是我国乃至全世界第一部茶叶专著，影响深远。《茶经》自问世以来一直为历代茶人所传颂，对我国茶与茶文化的传播起着十分重要的作用。陆羽一生崇茶、爱茶，走遍了全国各个茶区，考察茶事、品泉鉴水、广交朋友、收集大量茶事资料，最后在浙江湖州著就《茶经》。《茶经》内容丰富、知识面广，不愧为一部茶学百科全书，可惜唐宋时的版本大多已佚失，现能查到的明朝至民国前的版本有 50 多种，包括部分在其他国家的刊本，北京图书馆收藏有 10 种。《茶经》诞生后为茶产业、茶科学、茶文化打下了坚实的基础，后人对《茶经》开展了大量深入细致的研究，出版过《续茶经》《茶经校注》《茶经诠释》《茶经述评》等众多专著，据不完全统计，近 30 年来我国出版的茶经研究著作有 60 多本，发表的研究论文有 150 多篇。

陆羽一生除著有《茶经》外，还有很多其他成就与贡献，《陆文学自传》《茶记》《顾渚山记》《毁茶论》《君臣契》《湖州刺史记》《泉品》等几十部作品都是陆羽所著，可惜很多已佚。另外陆羽还有很多诗作，《六羡歌》就是陆羽为纪念恩师和再生之父智积禅师所作。陆羽被当代誉为"茶圣"。

唐代还有不少茶学专著和诗词歌赋问世。如张又新的《煎茶水记》，温庭筠的《采茶录》，皎然的《茶诀》，苏廙的《十六汤品》，裴汶的《茶述》，王敷的《茶酒论》，毛文锡的《茶谱》等。

（三）文人墨客介入，诗词吟咏颂茶

唐代饮茶从上流社会一直到平头百姓，许多文人墨客在品茗时，以茶助诗兴、以茶发诗思，留下了无数颂茶的诗词。白居易、李白、杜甫、钱起、韩愈、柳宗元、皮日休、陆龟蒙等至少 180 多位诗人、才子都留下了脍炙人口的饮茶诗作。唐代茶诗词形式多样，有古诗、律诗、绝句；内容丰富，包括名茶、茶人、煎茶、饮茶、茶具、采茶、制茶等，形成茶文化的重要历史资料。据钱时霖编著的《历代茶诗集成·唐代卷》，收录现存唐代茶诗 665 首，许多茶诗历代为人所吟咏，如卢仝的《走笔谢孟谏议寄新茶》，李白的《答族侄僧中孚赠玉泉仙人掌茶》，白居易的《琴茶》，皎然的《访陆处士羽》，杜牧的《题茶山》，袁高的《茶山诗》，皮日休与陆龟蒙的《茶中杂咏》十首唱和诗等。

（四）茶政茶法首开，茶宴茶会兴起

茶在全国范围兴起和发展，形成了相当的规模，官府开始对茶叶的种植、加工、贮运、销售等环节制定政策和法规，茶政、茶法也应运而生，甚至设有专门机构。唐代中期专门设立了"贡焙"生产贡茶，贡茶就是专门进贡给皇帝和皇室专用的茶叶。最早设立"贡焙"的是湖州长兴的"紫笋茶"，接着是常州的"阳羡茶"，当时在长兴的顾渚山专门建立了贡茶院，朝廷派官员现场督造，据《元和郡县图志》记载"宜兴、长兴的贡茶，到贞元以后，单长兴一地，每年采造就要'役工三万人，累月方毕'"。贡茶的出现极大地带动了茶叶生产技术的发展。

唐代首开了我国的边茶贸易制度——茶马互市。茶马互市始于唐肃宗时期，是当时统治者用茶到塞外换战马的制度，专设茶马司，管理以茶易马，此项制度一直延续到清朝才结束。

唐代对茶开始征税，建立榷茶制度，实行茶叶专营，如唐建中三年（782），赵赞上奏："收贮斛斗匹段丝麻，候贵则下价出卖，贱则加估收耀，权轻重以利民。"朝廷批准，于是诏征天下茶税，十取其一，开创了我国茶叶史上茶税的记录。唐大和九年（835）开启了榷茶制度。

（五）茶文化不断向外传播

我国的茶叶自汉代开始就向国外传播，唐朝因茶叶生产迅速发展，加快了向外传播的速度，通过茶马交易，让茶从中原流到塞外，进入新疆一带，又从新疆流入中亚、西亚等许多国家，而更多的阿拉伯商人通过丝绸之路来中国采购茶叶、丝绸和瓷器，使饮茶在欧亚各国流行开来。贞观十五年（641），唐太宗将宗室养女文成公主下嫁给吐蕃王松赞干布，随嫁品中带去了大量的茶叶，饮茶习惯也随之传到藏民族中并开启了酥油茶的先河。接着通过茶马古道，川茶、滇茶源源不断地流入西藏，然后通过尼泊尔、印度到达南亚其他国家。东边则通过使节往来和佛教传播等进入朝鲜半岛和隔海相望的日本。

由此可见，自唐开始，中国饮茶习俗不但遍及大江南北，还通过商贸和文化交流，从海陆二路将茶叶传播到四邻各国。

四、宋元昌盛的茶文化

（一）茶业重心向东南转移，制茶技术日趋精湛

宋代，产茶区域进一步扩大，由唐代的 43 个州郡扩大到 66 个州郡的 242 个县，宜兴、长兴等生产贡茶的地区早春因气温降低，茶树发芽推迟，不能保证茶叶在清明前上贡到汴京，而建

二维码 2-9

微课：宋元茶文化

安的茶叶发芽较早，闽北、闽南、岭南茶业因此兴起。建安贡茶，以北苑、壑源所产最佳，北苑贡茶采制讲究，对焙外乃至建安周围制茶技术的促进和提高起了很大的作用。随着贡茶南移，茶叶的研究重心集中在建茶上，研究精深、独特，内容广泛，形成了较为系统的茶学研究。至北宋前期，生产以团、饼为主的紧压茶类，如北苑贡茶，在技术上日趋精湛，不断创新，把中国古代团茶、饼茶的生产和技术推向了一个新的高峰。

宋代的茶园管理和茶叶采制技术有明显的进步和提高，特别是茶园管理中的除草、施肥技术有所提高，同时还在茶园间种遮阴树。唐时只采春茶和夏茶，宋时秋茶也开始采摘了。

（二）茶类开始演变，茶学不断深入

宋元茶叶生产发展的另一特点是由片茶（团饼茶）为主向以散茶为主转变。宋代茶类仍以团饼茶为主，有少量的散茶生产。散茶就是蒸、炒以后捣碎或不捣碎直接干燥的茶叶。到了南宋，散茶生产日益增加，开始占主要地位，特别是淮南、荆湖、归州和江南一带有较多散茶生产。欧阳修在《归田录》中记"腊茶（即团饼茶）出于剑、建，草茶盛于两浙"。元代王祯的《农书》中讲到宋末元初时，尽管有团饼茶存在，但已不多见，"腊茶最贵，制作精工不凡，但惟充贡茶，民间已罕见之"。

元代基本沿袭宋代后期的生产局面，以制造散茶和末茶为主，据王祯的《农书》载，当时散茶和末茶生产工艺已非常完整，出现了类似于现代蒸青茶的生产工艺。元代，民间大多已饮散茶。

宋代强盛的国力、繁荣的经济给茶文化的昌盛打下了基础。茶叶对外贸易逐步扩大，国内斗茶之风盛行，上层社会爱茶、崇茶、玩茶，宋代蔡襄、蔡京、苏轼、黄庭坚、秦观、梅尧臣、范仲淹、赵抃、苏洵等数十位重臣都是当时爱茶的儒官，都留下对茶崇尚之事。北宋徽宗赵佶写下了一部历史上唯一由皇帝写成的茶书——《大观茶论》。在赵佶的影响下，茶学不断深入，据考，宋代的茶书有25部，作者大多为官吏或文人士大夫，内容集中在北苑贡茶、本朝茶法、点茶技艺几方面。具有代表性的除了赵佶的《大茶观论》，还有叶清臣的《述煮茶泉品》，蔡襄的《茶录》，黄儒的《品茶要录》，沈括的《本朝茶法》，审安老人的《茶具图赞》，唐庚的《斗茶记》，赵汝砺的《北苑别录》等。另外，宋代诗人写的茶诗有近千首，陆游是茶诗之王，写了近400首茶诗。

（三）点茶出现，斗茶之风盛行

点茶酝酿于五代，至北宋成熟，宋代点茶的主要特点是先将饼茶烤炙，再敲碎碾成细末，用茶罗将茶末筛细，将筛过的茶末放入茶盏中，注入少量开水调成膏，再注入开水，水从汤瓶注入茶盏，水流不能断，要喷泻而入，水量适中，称"点茶"，然后用一种竹制的茶筅反复击打，称"击拂"，使之产生泡沫（称为汤花或沫浡），达到茶盏边壁不留水痕者为最佳状态，然后真茶本味饮用，与唐代的煎茶有很大的区别。斗茶是一种比较茶品质的活动，是由点茶延伸出来的，最初是官员为了将好茶献给朝廷，达到晋升或受宠的目的，后来蔓延到民间并日益兴盛。据蔡襄《茶录》载"宋时建安盛行斗茶之风"，赵佶《大观茶论》称"本朝之兴，岁修建溪之贡，龙团凤饼，名冠天下，壑源之品，亦自此盛"。斗茶时，斗茶者二三人聚集在一起，拿出各自珍藏的茶品，烹水沦茶，依次品评，定其高低。关于斗茶对茶品质的要求，见蔡襄《茶录》载"茶色'黄白者受水昏重，青白者受水鲜明'，茶味'主于甘滑'，茶香'建安民间试茶皆不入香，恐夺其真'，汤瓶'要小者，易候汤，又点茶煮汤又准……'，茶盏'茶色白，宜黑盏……'"。在宋代不仅帝王将相、达官贵人、文人墨客斗茶，市井细民、浮浪哥儿同样也爱斗茶，可谓乐此不疲。

分茶和茶百戏是观赏茶汤的游戏。在唐代，分茶是一种待客之礼，到了宋代逐渐演变成一种斗茶游戏，通过对茶汤的击拂使茶汤表面变幻出各种纹饰、图形或字迹，极具观赏性，不过击拂手法要高超绝妙。

由于点茶法盛行，为追求点茶效果，茶器越来越精美，推动了瓷器业的发展，宋代五大名窑生产的瓷器精美绝伦，有河南开封（北宋）和浙江杭州（南宋）的官窑、浙江龙泉的哥窑、河南临汝的汝窑、河北曲阳的定窑、河南禹县的钧窑，还有福建建瓷生产的黑釉盏。元代开始，景德镇的青花瓷声名鹊起。

宋代斗茶促使名茶创新，各地名茶品种大增，品质不断提高，就浙江而言，名茶品种就从唐时的 14 个增加到宋朝的 44 个。

（四）茶馆行业兴盛

我国古代茶馆业始于唐代，但兴于宋代，宋元时期随着饮茶的普及，茶馆业得到了很大的发展。宋代茶馆不仅数量多而且形式各异，北宋时京城开封的茶肆（茶坊）已是鳞次栉比，有的晨开昼歇，有的专供夜游客饮茶。茶馆装饰风格也各不相同，据南宋吴自牧《梦粱录》记载，当时都城临安（今杭州）城内茶肆"张挂名人画、陈列花架、插上四季鲜花，一年四季卖奇茶异汤……"可见宋代的茶馆无论在数量上，还是在经营方式或装修风格上都有新的发展，茶馆文化兴盛发达。

五、明清变革的茶文化

（一）加工方法及茶类的变革

二维码 2-10
微课：明清变革的
茶文化

明太祖朱元璋认为团饼茶的采造加工太"重劳民力"，在明洪武二十四年（1391）下诏令"罢造龙团，惟采芽茶以进"。废除团饼茶改散（芽）茶进贡后，促进了芽茶和叶茶等散茶的蓬勃发展。在制茶上，普遍改蒸青为炒青，明代张源的《茶录》、许次纾的《茶疏》、罗廪的《茶解》都记录了炒青绿茶的加工方法，许次纾的《茶疏》上详细介绍了武夷茶的采摘、炒制和烘焙方法以及武夷茶如梅若兰的馥郁香气特征，可见明代的武夷茶已相当闻名。明代开始炒青绿茶的数量明显超过蒸青绿茶。明清在散茶、叶茶发展的同时，其他茶类得到全面发展，除绿茶外，黄茶、黑茶、白茶、青茶和红茶等也相继出现。

各地名茶纷纷出现。清时贡茶产地更为广阔，各种茶类都有，如西湖龙井、黄山毛峰、洞庭山碧螺春、君山银针、白毫银针、武夷岩茶、安溪铁观音、祁门红茶、普洱茶、七子饼茶等都可作为贡茶。同时各种名茶发展迅速，生产量扩大，清时名茶已有数百种之多。

清朝末开启近代茶叶技术，一些开明官吏主张学习国外的先进技术。光绪二十四年（1898），中国福州商人派员去印度考察英国人开办茶场的制茶技术。光绪二十五年（1899），湖北正式开办茶务学堂，设立茶务课，这是我国最早茶叶设课的记载。光绪三十一年（1905），两江总督周馥又派郑世璜去印度、锡兰考察茶业，学习取经，接着官府发动茶商率先在安徽屯溪和江西宁州两地设立机械制造茶厂。

（二）饮茶方法的创新

从明朝开始，由于散茶的兴起，饮茶开始采用冲泡法，也叫沸水冲瀹法，一直沿用至今。冲泡法冲饮方便，芽叶完整，茶器简便精美，极大地增加了饮茶的艺术性。这是历史上饮茶方法的重大变革。明文震亨《长物志》记"吾朝所尚（指炒青条形绿茶）又不同，其烹试之法，亦与前人异，然简便异常，天趣备悉，可谓尽茶之真味矣"。许次纾《茶疏》中说"未曾汲水，先备茶具，必洁必燥，开口以待。盖或仰放，或置瓷盂，勿竟覆之。案上漆气、食气，皆能败茶。先握茶手中，俟汤既入壶，随手投茶汤，丛盖覆定。三呼吸时，次满倾盂内，重投壶内，用以动荡香韵，兼色不沉滞。更三呼吸，顷以定其浮薄，然后泻以供客，则乳嫩清滑，馥郁鼻端"，将冲泡法说得十分清晰。

随着饮茶方式的改变，茶具亦随之而改变，白瓷、青花瓷、彩瓷、紫砂茶具相继兴起。明代最突出的茶具是宜兴的紫砂壶，紫砂茶具不仅因为瀹饮法而兴盛，其形制和材质更迎合了当时社会所追求的平淡、端庄、质朴、自然、温厚、闲雅等精神需要。明代闻龙《茶笺》载"老友周文甫，家藏供春壶一把，'摩挲宝爱，不啻掌珠，用之既久，外类紫玉，内如碧云，真奇物也'"。供春壶问世后被历代视作珍品，可惜现存只有一把失盖的供春树瘿壶藏于中国历史博物馆中。清代的紫砂茶具又有新的发展，出现了许多制陶大家，如陈鸣远、杨彭年、邵大亨、黄玉麟、杨凤年等制壶大师，明清时期，除江苏宜兴的紫砂茶具闻名全国外，还有广西钦州、四川荣昌、云南建水的紫砂陶影响较大，被称为中国"四大名陶"。

明代人在饮茶中，已经有意识地追求一种自然美和环境美。这种环境包括饮茶者的人数和自然环境。当时对饮茶的人数有"一人得神，二人得趣，三人得味，七八人是名施茶"之说。对于自然环境，则最好在清静的山林、简朴的柴房、清溪、松涛，无喧闹嘈杂之声。朱权指出饮茶的最高境界是"会泉石之间，或处于松竹之下，或对皓月清风，或坐明窗静牖，乃与客清谈款语，探虚立而参造化，清心神而出神表"。

（三）茶政、茶法更加严厉

明时的茶政、茶法比唐宋时期更为严厉，据张廷玉等《明史·茶法》记载"蕃人嗜乳酪，不得茶，则困以病，故唐宋以来，行以茶易马法，用制羌戎。而明制尤密，有官茶，有商茶，皆贮边易马"，因茶与青藏高原群众的生活息息相关，明政府为了控制边疆地区，制定了更加严格的茶法来以茶易马。另据《明史·茶政》记"明初，太祖令商人到产地买茶，纳钱请'引'。引茶百斤，输钱二百，不及引，曰畸零，别置由帖给之。无由引，及茶引相离者，人得告捕；……凡贩私茶者，与私盐同罪。私茶出境，与关隘不讥者，并论死"。明太祖朱元璋的第三个女婿欧阳伦，因在西北地区私贩茶叶，明太祖不为私情，查处后被处死。

《清史稿·食货志》载"明时，茶法有三，曰官茶，储边易马；曰商茶，给引征课；曰贡茶，则上用也。清因之，于陕甘易番马"。可见清代茶法沿袭明制，顺治元年（1644）在西北地区设立五个茶马司，由一个巡视茶马御史统一管理。到清朝末期，由于边疆巩固、经济繁荣、贸易频繁，马匹来源不成问题，以茶易马制度终止。

（四）产业贸易进一步扩大

明清时期，茶叶种植面积进一步扩大，茶类生产齐全、产区集中，江西、浙江、江苏主要以绿茶生产为主，湖南安化、安徽祁门、江西浮梁等地以红茶生产为主，福建安溪、建瓯、崇安等地以乌龙茶生产为主，四川雅安、天全、名山一带以边茶生产为主，湖北蒲圻、咸宁，湖南临湘、岳阳等地以砖茶生产为主，广东罗定一带以珠兰花茶生产为主。

15 世纪初期，为了发展对外贸易，郑和七次下西洋，中国与南洋的贸易开始发展，茶叶输出也随之增多，当时主要还是以侨销为主。随着欧洲工业革命的开始，茶叶通过海路向欧洲运销。1601 年，荷兰开始与中国通商，翌年成立东印度公司，从事东方贸易；1607 年，荷兰商船自爪哇来中国澳门将茶叶运到欧洲销售，这是中国茶输入欧洲的最早记载，接着英国、瑞典、法国、德国、西班牙等国陆续来中国贩运茶叶。明末清初时因时局动荡、海盗猖獗，实行海禁政策，茶叶出口处于停滞状态，清康熙二十四年（1685）以后又恢复对外贸易。英国在 18、19 世纪曾一度垄断中国茶叶的外销，1860 年英国销中国茶叶占中国出口的 90% 以上，1880 年中国对英国的茶叶出口达 8.81 万吨，创中国对英国茶叶出口的历史最高纪录；1886 年中国茶叶出口 13.41 万吨，占世界茶叶出口的 84%。17 世纪开始，茶叶通过陆路商队大量销往沙俄。

19 世纪 80 年代开始，印度、斯里兰卡、日本的茶叶生产兴起，打破了中国茶叶出口的垄断地位。1900 年，印度茶叶出口首次超过中国。

（五）茶馆繁荣普及

明清之际，特别是清代，中国茶文化开始从文人文化向平民文化转变，饮茶风气在民间盛行，百姓人家人皆饮茶，茶馆作为一种平民的饮茶场所得到迅速发展，达到鼎盛时期。乡村市肆茶馆林立，茶馆数量之多历代少见。清代茶馆不仅是平民百姓饮茶、娱乐、听书的场所，也是三教九流聚会的场所，还是街坊邻居裁判纠纷的场所（吃讲茶）。据记载，当时，北京有名的茶馆就达 30 多家，上海达 66 家之多，江浙一带更多，一个上千人规模的小镇茶馆可达百余家，茶馆的经营和功能也是五花八门。这些对于保存和延续中国传统的茶文化起着十分重要的作用。

六、民国艰难的茶文化

民国时期，由于受两次世界大战、清朝没落、封建社会延续等因素影响，茶叶生产不但没有发展，反而走向衰落。但受西方文化的影响，在茶叶科研、教育上却逐步走向现代。

（一）茶叶科研机构的建立

建立茶叶试验场，设置茶叶科研机构，派有志青年出国学习茶业先进技术，引进国外茶叶机械，改变茶业落后状况，是民国时期茶叶科研起步所做的重要工作。1914

年，北洋政府农商部在湖北羊楼洞建立茶叶试验场，这是我国最早建立的茶叶试验场。1915年又在安徽祁门创建祁门模范种茶场，这是我国最早建立的茶叶试验示范场。1916年湖南巡按使在岳阳设立模范制茶场，专办验茶与运销之事，1923年在昆明东乡创办了云南茶业实习所，1932年实业部中央农业实验所和上海、汉口商品检验局出资将江西修水的宁茶振植公司改建为江西修水茶业改良场。1934年，实业部在安徽祁门成立祁门茶业改良场，并将江西修水茶业改良场并入，当代著名茶叶专家吴觉农、胡浩川、冯绍裘、庄晚芳等都在这里工作过。为了加强科学研究，1935年在福建崇安和福安，广东鹤山、湖北蒲圻羊楼洞相继成立茶业改良场，接着在浙江嵊州三界成立浙江省农林改良场茶场，在云南思茅（今普洱）成立普洱茶试验场，后又分别在勐海、景洪设立两个分场。1940年，农业部中央农业实验所湄潭实验茶场正式成立，刘淦芝、李联标等一批专家参加试验研究。1941年，财政部贸易委员会在浙江衢县成立了东南茶叶改良场，著名茶学家吴觉农任场长，两年后迁址到福建崇安，改名为财政部贸易委员会茶叶研究所。

湄潭实验茶场和财政部贸易委员会茶叶研究所是中国最早建立的国家级茶叶研究机构，另外各主要产茶省也都建有不同规模的试验场、实验场、示范场、改良场等研究机构，至此，我国茶叶科研机构的雏形已基本确立。

（二）茶叶人才的培养

我国近代的茶叶教育，起源于1898年湖北开办的农务学堂的茶务课。1909年湖北羊楼洞茶叶示范场设置茶叶讲习所，专门培养茶叶人才。1917年湖南省建设厅在长沙岳麓山创办省立茶叶讲习所，1935年全国经济委员会茶叶处在安徽祁门开设茶叶训练班，1937年浙江省茶业改良场在嵊县三界举办茶叶技术人员训练班，这些讲习所、训练班都是短期的茶叶技术培训机构，很多学员成为后来茶叶战线的骨干。

最早的茶叶中等职业教育机构是湖南省立茶叶讲习所，在1920年升级为茶业学校；1923年安徽省在六安的省立第三农业学校设置茶叶专班；1934年在福安的福建省立农业职业学校设置茶叶专业；1939年江西婺源创办江西省立茶科技实用职业学校，学制3年；还有安徽屯溪茶校的前身也是在民国时期成立的，这些中等职业学校开设茶树栽培、茶叶制造、茶叶生化、茶叶审评、茶叶贸易等课程，为我国培养专门茶叶技术人才。

茶叶高等教育源于广州中山大学在1930年在农学院成立茶蔗部，设茶作、蔗作两专科，1933年改4年制本科。而后，1940年上海迁往重庆的复旦大学农艺系设立4年制茶叶本科和2年制茶叶专科，这是我国最早在高等院校设立的茶叶系科，茶业课程非常全面，吴觉农任系科主任。抗战胜利后，1946年复旦大学从重庆迁回上海，4年制停招，2年制专科继续招生。中华人民共和国成立以后，全国高等院校院系调整茶叶专业转入安徽大学农业学院。

在国内开办茶叶教育的同时，我们还派员去国外学习，培养茶叶科研人才。1914年，云南派朱文精去日本静冈留学，学习种茶、制茶，1915年，浙江派吴觉农、葛敬应赴日本静冈农林水产省茶叶试验场学习茶叶，随后胡浩川、汪轶群、方周翰、蒋芸生等多人被派往日本学习，另外还有被派往欧美学习的（王泽农去比利时国家农学院学习农业化学，李联标去美国康奈尔大学农学院和加州理工学院学习生物等）。这些留学生学成回国后都从事茶业工作，成为我国第一代茶业科技工作者。除了留学学习，我们还多次派员去国内外考察调研茶叶生产、贸易等，加快了我国茶叶科研的进程。

（三）茶叶生产的衰落

民国时期，由于不断受到外国势力的侵略以及国内军阀混战和连年内战，茶叶生产逐渐走向低谷。茶园面积和产量除外贸出口的数字有据可查外，其他都是估计。据调查估计，1920年全国茶叶产量39.5万吨，按亩产45斤计，茶园面积约为1755万亩，茶叶生产遍及全国20个省。后随着内乱和抗战的开始，茶叶生产一路下坡，到了1949年茶园面积只剩232万亩，茶叶产量只剩4.1万吨，跌到了历史的最低点。茶叶生产衰退的原因主要是生产者缺乏协调的组织、栽培茶叶没有科学的方法、税则的繁重和政治上的骚乱。中华人民共和国成立后，茶叶生产才逐渐恢复，1950年面积上升到254.2万亩，产量6.52万吨。

七、新中国欣欣向荣的茶文化

（一）现代茶文化的复兴

新中国成立以后，茶叶生产得到了全面恢复和发展，茶园面积和茶叶产量从历史的最低点一路跃升为世界第一，目前分别占世界总面积的60%和总产量的近40%，全国茶叶人均消费量2006年超过500克，2013年超过1公斤，2020年达到了1.5公斤。这都得益于改革开放后茶文化和茶科技的迅猛发展，茶文化和茶科技对于茶产业好比大鸟的两翼，只有展开翅膀才能飞得更高更远。

解放初期计划经济时代，茶叶实行统购统销，为了换取外汇，大量出口，为国家建设做出了重大贡献，改革开放市场经济后，内销不断增加，由于茶的健康属性，20世纪80年代有学者提出要提倡茶为国饮，2004年3月，中国国际茶文化研究会会长刘枫向全国政协提交议案"要把茶列为中国的国饮"，而如今，茶已真正成为举国之饮，在世界范围内，也已深入人心，英国剑桥大学人类学名誉教授艾伦·麦克法兰曾说："茶、咖啡和可可，只有茶征服了世界"，可见茶已成为全人类的共同财富。

随着茶文化的不断发展，各地的茶馆迅猛涌现，"没事来喝茶""闲时来喝茶"，茶馆成了人们休闲、洽谈、会友、放松心情的最佳场所。茶艺成为一种职业，21世纪初国家颁布了茶艺师国家职业标准，出台了《茶艺师行业规范》，出版了茶艺师培训教材，全国广泛开展起茶艺师职业技能鉴定，目前社会上开展茶艺师、评茶员培训的培训机构越来越多，学习茶艺、评茶的人也越来越多。

茶文化组织纷纷成立，给茶文化增添了活力，1980年12月，台湾成立了"陆羽茶艺中心"，1982年杭州"茶人之家"成立，并在翌年创办了"茶人之家"杂志，1983年陆羽故乡湖北天门成立"陆羽研究会"，1990年陆羽第二故乡浙江湖州成立了"陆羽茶文化研究会"，同年"中华茶人联谊会"成立并创办了"中华茶人"杂志，1990年首届国际茶文化研讨会在杭州召开，1991年"中国茶叶博物馆"开馆，1992年中国佛教协会会长赵朴初倡议的"中国茶禅学会"成立，1993年11月，经农业部和民政部批准正式成立了"中国国际茶文化研究会"，这是弘扬和研究交流中华茶文化的全国性民间团体，在它的影响下，全国许多省市也纷纷建立了茶文化研究会（促进会、协会）等。另外，1964年成立的"中国茶叶学会"和1992年成立的"中国茶叶流通协会"也与茶文化密切相关。

（二）茶叶教育的发展

中国当代茶叶教育主要由普通高等教育、高等职业教育、中等职业教育和普及教育几方面组成，发展至今已日趋完善，为茶行业培养了大量的专业人才。

1.茶叶普通高等教育

我国最早的茶学学科是1940年春成立的复旦大学（重庆）茶叶专修科，1952年全国高等院校院系调整，上海复旦大学农学院茶叶专修科并入安徽大学农学院，浙江农学院新设茶叶专修科，1956年浙江农学院茶叶专修科改为茶叶系，安徽农学院茶叶专修科改为茶业系，湖南农学院农业专业茶作组改为茶叶专业，改组后三个农学院的茶叶专业升格培养本科生。1981年浙江农业大学、安徽农学院和湖南农学院首次获批茶学硕士授予权，1986年浙江农业大学与中国农业科学院茶叶研究所被批准全国首个茶学博士学位授予权单位，至20世纪末，我国茶学高等教育体系基本建立，逐渐完善，步入良性建设轨道。

进入21世纪后，又有不少新的本科院校开设茶学专业，浙江农林大学还专门成立了茶文化学院，一些学校成立了茶文化研究中心，中华茶文化、茶与健康等课程成为热门课程，目前全国开设茶学专业的本科院校有40多所。

2. 茶叶高等职业教育

高等职业教育是20世纪90年代末建立起来的，经过20多年的发展目前已撑起高等教育的半边天，高职院校绝大部分是原中专学校升格而来，原先有茶叶专业的中等专业学校如浙江杭州农业学校、江苏句容农业学校、福建宁德农业学校等学校升格的高职在2000年前后率先开办高职涉茶专业，最初的专业设置是学校向教育部门申请、评估合格后开设，没有统一的专业名称，因此专业名称多样，有茶业、茶叶加工与营销、茶叶、茶文化等专业，2004年教育部颁布了《普通高等学校高职高专教育指导性专业目录》，涉茶专业有茶叶生产加工技术，2005年开始实施，之后根据各省招生需要逐步增加了目录外专业，涉茶的有茶艺、茶文化和茶叶评审与营销，2015年教育部对高职专业目录进行了全面修订，颁布《普通高等学校高等职业教育（专科）专业目录（2015年）》，涉茶专业调整为茶树栽培与茶叶加工、茶艺与茶叶营销两个，2020年又修订一次专业目录，目前高职招生的涉茶专业是茶叶生产与加工技术、茶艺与茶文化，其中茶艺与茶文化专业备案开设的学校有52所（表2-1），高职教育是培养应用型职业技能人才，20多年来为茶行业培养了大量高技术技能人才。

表2-1　2022年在教育部备案开设茶艺与茶文化专业的高等职业学校

序号	学校	地点
1	天津商务职业学院	天津市
2	太原旅游职业学院	山西太原
3	江苏农林职业技术学院	江苏句容
4	浙江经贸职业技术学院	浙江杭州
5	浙江旅游职业学院	浙江杭州
6	浙江农业商贸职业学院	浙江绍兴
7	浙江特殊教育职业学院	浙江杭州
8	池州职业技术学院	安徽池州
9	安徽财贸职业学院	安徽合肥
10	安徽林业职业技术学院	安徽合肥
11	黄山职业技术学院	安徽黄山
12	福建农业职业技术学院	福建福州
13	福建艺术职业学院	福建福州
14	宁德职业技术学院	福建福安
15	漳州科技职业学院	福建漳州
16	武夷山职业学院	福建武夷山
17	九江职业大学	江西九江

序号	学校	地点
18	江西旅游商贸职业学院	江西南昌
19	江西环境工程职业学院	江西赣州
20	景德镇艺术职业大学	江西景德镇
21	江西水利职业学院	江西南昌
22	江西婺源茶业职业学院	江西婺源
23	青岛职业技术学院	山东青岛
24	信阳农林学院	河南信阳
25	郑州旅游职业学院	河南郑州
26	长垣烹饪职业技术学院	河南长垣
27	湖北三峡职业技术学院	湖北宜昌
28	湖北生物科技职业学院	湖北武汉
29	湖北生态工程职业技术学院	湖北武汉
30	三峡旅游职业技术学院	湖北宜昌
31	天门职业学院	湖北天门
32	湖南生物机电职业技术学院	湖南长沙
33	湖南商务职业技术学院	湖南长沙
34	湖南网络工程职业学院	湖南长沙
35	广东南华工商职业学院	广东广州
36	广东科贸职业学院	广东清远
37	广东生态工程职业学院	广东广州
38	惠州城市职业学院	广东惠州
39	广西职业技术学院	广西南宁
40	三亚航空旅游职业学院	海南三亚
41	重庆旅游职业学院	重庆市
42	达州职业技术学院	四川达州
43	宜宾职业技术学院	四川宜宾
44	雅安职业技术学院	四川雅安
45	四川文化传媒职业学院	四川成都
46	安顺职业技术学院	贵州安顺
47	黔南民族职业技术学院	贵州都匀
48	贵州经贸职业技术学院	贵州都匀
49	云南农业大学	云南昆明

序号	学校	地点
50	云南科技信息职业学院	云南昆明
51	云南旅游职业学院	云南昆明
52	滇西应用技术大学	云南大理

3. 茶叶中等职业教育

新中国成立初，为了尽快恢复茶叶生产，培养茶叶技术人才，茶叶中等职业教育得到了大发展，1950 年杭州农校开设茶叶科，办学历史悠久的宁德农校、屯溪茶校、婺源茶校等都纷纷恢复茶叶专业，到 20 世纪末全国有数十所中专学校开设茶叶专业，中专升格后许多职业高中则相继开设茶相关专业，目前职业高中的涉茶专业有茶艺与茶营销、茶叶生产与加工两个，全国主要产茶省的许多中职学校开设这两个专业，教育部每两年举办全国中职手工制茶大赛，中等职业教育培养了无数茶叶工匠、大师和专业技术人员。

4. 茶叶普及教育

茶叶普及教育是指茶职业技能培训、茶业务技能培训及茶科普知识教育，2000 年由中国茶叶博物馆和浙江国际茶业商会联合创办成立的"浙江华韵职业技术学校"是国内最早开展茶艺师、茶文化职业技能培训的学校，2002 年《茶艺师国家职业标准》颁布后，全国各地茶艺师培训开始火热进行，如今培训工种已扩展到评茶员、茶叶加工工、调饮师等系列。茶业务培训近些年如火如茶地开展，特别是针对茶农的茶叶种植、茶叶加工，针对茶叶流通的茶叶销售、茶叶电商培训等，由各地农业、供销部门广泛开展，而且许多都是免费的，这对推动茶产业发展做出了很大的贡献。茶科普知识教育一直方兴未艾，1992 年全国第一支少儿茶艺队在上海成立，还组织出版了《少儿茶艺》一书，率先在青少年中开展茶艺、茶文化科普教育，目前全国有许多中小学中有茶艺和茶文化等科普课程，从小培养爱茶和饮茶习惯，目前茶文化科普活动不仅仅在学校开展，还进社区、进企业、进机关，全国每年有无数的茶科普讲座，使茶文化更加贴近民众、贴近生活。

（三）茶文化的发展方向

随着茶在全世界饮料地位上的不断巩固，茶文化的社会功能将进一步发挥，茶是一种生活必需品，但文化的功能将越来越突显，健康的功能将不断被发掘，明天的茶文化事业将变得更加亮丽，成为造福人类的共同财富，在更高的层次上影响人们的品质生活。

今后茶文化创意产业会不断涌现，形成以茶文化为题材的旅游、影视、艺术、动漫等产业，饮茶器具也会被不断创新和发展，茶的综合利用和文化产品会越来越多，茶文化庄园建设今后将成为亮点，茶文化有着广阔的发展空间。

1. 为什么茶树及饮茶起源于我国？

2. 我国的茶是通过什么途径传播到世界各国的？

3. 我国唐朝的茶文化有哪些特点？

4. 茶的饮用方式经历了哪些变化？

 中华茶文化

第三章　茶的物质文化

第一节　神奇的东方树叶

我国是茶树的原产地，是世界上最早发现、种植并利用茶叶的国家，经历了从药用到饮用，从利用野生茶树到人工栽培的发展过程。人工栽培茶树有史稽考的历史已有 3000 多年，茶已成为世界人民普遍爱好的饮料。

很早以前，我国劳动人民就开始利用茶叶，最先是食用野生茶树的叶子，后将其作为药用。经过漫长的岁月，茶逐渐成为人民普遍喜爱的饮料，这是劳动人民长期经验的累积和认识的过程。

茶树所属的山茶科植物，起源于上白垩纪至新生代第三纪的劳亚古大陆的热带和亚热带地区，至今已有 6000 万～7000 万年的历史。在这漫长的古地质和气候的变迁过程中，茶树形成了其特有的形态特征、生长发育和遗传规律。

一、茶树在植物分类学中的地位

植物分类学的主要依据是植物的形态特征和亲缘关系，分类的主要目的是区分植物种类和探明植物间的亲缘关系。植物分类学的各级单元为"阶元"，如界、门、纲、目、科、属、种等，其中，种是植物分类的基本单元，相近的种集合成属，相近的属集合成科，相近的科集合成目，再依次集合成纲、门、界。各级单元之下，根据需要再分成亚单元，如亚门、亚目、亚科、亚种等。茶树在植物分类学中的地位如下：

界　植物界（Regnum vegetabile）

门　种子植物门（Spermatophyta）

纲　双子叶植物纲（Dicoty ledoneae）

目　山茶目（Theales）

科　山茶科（Theaceae）

属　山茶属（Camellia）

种　茶种（Camellia sinensis）

茶树的学名首先是由瑞典植物分类学家林奈于 1753 年在他所著的《植物种志》一书中命名的，即"Thea sinensis"，意为中国茶树。此后，茶树的植物学分类出现了许多学术争论，先后提出了 3 个不同的属名和 20 多个种名，如 1818 年司维脱将 Thea

属并入 Camellia 属；1887 年孔茨将茶学名更正为 Camellia sinensis；1950 年中国著名的植物学家钱崇澍根据国际命名法有关要求，确定 Camellia sinensis（L.）O.Kuntze 为茶树学名，该命名一直沿用至今。

二、茶树的原产地及变种分类

（一）茶树的原产地

国际上关于茶树原产地曾有四种学说，即印度起源说、二元论说、多元论说和中国起源说。第一种说法是印度起源说，主要以英国的勃鲁士为代表。1824 年，勃鲁士兄弟在印度东北部中印边境的耶山地中发现了野生大茶树，国外少数学者及勃鲁士兄弟，遂以中国古书上没有大茶树的记载为由，宣称印度是茶树的原产地。第二种说法是关于茶树原产地的二元论说，主要以荷兰植物学家科恩司徒为代表。1919 年在印度尼西亚爪哇茶叶试验场工作的科恩司徒认为，大叶种茶树原产于中国西藏高原之东，包括中国四川、云南以及越南、缅甸、泰国、印度阿萨姆等地，而小叶种茶树原产于中国的东部及东南部。第三种说法是关于茶叶原产地的多元论说，主要以美国的威廉·乌克斯和英国的艾登为代表，1935 年威廉·乌克斯提出泰国东部、缅甸东部、越南、中国云南、印度阿萨姆等地，气候、土壤都极适合茶树生长和繁衍，都可能是茶树的原产地。1958 年，英国人艾登在其所著的《茶》中，认为茶起源于中、印、缅三国交界处的伊洛瓦底江上游发源地的某个中心地带，或者是这个中心地带更北的无名高地，某个中心地带指的是缅甸的江心坡，中心地带更北的无名高地则是指中国云南、西藏境内。第四种说法即中国起源说，也是目前被国际植物学界和茶学界公认的一种学说。在过去的 100 多年里，英国、法国、中国、日本等国的众多科学家就茶树的起源问题进行了全面系统的研究后认为，中国西南地区就是茶树的原产地。

（二）茶树的变种分类

茶树的变种或亚种的分类研究，很早就引起了植物学家们的注意。最早，1762 年林奈在他的再版《植物种志》一书中将茶树分为红茶种（Theabohea）和绿茶种（Theaviridis）。1908 年瓦特来中国调查后，把茶树分为四个变种：武夷变种、直叶变种、尖叶变种、毛萼变种。1919 年科恩司徒指出瓦特分类法的缺点，他把直叶变种和毛萼变种归纳为武夷变种，又把尖叶变种分为四个大叶变种，即武夷变种、中国大叶变种、掸形变种和阿萨姆变种。

从国外各种分类法的内容来看，分类所持的依据，主要是地理特点和形态特征，特别是叶片的形态。诚然，地区特点和叶片形态特征是进行茶树分类必须考虑的内容，但把这两项作为主要依据，就很难对复杂的茶树类型做本质的区分。长期以来，茶树就成为人类农业活动的主要栽培植物之一，随着茶叶产销的发展，茶树已是世界性作物，地理分类法和形态分类法已难以适应。

就地理而言，茶树已经大大越过茶树古老的分布区域，不光是中国、日本、印度、斯里兰卡等亚洲地区，而是分布到世界五大洲。众所周知，"种"以下的性状是和环境相统一的。茶树经过地域的广泛传播，日久天长，形态特征就会产生变异，但如果以此作为变种分类的依据，茶树就不仅不是四个"变种"、十个"变种"，而是几十个变种，就会出现肯尼亚"变种"、巴西"变种"等，五花八门，无以为类。

就叶片形态而言，叶形、叶脉对数、叶缘锯齿等性状虽然比较稳定，叶片大小具有一定的遗传性，能够保持母本趋向，但当环境条件和栽培条件大幅度改变时，随着树龄的增长、空间长期的影响，也会产生变异，大小殊异。如同一种，衰老时叶形变小，台刈后新生叶就较大。如果单纯按照地理分布和叶片大小进行茶树变种分类，是不能真实地反映茶树实际情况的。虽然分得很细，名目繁多，但很多不能称为变种。印度和缅甸的一些茶树品种形态相似，没有本质上的区别，统属于阿萨姆变种或云南变种。例如：马尼坡种的基本性状与阿萨姆种相似，只是抗性稍强，故不应单独列为变种，而应属阿萨姆变种。斯里兰卡分布的茶树，一般可分为三类：阿萨姆种、中国祁门种、中印杂种。日本的茶树多引自我国各地，组成极为复杂，主要是我国的一些中、小叶茶树品种，根本不能单独称为一个变种。所谓印度小叶变种，实际上就是我国一般所称的祁门种。

三、茶树的特征

茶树是由根、茎、叶、花、果实、种子等器官构成的植株。茶树的根、茎、叶为茶树的营养器官，主要功能是吸收、运输、合成和贮藏茶树植株中的营养和水分，进行气体的交换，并担任部分繁殖后代的功能。茶树的花、果实、种子等是茶树的生殖器官，主要担负繁衍后代的任务。

二维码 3-1
微课：茶树的特征

（一）茶树的根

茶树的根系起着固定、吸收、贮藏、合成等多方面的作用，是茶树生长的基础，也可作为营养繁殖的材料。茶树的根系由主根、侧根、吸收根和根毛组成。一般按照根发生部位的不同，我们可以把茶树的根分为定根和不定根。主根和各级侧根称为定根，而从茶树的茎、老根或根茎处发生的根称为不定根。

主根是由胚根发育向下生长形成的中轴根，有很强的向地性，可达1～2米，甚至更深；主根上会长出一级侧根、二级侧根、三级侧根等，从而形成庞大的根系；侧根的前端会生长出乳白色的吸收根，其表面密生根毛。主根起固定、贮藏和输导作用，寿命很长，而吸收根则是获取营养和水分的主要部位，但其寿命短，不断衰亡和更新，少数未死亡的吸收根则可发育成侧根。主根上的侧根是按螺旋状排列的，由于主根生长速度不均衡，以及各土层营养条件的差异，侧根发生有一定的节律，使茶树根系出现层状结构。

茶树根系在土壤的分布，依树龄、品种、繁殖方式、种植方式、种植密度、生态条件以及农艺措施等方面而有所不同。主根生长至一定年龄后，其生育速度慢于侧根，侧根向水平方向发展，茶树根系的分布与人们的耕作制度密切相关，若茶行间经常耕作，茶树根系水平分布范围与树冠幅度大致相仿；在免耕或少耕的茶园内，根幅通常会大于树幅。茶树根系具有向肥性、向湿性、忌渍性，以及向土壤阻力小的方向生长的特性，故有时根系的幅度和深度不一定与树冠幅度和高度相对应。

茶树的根系常常与土壤中的真菌共生，形成菌根。目前在红壤茶园中已发现外生、内外生和内生三种类型的菌根菌。外生菌根菌只在皮层细胞之间延伸；而内外生菌根菌的菌丝，除在皮层细胞之间延伸外，有的已进入细胞内部；内生菌根菌的菌丝通过皮层细胞之间进入细胞内部，有的还进入内皮层细胞。

茶树为喜酸性植物，适合生长于pH值在4.0～6.5的土壤中，其中pH值在5.0～5.5最适宜。土壤pH值的高低也影响茶树根系的分布，生长在中性或微碱性土壤上的根系发育不良，长势细弱，甚至在幼苗期根系就会萎缩继而死亡；而在酸性土壤上生长的根系则较为发达。

（二）茶树的茎

茶树的茎是联系茶树植株地下部的根与地上部的叶、花、果实的轴状结构，主要功能是支撑、输导、贮藏。

根据茎的分枝部位的不同，茶树可以分为乔木型茶树、小乔木型茶树和灌木型茶树三种类型（见图3-1）。乔木型茶树植株高大，有明显的主干，主要分布在我国的西南茶区和华南茶区，如勐海大叶茶、乐昌白毛茶、海南大叶种等。小乔木型茶树植株较高大，基部主干明显，主要分布在我国的华南茶区、西南茶区和江南茶区，如福鼎大白茶、迎霜、黄金桂等。灌木型茶树，植株较矮小，没有明显的主干，在我国各大茶区均有分布，如铁观音、鸠坑种、安徽7号等。

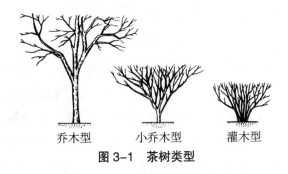

乔木型　　　小乔木型　　　灌木型

图 3-1　茶树类型

　　根据茎的分枝角度不同，茶树可以分为直立状茶树、半披张状茶树和披张状茶树三种类型（见图 3-2）。茶树的分枝方式为幼年期的单轴分枝，逐步过渡到成年期的合轴分枝。自然生长的茶树分枝级数较少，有向上的顶端优势，不能形成采摘树冠面，不符合生产的要求，而人工栽培的茶树分枝级数多，可以达到 12～14 级，采摘树冠面大。

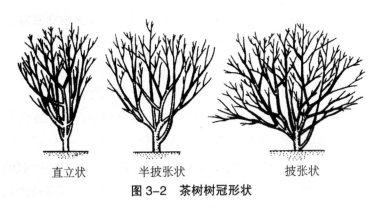

直立状　　　　半披张状　　　　　披张状

图 3-2　茶树树冠形状

　　茶树的幼茎柔软，呈现青绿色，随着茶树幼茎从上而下的木质化过程，皮色由青绿色向浅黄色、红棕色、麻色、浅褐色、褐色、褐棕色、暗灰色、灰白色转变。

（三）茶树的芽

　　茶树的新梢是茶树当年新萌发的枝条，采茶就是从新梢上采下幼嫩的叶片和茶芽。茶树芽的生长与休止具有周期性的特点，我国大部分茶区自然生长的茶树的新梢生长和休止一年有 3 次，即越冬芽萌发—生长休止—第二次生长—休止—第三次生长—冬眠。但是进行采摘的茶树新梢的生长期会缩短，表现出生育的"轮性"特征，即越冬芽萌发生长的新梢称为头轮新梢，头轮新梢采摘后，在留下的桩头上萌发的腋芽会生长成为新一轮的新梢，称为第二轮新梢；第二轮新梢采摘后，在留下的桩头上重新生育的腋芽形成第三轮新梢，以此类推。我国大部分茶区全年可以发生 4～5 轮新梢，少数栽培管理良好的茶园可以发生 6 轮左右新梢，北方茶区由于地处偏北，受水热条件的限制，全年只发 3 轮左右新梢。

各轮新梢的萌发、成熟时间受品种、营养条件以及芽在枝条上所处的部位影响，一株茶树上同一轮新梢的形成有早有迟，因而新梢成熟延续的时间很长，就形成了所谓的"茶季"。一般来说，凡是茶树新梢具有继续生长和展叶能力的称为正常的未成熟新梢，当新梢生长过程中顶芽不再展叶和生长休止时，芽成为驻芽，称为正常的成熟新梢。成熟新梢驻芽旁边两张叶片节间很短，呈对生状态，称为"对夹叶"。而有些新梢萌发后只展开 2～3 片新叶，顶芽就成为驻芽，这是不正常的成熟新梢。

（四）茶树的叶

茶树的叶片可以分为鳞片、鱼叶和真叶三种。鳞片，无叶柄，质地较硬，呈黄绿色或者棕褐色，表面有茸毛与蜡质，随着茶芽的继续萌发，鳞片会逐渐脱落。鱼叶，是茶树发育不完全的叶片，色泽较淡，叶柄宽而扁平，叶缘一般无锯齿或前端略有锯齿，侧脉不明显，叶形多呈倒卵形，叶尖圆钝，因形似鱼鳞而得名。通常情况下，每轮茶树的新梢基部一般会有 1 片鱼叶，多则 2～3 片，但夏秋梢无鱼叶的情况也时有发生。

真叶是茶树发育完全的叶片，叶形一般为椭圆形或长椭圆形，少数为卵形或披针形；叶色有浅绿色、绿色、深绿色、黄绿色、黄白色、紫红色等；叶尖有急尖、渐尖、钝尖、圆尖等；叶面有平滑、隆起与微隆起之分，隆起的叶片，叶肉生长旺盛，这些都是茶树品种分类及良种的主要特征。叶缘有锯齿，呈鹰嘴状，一般在 16～32 对之间，少数大叶种叶缘锯齿可达 72 对之多。随着叶片的老化，叶缘锯齿上的腺细胞脱落，并留有褐色疤痕；真叶的主脉明显，侧脉呈大于或等于 45° 角向两边伸展至叶缘约 2/3 的部位，向上弯曲并与上一条侧脉相连，呈网状叶脉；叶面是光滑的角质层，嫩叶的叶背着生茸毛，这些是茶树叶片的主要特征。叶片的着生状态有直立、水平和下垂之分。叶片大小以定型叶的叶面积来区分，凡叶面积大于 50cm^2 的属特大叶，28～50cm^2 的属大叶，14～28cm^2 的为中叶，小于 14cm^2 的为小叶。叶面积计算公式为：

$$叶面积（cm^2）= 叶长（cm）× 叶宽（cm）×0.7（系数）$$

茶树为常绿植物，但其叶片经过一定时间后也要脱落，只不过叶片形成的时间不同，落叶时间有先有后，全年均可落叶。茶树叶片的寿命随品种、生长季节、环境条件而不同。多数叶片的寿命不到 1 年，叶片寿命一般不超过 2 年。着生在春梢上的叶片寿命比着生在夏秋梢上的叶片寿命长 1～2 个月。此外，气候条件不良、土层瘠薄、管理水平低以及病虫危害等因素，都会引起不正常的落叶。

（五）茶树的花果

茶树的花为两性花，由花芽发育而成。茶树的花芽与叶芽同时着生于枝条的叶腋处。花芽外形较茶芽粗短、圆润，一般位于叶芽的两侧。着生数 2～5 个，花轴较短，花轴上的顶芽不能分化为花芽，故称为假总状花序，有单生、对生或丛生等。花一般为白色，有少数呈浅粉色。茶树的花为虫媒花，这是由茶树本身的天然特性决定的，茶花的雌蕊高过雄蕊，又具有自交不亲和的特点，使得风在授粉过程中无法发挥作用，需要借助昆虫来完成茶花之间的授粉过程。

花芽从 6 月开始分化，以后各月都能不断发生，一般能延续到 11 月，开花早，结实率高；开花晚，结实率低。开花的迟早因品种和环境条件而有所差异，小叶种开花早，大叶种开花晚，如果当年冷空气来临早，茶树开花也会提早。茶花的开花期一般是从 9 月下旬开始，有的在 10 月上旬开始，9—10 月下旬为始花期，10 月中旬—11月中旬为盛花期，11 月下旬—12 月为终花期。从花芽形成到种子成熟，约需要 1 年半的时间，霜降前后茶果成熟，一般在来年 10 月中旬前后可以采收。在茶树上，每年的6—12 月是当年的茶花开花与授粉期，又是上一年茶树受精果发育成熟期，这就是茶树著名的"花果同现""带子怀胎"现象，是茶树的生物学特性之一。

茶果为蒴果，成熟时果壳开裂，种子落地。果皮未成熟时为绿色，成熟后依次变为绿褐色—棕褐色—褐色。茶果果皮光滑，厚度不一，薄的成熟早，厚的成熟晚。茶果的形状和大小与茶果内种子的粒数有关，有 1 粒种子时，茶果为球形；有 2 粒种子时，茶果为双肾形；有 3 粒种子时，茶果呈三角形；有 4 粒种子时，茶果为正方形；有 5 粒种子时，茶果似梅花形。一般而言，双肾形果实的果皮较为坚硬且很容易天生畸形，成活率较其他形状的茶果要低。

茶树的一生要经过很多次的开花、结果，一般正常生育的有性繁殖茶树从第 3 年左右开始开花、结果，但会因茶树的习性、品种以及环境条件不同而有所差异，有些会晚 1～2 年，直到茶树死亡。大多数的茶树品种都可以开花结果，但部分品种如政和大白茶、福建水仙、佛手等品种却只开花不结果，或者结果率很低，即使结果，果实也很难成活。这是因为这些茶树品种具有不育性的特点，对于这些品种，则需要通过无性繁殖的方式进行繁衍。

四、茶树的生育

（一）茶树的总发育周期

茶树从萌芽、生长、开花、结果、衰老、更新到死亡，要经历相当长的一段时间。短的数十年，长的可达数百年。茶树从一粒茶籽发芽或插穗成活开始长成幼苗，逐渐生长，发育成一株根深叶茂的茶树，开花、结果、繁殖新的后代，最后逐渐趋于衰老，最终死亡，这一生长发育的全过程被称为茶树的总发育周期。

茶树在自然下生长发育的时间为生物学年龄，生产上计算植物的生物学年龄时期，通常是从种子萌发或者扦插苗成活开始的，按照茶树的生育特点和生产实际应用，我们通常可以把茶树分为四个生物学年龄，即幼苗期、幼年期、成年期、衰老期。

1. 幼苗期

从茶籽萌发到幼苗出土后，直至第一次生长休止，是茶树的幼苗期。自然播种的茶树历时4~5个月，无性繁殖的茶树，从营养体再生到形成完整独立的植株，一般需要4~8个月。茶籽播种后，在水分、温度适宜的环境条件下就开始萌发。前期的萌发生长需要子叶贮藏的物质供给营养，发根后开始从土壤中吸收少量的养分。到幼苗出土，其叶展开，进入双重营养阶段，营养一方面来自子叶，另一方面是真叶进行光合作用，制造养分。

2. 幼年期

从茶苗的第一次生长休止到茶树正式投产这一时期，称为茶树的幼年期。一般为3~4年，幼年期的长短与茶树的自然条件及栽培管理水平有关。这一时期茶树地上部分与地下部分的营养生长都很旺盛，在自然生长的情况下，初期以主枝和主根生长发育为主。分枝方式为单轴分枝，同时侧根开始向四周发展，根幅逐渐扩大。茶树在幼年期时，需要及时进行定型修剪，促进分枝，培养健壮的骨干枝。

3. 成年期

从茶树正式投产到第一次进行更新改造为止的时期，称为茶树的成年期。这一生物学年龄时期可达20~30年之久。成年期是茶树生长发育最旺盛的时期，产量和品质都处于高峰段。茶树到8~9龄时，自然生长的茶树通常有7~8级分枝，而修剪的茶树可达11~12级分枝。在这个阶段的前、中期，高产的因素主要是茶芽健壮。经过多年连续采摘，到了后期，树冠面上出现细弱分枝和鸡爪枝，茶芽不如前期健壮，变得小而密，产量还是维持在较高的水平上，但茶芽品质已下降。同时，生殖生长随之而旺盛，以后产量渐减，并出现自然更新现象。

4. 衰老期

从茶树第一次自然更新开始到整个植株死亡，是茶树的衰老时期。这一时期骨干枝不断枯亡，下部更新枝陆续发生，成长交替出现。这一时期的长短因管理水平、环境条件、品种的不同而不同，一般可达数十年，甚至百年以上，而茶树的经济年限一般为40~60年。

（二）茶树的年生育周期

茶树在一年中，从营养芽的萌发、生长、休眠到开花、结果，一系列生长发育过程称为茶树的年生育周期。其表现的规律称为茶树的年周期特性，这种特性在不同的气候域里，也随着品种、修剪、施肥、采摘等不同而有差异。

1. 根系的生育

茶树根系在年生育周期内的生育活动，与地上部分生育活动有密切的关系，其生长和休止期有互相交替进行的现象。当地上部分生长停止时，地下部分生长活跃，地上部分生长活跃时，地下部分生长就缓慢或者停止。当5—6月，地上部分新梢生育较缓慢时，根系生育较活跃；10月前后，地上部分渐趋休止，而根系生育达到最活跃的阶段。茶树根系在一年中有死亡更新的现象，主要是在冬季12月—次年2月的休止时期内进行，它的不断更新，使它能保持旺盛的吸收能力。

2. 芽梢的生育

在温带或亚热带地区，茶树新梢的生育有明显的年周期性，以越冬顶芽萌发开始，再到顶芽休眠越冬为止，在整个年周期中，新梢的生育表现出生长和休止相互交替的规律。第一次生长的新梢称为春梢，第二次生长的新梢称为夏梢，第三次生长的新梢称为秋梢。但树冠内部一些细弱的小侧枝，一般只有二次生长，有的甚至在第一次生长后，即转为生殖生长。个别生育力旺盛的强壮枝条，一年中可生长4~5次。

一般来说，春季当日平均气温上升到10℃以上，并保持稳定时，茶树越冬芽开始萌发生长，营养芽膨大，继而伸长，鳞片开裂，芽尖露出，随之伸长，鱼叶展开，接着真叶展开，直到有4~5片真叶展开时，形成一个新梢，后增长速度减慢，顶芽变小而成驻芽，茎和叶子则增粗、增大，这是正常的新梢。如果不采摘，经短期休止后又开始第二次生长。但是，茶树在生长期间也会遇到不良环境，新梢的生长被迫停止，叶片不再展开，进入休眠状态，这是一种不正常的新梢。

进行采摘的茶树新梢，生长期缩短了，表现出生育的轮性。越冬芽萌发生长的新梢称为头轮新梢，头轮新梢采摘后，在留下的小桩上萌发的腋芽，形成第二轮新梢，以此类推。一年里所萌发新梢的轮次多少，每轮经历时间长短以及各轮产量的比例，因气候条件、茶树品种、培育管理及采摘制度等不同而异。

在同一季节中，同一枝条上不同部位的芽，或不同枝条上的不同部位的芽，发育有迟有早，生长有快有慢，因此，全株的各轮次生长并不一致，形成了新梢生育的持续性，即茶季。

3. 叶片的生育

新梢上的叶片是由叶原基发育而成，茶树叶片的寿命一般为一年左右，不同品种的叶片寿命长短不同。一年中以春梢叶片的寿命最长，夏、秋梢次之。由于不良气候、土层浅薄、管理水平低、病虫害等的影响，有些叶片常常不到一年就脱落。

4. 开花与结果

开花与结果是茶树进入青年期后每年都有的生殖生长过程。整个过程可分为花芽分化、花蕾形成、开花受精和果实发育四个阶段。在我国大部分茶区，从6月中下旬开始花芽分化，内部逐渐分化形成花萼、花瓣、雄蕊和雌蕊；7月下旬可明显看到花蕾，到8月陆续露白，一般在9—10月上旬为开花初期，10月中旬到11月中旬为开花盛期，11月下旬到12月为开花终期，花芽经过一系列的发育，到第二年10月下旬果实成熟。因此，从茶花盛开到果实成熟，约一年半的时间，在这一过程中，6—10月间，既是当年茶花孕蕾、开放和授粉的过程，又是上年果实发育成熟的过程，同一时间进行着花与果的发育，表现出茶树性器官发育在年周期中有明显的持续性和重叠性，这是茶树生殖生长的一个特性。

第二节　丰富多彩的茶类

一、茶叶产区

二维码 3—2
微课：我国的茶叶产区
及分类

（一）我国的茶叶产区

我国的茶叶产区从20世纪50年代开始恢复和发展，实施南茶北移和东茶西进，扩展山东、甘肃和西藏茶区，到目前为止，我国的茶区分布为南自北纬18°的海南五指山，北至北纬38°的山东青岛，西至东经94°的西藏林芝地区，东至东经122°台湾宜兰的广阔范围内，茶叶种植遍及浙江、湖南、湖北、安徽、江苏、江西、云南、贵州、四川、重庆、西藏、福建、广东、广西、海南、台湾、陕西、河南、山东、甘肃20个省（区、市）的1100多个县（市），另外上海和河北也有少量茶树种植，茶区横跨热带、亚热带和温带。在垂直分布上，种植茶树最高的在海拔2600米的高地上，而最低的仅距海平面几十米。从西双版纳的热带雨林到山东半岛，从东南沿海的丘陵到秦岭以南的四川盆地，从云贵高原到鄂皖山区，生长着不同类型和不同品种的茶树，从而决定着茶叶的品质及其适制性和适应性，形成一定的茶类结构。

2021年，我国茶叶种植面积达326万公顷，占世界茶叶种植面积的近三分之二，茶园面积最大的三个省分别是贵州、云南和四川，占全国面积的40%多，茶叶总产量306.3万吨，茶叶产量最多的三个省是福建省、云南省、贵州省，占全国产量的41.1%。全国茶叶消费量230.2万吨，茶叶面积、产量和消费量都居世界第一，出口36.94万吨，居世界第二。

我国茶区辽阔，根据产茶历史、茶树类型、品种分布、茶类结构，结合全国气温和雨量分布，以及土壤地带的差异等综合条件，将全国茶区分成4个，即华南茶区、西南茶区、江南茶区和江北茶区。

1. 华南茶区

华南茶区位于我国南部，包括广东、广西、海南、台湾、福建等省（区），终年高温多雨、无冰雪，年降水量居中国茶区之最，一般为1200~2000毫米，年平均气温为9℃~22℃，茶树年生长期在10个月以上，为中国最适宜茶树生长的地区。区域的南部和西部是我国山茶属植物的分布中心，有乔木、小乔木、灌木等各种类型的茶树品种，茶树资源极为丰富。生产的茶类主要有红茶、乌龙茶、黑茶和花茶等，著名的茶叶品种有安溪铁观音、英德红茶、凌云白毫、凤凰单丛、冻顶乌龙、茉莉花茶、六堡茶等。

2. 西南茶区

西南茶区是我国最古老的茶区，位于我国的西南部，包括云南、贵州、四川、重庆以及西藏东南部，地形复杂，多数处于亚热带季风气候带，冬不寒冷，夏不炎热，同纬度地区海拔高差很大，气候差异特别大，土壤状况等也适宜茶树生长。在云贵和四川盆地边缘有大量野生大茶树分布，茶树品种资源丰富，乔木型、小乔木型、灌木型茶树均有种植。生产的茶类主要有红茶、绿茶、紧压茶（砖茶）和普洱茶等，有名的茶叶品种有滇红工夫、川红工夫、宜宾早茶、都匀毛尖、湄潭翠芽、蒙顶甘露、竹叶青、蒙顶黄芽等。

3. 江南茶区

江南茶区位于我国长江中下游南部，包括浙江、湖南、湖北、江西等省和皖南、苏南以及福建北部等地，是我国重要的产茶区域。这里属中亚热带季风气候区，四季分明，雨量充沛，集中在春夏季；秋季干旱，茶园以丘陵为主，少数高山茶园，茶树品种以灌木为主，良种资源丰富。该区域茶园面积占全国的40%多，产量占全国一半以上，生产的茶类包括绿茶、红茶、黑茶、乌龙茶、白茶、黄茶等，名优茶品种十分丰富，诸如西湖龙井、黄山毛峰、洞庭山碧螺春、庐山云雾、太平猴魁、安吉白茶、高桥银峰、恩施玉露、祁门红茶、正山小种、武夷岩茶、福鼎白茶、君山银针等。

4. 江北茶区

江北茶区是中国最北部的茶区，位于长江中下游北岸，包括河南、山东、陕西、甘肃等省和皖北、苏北等地，该区域气温较低、雨量较少，是茶树次适宜生长区，茶树全为灌木型中小叶种和小叶种。江北茶区主要生产绿茶，著名的有六安瓜片、信阳毛尖、太白银毫、汉中仙毫、紫阳毛尖、日照绿茶等。近些年也有一些红茶生产，如信阳红。

（二）国外的茶叶产区

茶树在世界范围内的生长区，最北位于北纬49°乌克兰的外喀尔巴阡州，最南位于南纬33°南非的纳塔尔，垂直分布从低于海平面到海拔2300多米。目前全世界产茶的国家和地区一共有60多个，分布于世界上的五大洲。世界上有茶园的国家虽然不少，但就其种植面积和产量而言，主要集中在亚洲、非洲和拉丁美洲，亚洲最多，以北纬6°~32°之间茶树种植最为集中，非洲次之。由于茶树原产于亚热带地区，喜欢温暖和湿润的气候，所以世界上大部分茶区处于亚热带和热带气候区域。不同气候条件下，茶树生育差异较大，在南纬16°到北纬20°之间的茶区，茶树全年可以生长和采摘，北纬20°以上的茶区，茶树生长有休止期，采茶有季节性。

根据国际茶叶委员会（ITC）统计，2020年，全世界茶叶面积达到509.8万公顷，茶叶总产量626.9万吨，茶叶消费总量为587.8万吨，人均年消费茶叶最多的是土耳其，为3.2千克/人/年。

除中国以外，21世纪以来茶园面积和茶叶产量一直稳居前几名的有印度、斯里兰卡、肯尼亚等国。

印度无论是茶叶种植面积还是茶叶产量均居世界第二。茶区分为北印度（包括东北印度）和南印度两大茶区，有22个邦产茶，其茶树种植的特点主要是茶园比较集中，分布在海拔300~400米的缓坡丘陵地带，茶树品种多为阿萨姆种等大叶种。北印度茶区主要是阿萨姆邦和西孟加拉邦（大吉岭属于此茶区），南印度茶区主要是喀拉拉邦和泰米尔纳杜邦。北印度茶区是该国重点茶叶生产地区，产量约占全国的75%，生产的茶叶分为上阿萨姆茶、中阿萨姆茶和下阿萨姆茶，就其自然品质而言，上阿萨姆茶质量最优，中阿萨姆茶次之，下阿萨姆茶较差。印度茶树基本上采用无性繁殖，茶园整齐，单产较高，茶叶加工机械化程度较高，生产的茶类99%是红茶，少量生产绿茶。

斯里兰卡是世界上茶园面积第四大的国家，全国有6个省的11个区产茶，主产地有乌瓦、乌达普萨拉瓦、努沃勒埃利耶、卢哈纳、康提、汀布拉等。由于自然条件的关系，斯里兰卡最适合茶树生长的是海拔1200米以上的高山茶区，其次是海拔600~1200米的中部地区，再者是600米以下的低山丘陵茶区。高地茶产量占35%左右，为高档茶，中地茶产量占25%左右，为中档茶，低地茶产量占40%左右，为低档茶。

肯尼亚是非洲茶园面积最大的国家。全国8个省（市）中有5个省产茶，其中重点产茶县（区）有17个。茶区十分集中，均分布在赤道附近东非大裂谷两侧的高原丘陵地带，基本上形成两大片，即一片位于内罗毕东北方向的肯尼山附近，另一片位于内罗毕西北方向，围绕维多利亚湖的东侧。茶区自然条件十分适宜茶树的生长，全年可采茶，主要生产红碎茶。

二、茶叶种类

（一）茶叶的分类

我国是世界上茶类最多的国家，茶叶品种达上千种，丰富多彩的茶类是千百年来劳动人民用智慧创造的。茶叶的分类方法较多，国内外尚不是很统一，我国有茶叶综合分类法和三位一体茶叶分类法。茶叶综合分类法以制法的系统性和品质的系统性来分，得到茶业界广泛认同，目前普遍采用这一分类方法。

从茶树上采摘下来的鲜叶（青叶）通过不同的加工方法而产生的产品叫初制茶（毛茶），初制茶按不同的加工工艺及不同产品品质特征可分为六大基本茶类，即绿茶、白茶、黄茶、青茶、红茶和黑茶，六大茶类的发酵程度（实质是茶多酚类的氧化方式和氧化程度）从不发酵、微发酵、轻发酵、半发酵、全发酵到后发酵。各类初制茶经过精制加工后变成精制茶（成品茶、商品茶）就可以在市场上销售了，当然许多名优茶只需简单的精制整理就变成成品了。用六大基本茶类的茶叶进行再加工，又形成了再加工茶类，如窨花后形成花茶，蒸压后形成紧压茶，浸提萃取后制成速溶茶，加入果汁或花草形成果味茶（花草茶），加入中草药形成保健茶，提取茶汁制成含茶饮料，因此也有人将再加工茶划分为花茶、紧压茶、萃取茶、花草茶（果味茶）、保健茶和含茶饮料六大类。

（二）六大基本茶类

1. 绿茶

绿茶是最早出现的茶类，是一种不发酵茶，全国各产茶省（区、市）都生产该茶类，名品最多，有的产茶县有一县一品甚至一县二三品。品质特征为"清汤绿叶"。其加工制法一般是鲜

二维码 3-3

微课：我国的六大茶类及再加工茶

叶经过杀青、揉捻和干燥三个工序。杀青是这个茶类加工的特点，根据加工时杀青方式和干燥方法的不同，又分为炒青绿茶、蒸青绿茶、烘青绿茶和晒青绿茶四类，其中以炒青绿茶类的品种最多。

绿茶的杀青有炒热杀青、蒸气杀青、微波杀青等几种形式，用蒸气杀青制成的绿茶叫"蒸青"。绿茶的干燥方式有炒干、烘干、晒干，炒干的叫"炒青绿茶"，烘干的叫"烘青绿茶"，太阳晒干的叫"晒青绿茶"。当然也有几种方式结合干燥的，既烘又炒的叫"半烘炒绿茶"等。

绿茶色绿形美、香高味长、造型独特、品质优异，有很高的艺术欣赏价值。绿茶加工主要通过高温杀青，破坏了鲜叶中酶的活性，阻止了茶多酚的酶促氧化，保持了鲜叶本来的绿色，细嫩的茶叶内维生素、氨基酸、糖类、茶多酚、芳香物质丰富，香气清高，滋味鲜醇。

绿茶的形状千姿百态，特别是名优绿茶，颇如舞蹈艺术，注重体态语言与身体造型，有长条形、扁形、针形、蟠花形、珠圆形、片形、卷曲形、花朵形、雀舌形、环钩形、尖形、束形等。

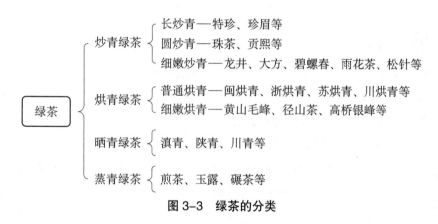

图 3-3　绿茶的分类

2. 白茶

白茶属于微发酵茶，主产地在福建省的福鼎、政和等县，云南、台湾也有少量生产。其品质特征是外形色白如银、披满白毫，汤色杏黄、浅黄、橙黄等，香气清醇，滋味清甜醇爽、毫味足。白茶的加工工艺是所有茶类中最简单的，不炒不揉，只有萎凋和干燥两道工序。萎凋是这个茶类加工方法的特点，萎凋中茶多酚少量酶促氧化。萎凋有日光萎凋，也有室内自然萎凋和加温萎凋。干燥可以晒干或风干，也可以烘干。白茶的产品主要有白毫银针、白牡丹、贡眉和寿眉，20世纪60年代试制成功的新工艺白茶则在萎凋和干燥中间加了一

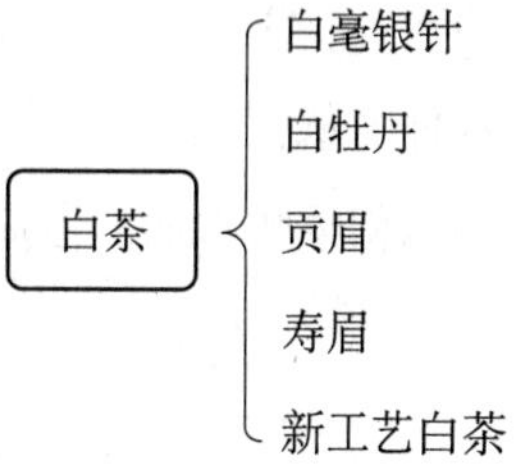

白茶 { 白毫银针 / 白牡丹 / 贡眉 / 寿眉 / 新工艺白茶

图 3-4　白茶的分类

道揉捻工序，产品主要投放在港澳和东南亚市场。20世纪末出现了白茶饼及老白茶。

3. 黄茶

黄茶属于后发酵中的轻发酵茶，产地在安徽、浙江、福建、湖南、湖北、四川、台湾等省，是我国特有的并且产量最少的茶类。其品质特征为"黄汤黄叶"。黄茶的加工方法近似于绿茶，先要经过杀青工序，然后在揉捻或干燥前进行一道"堆积闷黄"工艺，最后再干燥。闷黄是该茶类加工方法的主要特点，通过闷黄，茶多酚少量发生化学氧化，叶绿素破坏使茶叶的绿色消失、黄色显出。按其闷黄工序所安排的时期不同，分为杀青后闷黄、揉捻后闷黄和初干后闷黄三小类。杀青后闷黄的有沩山毛尖、蒙顶黄芽、远安鹿苑、台湾黄茶等，揉捻后闷黄的有平阳黄汤、北港毛尖、海马宫茶、莫干黄芽等，初干后闷黄的有君山银针、霍山黄大茶、霍山黄芽、崇安莲芯等。

黄茶
- 黄芽茶——君山银针、蒙顶黄芽等
- 黄小茶——霍山黄芽、北港毛尖、沩山毛尖、平阳黄汤、鹿苑茶、莫干黄芽等
- 黄大茶——安徽霍山黄大茶、广东大叶青等

图3-5 黄茶的分类

4. 青茶（乌龙茶）

青茶又叫乌龙茶，属于半发酵茶类，产区主要分布于福建、广东和台湾三省，福建又分闽南青茶与闽北青茶。品质特征是叶色青绿或青褐，边红中绿，俗称"绿叶红镶边"，汤色橙黄或金黄，具有天然花香，滋味浓醇。青茶加工方法结合了红茶与绿茶的加工工序，一般是经过萎凋、做青（摇青）、杀青、揉捻和干燥等工序。这个茶类加工方法的特点是做青（摇青），通过摇动使叶子之间相互碰撞摩擦，叶子边缘部分细胞破碎，茶多酚与多酚氧化酶接触发生酶促氧化（即发酵）形成茶黄素、茶红素等使叶子部分红变，产生绿叶红边。为了使叶子经得起摇动，鲜叶要有一定的成熟度，即芽生长停止形成对夹叶了才开采，俗称"开面采"，后面的杀青、揉捻、干燥与绿茶的工艺相同。青茶特殊的香气、滋味基本都是在摇青过程中形成的。闽北青茶的代表是武夷岩茶、武夷水仙和各种名丛，闽南青茶的代表是安溪铁观音、漳平水仙、色种等，广东青茶的代表是凤凰单丛和凤凰水仙，台湾青茶主要有冻顶乌龙、文山包种、白毫乌龙、金萱茶等。

青茶
- 闽北青茶——武夷岩茶、大红袍、肉桂等
- 闽南青茶——安溪铁观音、奇兰、水仙、黄金桂等
- 广东青茶——凤凰水仙、凤凰单丛、岭头单丛等
- 台湾青茶——台湾乌龙、包种、冻顶乌龙等

图3-6 青茶的分类

5. 红茶

红茶属于全发酵茶，我国大多数产茶省都有生产，也是世界上的主要茶类。红茶的品质特征是"红汤红叶"，茶汤红艳明亮、香气香甜馥郁、滋味甜醇爽口。其加工特点是完全发酵（指的是茶多酚的酶促氧化缩合产生有色物质）。红茶加工方法一般是萎凋、揉捻（揉切）、发酵、干燥。依据不同的加工方法、成茶外形和品质上的差异，通常把红茶分为小种红茶、工夫红茶和切细红茶（又叫红碎茶或分级红茶）三小类。小种红茶主要在闽北武夷山一带生产，有正山小种、烟小种等。工夫红茶在各产茶的省都有生产，如祁门工夫、宁红工夫、宜红工夫、湖红工夫、越红工夫、滇红工夫、英德红茶、白琳工夫、台湾工夫等。切细红茶几乎全世界各产茶国都有生产，我国主要是南部云南、广东、海南等省生产。切细红茶分叶茶、碎茶、片茶和末茶四类。

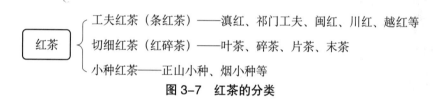

图 3-7　红茶的分类

6. 黑茶

黑茶属于后发酵茶，产地主要分布在湖南、湖北、四川、广西、云南等省（区）。其品质特征为叶色油黑或褐绿色，汤色褐黄或褐红。黑茶一般原料比较粗老，渥堆（堆积做色）是黑茶的特殊加工工艺，加工中经过较长时间的堆积发酵，茶多酚大量发生自动氧化变色，产生油黑或黑褐的叶色，堆积做色可以在杀青或揉捻后进行，也可以在初干后进行，可以在成品后堆积后发酵。黑茶有散茶和紧压茶之分，从严格意义上讲，紧压黑茶属于再加工茶类。黑茶是我国边疆藏族、蒙古族和维吾尔族人民日常生活必不可少的饮料。由于该茶类是边销为主，部分内销，少量侨销，因此习惯上称之为"边销茶"或"边茶"。湖南黑茶主要以安化黑茶为主，湖北黑茶主要是老青茶，四川黑茶有南路和西路之分，广西主要是六堡茶，云南主要以熟普洱茶为主。

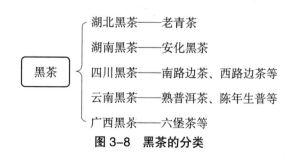

图 3-8　黑茶的分类

（三）再加工茶

再加工茶类主要包括花茶、紧压茶、萃取茶、花草茶（果味茶）、保健茶和含茶饮料等。

1. 花茶

花茶又称"窨花茶""熏花茶"，是利用茶叶吸收花香的特点，将茶叶和香花进行拼和窨制加工而成的茶。花茶的种类很多，可根据茶坯（茶叶）原料的不同分为烘青花茶、炒青花茶、红花茶、乌龙花茶、花大方等，也可根据香花来源分为茉莉花茶、珠兰花茶、玳玳花茶、玫瑰花茶、桂花茶等。如以红茶为茶坯，加玫瑰花窨制而成的称为玫瑰红茶。我国目前生产的花茶以茉莉花茶为主，约占花茶总量的90%。

1984年以前，我国茉莉花茶主要在浙江金华、福建福州、江苏苏州生产，广东的芳村、四川的犍为等地也有少量生产。20世纪80年代开始，广西横县的气候条件适合茉莉花生产，茉莉花种植发展迅速，茉莉花茶生产向广西转移。目前浙江、江苏已很少生产茉莉花茶，只有福建和四川还保留茉莉花茶的生产。从1998年开始，云南的元江和思茅也发展了茉莉花的种植。目前广西的茉莉花茶约占60%。

2. 紧压茶

各种散茶经过再加工蒸压后形成一定形状的称紧压茶或压制茶，根据原料不同有绿茶紧压茶、红茶紧压茶、乌龙茶紧压茶、白茶紧压茶和黑茶紧压茶，以黑茶紧压茶为主。黑茶压制的形状有砖形（老青砖、茯砖、花砖等）、枕形（康砖）、饼形（七子饼、饼茶等）、方形（普洱方茶）、柱形（千两茶）、篓包形（天尖、贡尖等）。紧压绿茶有生普洱饼、沱茶、竹筒香茶等，紧压红茶主要有米砖、小京砖和广东球形的凤眼香茶，紧压乌龙茶是福建漳平扁平四方形的水仙饼，白茶饼基本都是圆饼形的。目前黄茶也有人尝试着把它压成饼。紧压茶的特点是形状规则、体积小、便于运输和存放。

紧压茶┬ 湖北老青砖——老青砖
　　　├ 湖南黑茶——天尖、贡尖、生尖、花砖、茯砖、黑砖、花卷（千两茶）
　　　├ 四川边茶——南路边茶（金尖、康砖），西路边茶（方包、茯砖）
　　　├ 云南紧压茶——普洱紧茶、饼茶、七子饼、圆茶、砖茶、方茶、沱茶等
　　　├ 紧压红茶——米砖、小京砖、凤眼香茶
　　　├ 紧压青茶——漳平水仙饼
　　　└ 紧压白茶——白毫银针饼、白牡丹饼、贡眉饼、寿眉饼

图3-9　紧压茶的分类

3. 萃取茶

将基本茶类经热水（或溶剂）萃取出茶叶中的可溶物质，将茶渣滤去，再将茶汤

经过浓缩（或不浓缩）和干燥（或不干燥）制成固态或液态萃取茶，品种有速溶茶粉、浓缩茶、超微茶粉等。加冷热水冲泡或直接饮用。

4. 花草茶（果味茶）

在茶叶中加入天然香料制成的再加工茶称为花草茶，香气纯正，回味甘甜。在基本茶类中加入各类果汁制成的再加工茶称为果味茶，既具果味，又具茶味。如荔枝红茶、柠檬红茶、猕猴桃茶、薄荷茶等。

5. 保健茶

将茶叶和某些中草药配方后制成各种保健茶，提高了茶叶的营养保健和防病治病功效。保健茶的种类很多，功效也各不相同，如茶与杜仲配方的"杜仲茶"、茶与绞股蓝配方的"绞股蓝茶"、茶与菊花配方的"菊花茶"，另外还有枸杞茶、天麻茶、栀子茶、槐花茶、八仙茶、明目茶、富硒茶等。

6. 含茶饮料

含茶饮料是由现代饮料工业发展所催生的，是将茶叶浸泡后提取出茶汁再与各种饮料基质拼和调配后制成的饮料，品种多、风格各异。生产商经过萃取，添加保护剂，再经灭菌、装罐制成各种罐装茶饮料。

三、千姿百态的名优茶

（一）名茶定义

名茶，又称名优茶或优质茶，是由得天独厚的生态环境、优良的茶树品种、科学的栽培管理、完美的采摘标准、精湛的加工技术，再加上一定的人文、历史条件下生产的既有相当大的知名度，又有千姿百态的外形和优异的色香味的茶叶。

根据创制时间、认可程度等不同，名茶分为历史名茶、创新名茶、地方名茶、省级名茶和中国名茶等，但不管什么名茶，其外形都有其特色，或扁形、圆形、卷曲、片状、针形，或螺形、环钩、花朵形等，外形要吸引人的眼球，香气悠远、惹人喜爱。有些名茶有特殊的花香、果香、清香等，滋味有鲜、爽、醇、厚、甘、滑、浓等，有些名茶有独特的韵味，色泽则是五彩斑斓，富有每一种茶类所具有的汤色、干茶颜色和叶底色泽。

特定的人文条件、历史条件、环境条件和品种条件，加上独特的采制工艺，造就了我国成百上千的名优茶。

（二）历代名茶

唐朝时我国饮茶成风，产茶区域相当于现代的 15 个省区市，唐代在八大茶区中已

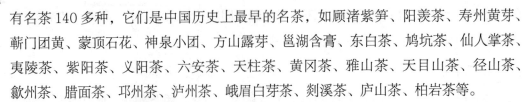

有名茶 140 多种，它们是中国历史上最早的名茶，如顾渚紫笋、阳羡茶、寿州黄芽、蕲门团黄、蒙顶石花、神泉小团、方山露芽、邕湖含膏、东白茶、鸠坑茶、仙人掌茶、夷陵茶、紫阳茶、义阳茶、六安茶、天柱茶、黄冈茶、雅山茶、天目山茶、径山茶、歙州茶、腊面茶、邛州茶、泸州茶、峨眉白芽茶、剡溪茶、庐山茶、柏岩茶等。

宋元时，茶区进一步扩大，到南宋时期，全国有 66 个州、242 个县产茶，又有一批新的名茶产生，宋元时的主要名茶有建茶、日铸茶、瑞龙茶、双井茶、雅安露芽、蒙顶茶、袁州金片、巴东真香、龙芽、方山露芽、普洱茶、径山茶、天台茶、雅山茶、鸟嘴茶、宝云茶、白云茶、花坞茶、信阳茶、龙井茶、虎丘茶、洞庭山茶、灵山茶、邛州茶、峨眉白芽茶、武夷茶、修仁茶、头金、骨金、次金、末骨、粗骨、绿英、金片、早春、华英、来泉、胜金、独行、灵草、绿芽、片金、金茗、龙溪、次号、末号、太湖、茗子、仙芝、嫩蕊、福合、绿合、运合、庆合、指合等。

明清时，茶区扩大不多，但茶类发生重大变化，六大茶类的出现使名茶数量大大增加，再加上花茶等再加工茶类的出现，使得名茶发生了很大的变化。明清时期的主要名茶有蒙顶石花、薄片、柏岩、白露、云脚、绿花、紫英、白芽、瑞草魁、先春、龙焙、石崖白、绿昌明、虎丘、天池、龙井、六安、天目、罗岕茶、云南普洱、新安松萝、余姚瀑布茶、童家岙茶、石埭茶、瑞龙茶、日铸茶、小朵茶、雁路茶、石笕茶、剡溪茶、雁荡龙湫茶、方山、武夷岩茶、黄山毛峰、徽州松萝、西湖龙井、普洱茶、闽红、祁门红茶、婺源绿茶、洞庭山碧螺春、石亭绿、敬亭绿雪、涌溪火青、六安瓜片、太平猴魁、信阳毛茶、紫阳毛尖、舒城兰花、老竹大方、泉岗辉白、庐山云雾、君山银针、安溪铁观音、苍梧六堡茶、屯溪绿茶、桂平西山茶、南山白毛茶、恩施玉露、天尖、政和白毫银针、凤凰水仙、闽北水仙、鹿苑茶、青城山茶、沙坪茶、名山茶、峨眉白芽茶、贵定云雾茶、湄潭眉尖茶、严州苞茶、莫干黄芽、富阳岩顶、九曲红梅、温州黄汤等。

纵观我国历史名茶生产，大多与名山、名泉、名刹、名人相连，受山水滋养、自然熏陶、名人推崇、人文提升而被社会广泛接受。历史名茶历经千百年，有的一直流传至今，有的改变了形状，有的因茶类变迁已不复存在，但大多数名优茶的产地依然是现今名茶的重要产区。

（三）名茶集锦

目前我国 20 个产茶省区市都有名优茶的生产，据王镇恒《中国名茶志》的不完全统计，至 2000 年全国有名茶 1017 种，2000 年至今又有不少新的名茶创制和传统名茶恢复，估计现在全国名茶有 1500 多种。

表 3-1　2000 年全国各省名茶数量　　　　　　　　　　单位：种

湖南	湖北	四川	安徽	广东	浙江	广西	云南	江西	福建
131	112	90	89	77	75	74	61	54	47
江苏	河南	台湾	贵州	陕西	甘肃	山东	海南	西藏	
38	38	38	37	32	14	5	4	1	

　　中国名茶以绿茶数量最多，有代表性的如浙江的西湖龙井、安吉白茶，安徽的黄山毛峰、太平猴魁、六安瓜片，江苏的洞庭山碧螺春，江西的庐山云雾、婺源绿茶，湖南的古丈毛尖，湖北的采花毛尖，四川的竹叶青、蒙顶甘露，贵州的都匀毛尖、湄潭翠芽，河南的信阳毛尖。红茶有代表性的有安徽的祁门红茶，云南的凤庆滇红，福建的坦洋工夫、正山小种，广东的英德红茶，四川的宜宾红茶，江西的宁红工夫，海南的五指山红茶，湖北的宜红工夫。乌龙茶有代表性的有福建的安溪铁观音、武夷岩茶，广东的凤凰单丛、岭头单丛，台湾的冻顶乌龙、白毫乌龙。黑茶有代表性的是云南的普洱茶，湖南的安化黑茶，广西的六堡茶，四川的雅安藏茶，湖北的青砖茶。白茶主要有福建的白毫银针、白牡丹、贡眉和寿眉。黄茶主要有湖南的君山银针，四川的蒙顶黄芽，安徽的霍山黄芽，浙江的温州黄汤。花茶有代表性的有广西横县茉莉花茶，福建福州茉莉花茶，四川成都茉莉花茶。

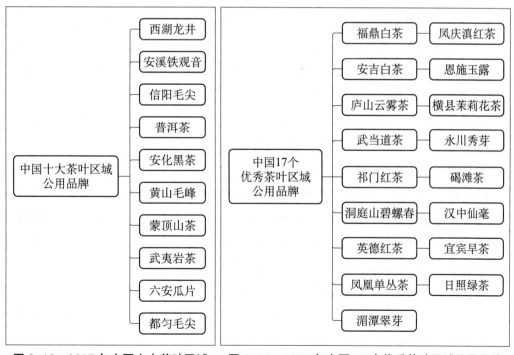

图 3-10　2017 年中国十大茶叶区域
　　　　　公用品牌

图 3-11　2017 年中国 17 个优秀茶叶区域公用品牌

下面分别介绍一下各产茶省区市的主要名优茶。

1. 浙江省

据 2020 年出版的《浙江通志·茶叶专志》记载，浙江现有传统名茶 41 个，创新名茶 70 个，其他名茶 120 余个。

（1）西湖龙井。属绿茶类，第二批国家非物质文化遗产项目，以扁平、挺直、光滑著称，享有"色绿、香郁、味甘、形美"四绝之誉，是中国名茶之首，主产于杭州市西湖区。龙井既是茶名，又是井名、寺名、村名、树名，龙井种茶始于北宋元丰年间，清代龙井茶名扬天下，清乾隆皇帝六下江南，四到龙井茶区，七次为龙井茶赋诗点赞。

西湖龙井采制精良，品质优异，高档龙井茶形如"碗钉"，色泽绿色带糙米色或翠绿，香气清高优雅，带兰花香或豆花香，滋味甘鲜醇和，汤色碧绿黄莹，叶底细嫩成朵，品饮之后齿颊留芳、赏心悦目，西湖龙井茶一直作为国礼赠送给各国嘉宾。

图 3-12　西湖龙井

（2）九曲红梅。属红茶类，产于杭州西湖区周浦乡（今双浦镇），清末民初就已颇有名气，徐珂《可言》中说"杭茶之大别，以色分之，曰'红'，曰'绿'。析言之，则红者九：龙井九曲也、龙井红也、红寿也、寿眉也、红袍也、红梅也、建旗也、红茶蕊也、君眉也"。清咸丰年间统一称为"九曲红梅"。

九曲红梅外形条索细紧卷曲、色泽乌黑油润，香气鲜嫩甜香，汤色橙红明亮，滋味鲜醇甘爽，叶底细嫩显芽、红匀亮。

（3）径山茶。属绿茶类，产于杭州市余杭区径山及周边。从唐代开始，径山就是佛教圣地、茶道之源，径山茶是径山寺开山鼻祖高僧法钦和尚亲手所栽，历代高僧种茶制茶、坐禅品饮、招待施主，宋代还形成一套庄严肃穆的径山茶宴，传到日本后对日本茶道的形成产生深远的影响，径山也是陆羽著经之所。

径山茶采制精细，品质优良，外形细嫩紧结、显毫，色泽翠绿，香气有嫩香、栗香、清香和花香，滋味鲜爽，汤色嫩绿明亮，叶底细嫩、均匀成朵。径山茶的冲泡还可以用上投法，茶叶放入开水会像天女散花般很快沉入杯底。

（4）平水日铸茶。属绿茶类，主产于绍兴市柯桥区平水镇及周边一带，日铸茶闻名于宋，是最早出现的炒青绿茶，陆游《安国院试茶》诗中云"日铸则越茶矣，不团不饼，而曰炒青，曰苍鹰爪，则撮泡矣"。自日铸开始，我国绿茶改蒸为炒、改碾为揉，形成散茶，开始冲泡饮用。我国珠茶是由日铸茶演变而来的。清道光年间，珠茶大量出口，深受国外消费者的喜爱，被誉为绿色珍珠，英文译为"Gunpowder"。清代至民国300年间，平水是珠茶精制加工和集散中心，故国际上称"平水珠茶"，20世纪90年代恢复日铸茶的生产。

"花蕾状、板栗香、鲜爽味"是日铸茶的特点，外形卷曲呈花蕾状、绿润鲜活，汤色绿明亮，滋味醇厚回甘，香气栗香、馥郁持久，叶底嫩匀成朵。

（5）大佛龙井。属绿茶类，产于中国名茶之乡浙江新昌县，是20世纪80年代新创制的名茶，因境内有1600年历史的江南第一大佛而得名，属于扁炒青，外形扁平，色泽绿中带黄，汤色杏绿，清香持久，滋味鲜醇甘爽，叶底嫩匀。

（6）越乡龙井。属绿茶类，产于嵊州市，因是越剧之乡而得名，也是20世纪80年代新创制的名茶。越乡龙井也是扁炒青，外形扁平光滑，大小匀齐，色泽嫩绿，香气馥郁，滋味醇厚，汤色清澈明亮，叶底嫩匀成朵。

（7）紫笋茶。属绿茶类，第三批国家非物质文化遗产项目，史称顾渚紫笋或湖州紫笋，产于长兴县顾渚山麓，紫笋茶是我国最早的两个贡茶之一。唐朝的紫笋茶是蒸青压饼入贡的，明清以后改制成芽叶散茶，称罗岕茶，许次纾《茶疏》记"江南之茶，唐人首称阳羡，宋人最重建州，于今贡茶两地独多。阳羡仅有其名，建茶亦非最上，唯有武夷雨前最佳。近日所尚者为长兴之罗岕，疑即古人顾渚紫笋也"。

1978年在庄晚芳先生的倡议下恢复了紫笋茶的生产，为半烘炒工艺，鲜叶芽粗壮似笋，干茶形似兰花，色泽嫩绿；香气清高持久，滋味鲜爽甘醇，汤色清澈明亮。

（8）安吉白茶。属绿茶类，第三批国家非物质文化遗产项目，产于著名的竹乡安吉县，是浙江名茶的后起之秀，用白叶一号茶树品种的鲜叶加工而成，该茶春季发出的嫩叶色玉白，茎脉翠绿，随气温的升高叶张由玉白转为白绿相间，到夏天呈全绿，是珍稀的茶树品种。

安吉白茶的氨基酸含量比一般绿茶高1~3倍，特别鲜爽。安吉白茶形状有龙凤之分，凤形安吉白茶形似凤羽，色泽嫩绿泛玉色，香气嫩香持久，滋味鲜醇甘爽，汤色嫩绿明亮，叶底是叶白脉翠；龙形安吉白茶则是扁平、光滑、挺直的外形。

图3-13　安吉白茶

（9）瀑布仙茗。属绿茶类，产于余姚市四明山区，是浙江最古老的名茶。四明山自古都是道教圣地，晋代《神异记》里就记载："余姚人虞洪，入山采茗，遇一道士，牵三青牛，引洪至瀑布山，曰'予丹丘子也。闻子善具饮，常思见惠。山中有大茗……'"陆羽《茶经》八之出称："浙东，以越州上，余姚县生瀑布泉岭，曰仙茗……"

1979年余姚恢复瀑布仙茗茶研制，成品外形细紧挺直，稍扁似松针，香高味醇，非常耐泡并耐贮藏。

（10）天台山云雾茶。属绿茶类，又称华顶云雾茶，产于天台山主峰华顶山。天台山产茶可追溯到汉代，"天台大茗"，云雾茶则出自明清时期，张大复《梅花草堂笔谈》卷三记"云雾茶，洞十从天台来，以云雾茶见投。亟煮惠水泼之，勃勃有豆花气"。

1976年恢复创新云雾茶手工炒制，品质外形细紧、绿润披毫，香气高锐、浓郁持久，滋味鲜爽、清冽回甘，汤色嫩绿明亮。

（11）雁荡毛峰茶。属绿茶类，产于乐清市雁荡山一带，又名雁山茶，闻名于明代，明隆庆《乐清县志》卷三记载"茶，近山多有，唯雁山龙湫背，清明采者极佳"。《雁山志》记"浙东多茶品，而雁山者称最"。雁荡山古茶园以前多为寺庙道观所有，制法不外传，民国时期几乎失传。

1964年当地政府恢复试制，定名为"雁荡毛峰"，外形紧结，芽毫显露，色泽绿润，滋味鲜爽，回味甘甜，汤色浅绿，清香高雅，叶底嫩绿成朵。

（12）平阳黄汤。属黄茶类中的黄小茶，产于平阳县。平阳宋代就开始产茶，而且是温州府唯一官茶场所在地，为茶叶集散中心。平阳黄汤传说创制于清嘉庆年间，因当时绿茶销量很好，来不及加工，不能及时烘干，闷堆变黄而成。

1982年重新恢复生产，揉捻后经"三闷三烘"加工而成，干茶色泽嫩黄，汤色杏黄明亮，香高持久带玉米香，滋味甘醇爽口，有"干茶显黄、汤色杏黄、叶底嫩黄"的特征。

（13）惠明茶。属绿茶类，惠明茶因僧而得名，产于景宁惠明寺周边的敕木山区，1915年在巴拿马万国博览会上获金质奖章和一等荣誉证书。惠明茶历史悠久，据惠明寺村家谱记载，唐开成二年（837）雷太祖的后人就在敕木山开山种茶，建造寺院。

惠明茶以"香高味浓，耐泡回甘，富有兰花香、水果味"而著名，冲泡后有一股特殊的山花香韵，一杯淡、二杯鲜、三杯甘又醇、四杯五杯茶韵犹存。

（14）松阳银猴。属绿茶类，原名遂昌银猴，是1981年研制的名茶，松阳复县后，因产地属松阳管辖，改名松阳银猴。松阳是我国著名的茶乡，浙南茶叶市场闻名全国。

选用银猴茶树品种的一芽一叶原料加工而成，形似深山活泼的小猴，外形卷曲多毫，色翠润，栗香持久，滋味浓鲜，汤色绿明，叶底成朵。

（15）武阳春雨。属绿茶类，产于中国有机茶之乡武义县，是20世纪90年代创制的名茶，武义产茶历史悠久，唐代道教宗师叶法善曾在宣平山上采茶，唐代诗人孟浩然留下《宿武阳川》的优美茶诗。

武阳春雨形似松针丝雨，以单芽或一芽一叶初展为原料，色泽绿润，冲泡后汤色清澈明亮，滋味甘醇鲜爽，具有独特的兰花清香，茶芽在杯中如春雨飘洒。

（16）开化龙顶。属绿茶类，产于开化县，龙顶茶因始产于大龙山龙顶潭而得名，开化产茶清朝就有记载，民国时称"白毛尖"，1959年恢复性试制，1979年冠以县名，称"开化龙顶"。

开化龙顶为针芽形茶，条索紧结挺直，白毫披露，银绿隐翠，香气鲜嫩清幽，滋味醇鲜甘爽，汤色杏绿清澈。

（17）普陀佛茶。属绿茶类，又称普陀山云雾茶，初由僧侣栽制以供佛敬客，故名佛茶。早在明清时期普陀山就种茶，明李日华《紫桃轩杂缀》记"普陀老僧贻余小白岩茶一裹，叶有白茸，瀹之无色，徐饮，觉凉透心腑。僧云：本岩岁止五六斤，专供大士，僧得缀者寡矣"。20世纪70年代末恢复佛茶生产。

普陀佛茶外形似螺似眉，茸毫满披，色泽翠绿，茶汤嫩绿明亮，香气清高，滋味鲜醇爽口。

2. 安徽省

安徽以产绿茶为主，也产红茶、黄茶等，产茶历史悠久，名茶众多，有代表性的名茶有以下这些。

（1）黄山毛峰。属绿茶类，第二批国家非物质文化遗产项目，产于著名的黄山风景区一带，据《徽州府志》记载"黄山产茶始于宋之嘉祐，兴于明之隆庆"。但黄山毛峰是清代光绪年间谢裕大茶庄所创制的（徽州商会资料）。黄山毛峰采摘细嫩，形似雀舌，匀齐壮实，峰显毫露，色如象牙，鱼叶金黄，冲泡后清香高长，汤色清澈，滋味鲜浓、醇厚、甘甜，叶底嫩黄成朵，其中"金黄片"和"象牙色"是特级黄山毛峰的特征。

（2）六安瓜片。属绿茶类，第二批国家非物质文化遗产项目，产于六安、金寨、霍山毗邻的山区和丘陵，有内山瓜片和外山瓜片之分，产量以六安最多，品质以金寨最优。金寨齐头山所产瓜片为极品，形为瓜子状的单片，自然平展，叶缘微翘，色泽宝绿，大小匀整，不含芽尖、茶梗，冲泡后清香高爽，滋味鲜醇回甘，汤色清澈透亮，叶底绿嫩明亮。六安瓜片是全国名茶中唯一用单片制成，不带芽和嫩茎梗的名茶。

图3-14 六安瓜片

（3）祁门红茶。属红茶类，第二批国家非物质文化遗产项目，主产于祁门县。据史料记载，祁门唐代就产茶，历史上盛产绿茶，红茶是清光绪元年黟县人余干臣仿制"闽红"制法制成的，另外祁门人胡元龙对祁红的创制亦有贡献。祁红采制精细，品质优异，外形条索紧秀，锋苗好，色泽乌润，金毫显露，内质香气浓郁高长，似蜜糖香又蕴藏玫瑰花香，与印度大吉岭红茶和锡兰乌瓦红茶并称为世界三大高香红茶，汤色红亮，滋味鲜醇，叶底嫩软红亮。

图3-15 祁门红茶

（4）太平猴魁。属绿茶类，第二批国家非物质文化遗产项目，产于太平县（现改为黄山市太平区）太平湖畔猴坑一带，创制于清光绪后期，1915年曾荣获巴拿马万国博览会一等金质奖章。外形是两叶抱芽、扁平挺直、自然舒展、白毫隐伏，有"猴魁两头尖，不散不翘不卷边"之称，叶色苍绿，叶脉绿中隐红，俗称"红丝线"，香气高爽，带兰花香，汤色清绿明净，滋味鲜醇甘爽。

（5）涌溪火青。属绿茶类，产于泾县涌溪、石坑一带。据清代陆廷灿《续茶经》记载，泾县明末清初就盛产名茶了。涌溪火青起源于明朝，传说有一个叫刘金的秀才在涌溪湾头发现一株"金银茶"，采收创制成"涌溪火青"进贡给皇帝，随之广为传名。其外形颗粒腰圆，紧结重实；色泽墨绿油润，白毫隐伏；汤色嫩绿微黄；花香浓郁、鲜爽持久；滋味醇厚、爽口甘甜，十分耐泡。

（6）霍山黄芽。属黄茶类，产于大别山北麓深山区，尤以霍山山区品质为最，霍山产茶历史悠久，唐代陆羽《茶经》中就有霍山产茶的记载，唐代李肇《国史补》记霍山茶唐时已成为贡茶，明代王象晋《群芳谱》称"寿州霍山黄芽为极品名茶之一"。清代霍山黄芽成为贡茶，以后制作失传，直到20世纪70年代才恢复生产。干茶外形形似雀舌，芽叶细嫩多毫，叶色嫩黄，汤色黄绿清明，香气鲜爽，有熟板栗香，滋味醇厚回甘，叶底黄亮，嫩匀厚实。

（7）休宁松萝。属绿茶类，产于休宁松萝山，明代许次纾《茶疏》、罗廪《茶解》、冯时可《茶录》中都有松萝茶的记载，李时珍的《本草纲目》中记松萝茶有消食、养胃、降火、明目之功效。松萝茶外形条索紧卷匀壮，色泽绿润，香气高爽，滋味浓厚，带有橄榄香味，汤色绿明，叶底嫩绿，明熊明遇《罗岕茶记》中称松萝茶区别于其他茶的特点是"三重"——色重、香重、味重，即色绿、香高、味浓。

（8）舒城兰花茶。属绿茶类，产于舒城、桐城、岳西一带，清代以前就有兰花茶生产，据《桐城风物记》"龙眠山孙氏椒园茶"载"孙氏即孙鲁山，明朝人，相传他家有椒园中种有茶树，制出的茶'碧绿清汤，形似兰花，开汤后有雾像一柱香火升腾，并有兰花馨香'，被封为贡品"。这就是后来的桐城小花。兰花茶条索细卷呈弯钩状，芽叶成朵，色泽翠绿匀润，毫峰显露，兰花香型，鲜爽持久，滋味甘醇，汤色嫩绿明净，叶底嫩黄绿匀整。岳西翠兰是在小兰花的基础上新创制的名茶。

3. 福建省

福建产茶历史悠久，茶类众多，有青茶、白茶、红茶、绿茶、花茶等，有代表性和影响力的名茶有以下这些。

（1）武夷岩茶。属青茶类，第一批国家非物质文化遗产项目，产于福建省武夷山市范围内，是国家地理标志产品。武夷岩茶按生长环境分为正岩茶、半（小）岩茶、洲茶。正岩茶是武夷山慧苑坑、牛栏坑、大坑口、流香涧、梧源涧等地（号称三坑二涧）各大岩所产；半（小）岩茶是正岩茶区以外所产；洲茶是沿溪洲地所产。品质以正岩茶最高，半（小）岩茶次之，洲茶最差。大红袍、肉桂、水仙是武夷岩茶的主要产品；名枞是品质优异的品种做的，产品较多；奇种是菜茶或其他品种采制的。武夷岩茶五大名枞为"大红袍、铁罗汉、白鸡冠、水金龟、半天夭"。品质特点是外形色泽青褐（红褐）油润，茶条肥壮紧实，叶背起蛙皮状砂粒；香气馥郁，似兰花香持久，具特殊的"岩韵"；滋味浓厚回

图 3-16　武夷岩茶

甘，润滑爽口；汤色橙红或深橙黄，清澈明亮；叶底绿叶红镶边。

（2）安溪铁观音。属青茶类，第二批国家非物质文化遗产项目，产于福建省安溪县，由铁观音品种茶树的芽叶加工而成。外形卷曲、紧结、重实，多呈"蜻蚪状"（也称青蒂绿腹蜻蜓头状）；叶色砂绿翠润；香气清高馥郁，具天然兰花香；汤色清澈金黄；滋味醇厚甜鲜，入口微苦，立即转甘，"音韵"明显；叶底肥厚软亮，红边显。

（3）漳平水仙。属青茶类，第五批国家非物质文化遗产项目，产于福建省漳平市，是国家地理标志产品。用水仙品种鲜叶原料加工而成，结合了闽北水仙和闽南铁观音的制法，成品有紧压四方形（茶饼）和散茶两种。漳平水仙饼是乌龙茶中唯一的紧压茶。品质特点有清香型和浓香型两种，外形色泽砂绿间蜜黄或乌褐油润，香气清高悠长，有天然花香，汤色金黄或橙黄明亮，滋味浓醇回甘，叶底肥厚软亮、有红边，耐冲泡。

（4）白毫银针。属白茶类，第三批国家非物质文化遗产项目，产于福鼎、政和、松溪等县，创制于1796年，因用单芽制成，其外观特征挺直似针，满披白毫，如银似雪而得名。目前是以大白茶或水仙茶树品种的单芽为原料，经萎凋、干燥、拣剔等工艺制成，品质特点为外形芽针肥壮、茸毛厚、银灰白、富有光泽，香气清纯毫香显，汤色浅杏黄明亮，滋味清鲜醇爽、毫味足，叶底肥壮、软嫩、明亮。

图 3-17 白毫银针

（5）白牡丹。属白茶类，产于福鼎、柘荣、政和、松溪、建阳等县，以大白茶或水仙茶树品种的一芽一二叶为原料，不炒不揉，经萎凋、干燥后制成，原枝原叶多茸毛，因形似牡丹花而得名。外形毫心肥壮、叶背多茸毛、色泽灰绿，香气鲜嫩、纯爽显毫香，汤色橙黄清澈，滋味清甜醇爽毫味足，叶底成朵芽心多。

（6）正山小种。属红茶类，产于福建省武夷山桐木关星村，又称星村小种，是世界上最早的红茶，亦称红茶鼻祖，至今已经有400多年的历史。传统的正山小种红茶用松柴烟熏萎凋和干燥，因此带有松烟香，似桂圆汤味，是最早远销欧洲的茶叶。

外形条索粗壮紧直、身骨重实、不带芽毫，色泽褐红油润，香气香高持久、带松烟香，汤色红艳，滋味甜醇回甘，具桂圆汤和蜜枣味、活泼爽口，叶底肥厚红亮，带紫铜色。

（7）福州茉莉花茶。属再加工茶类，第四批国家非物质文化遗产项目，国家地理标志产品，产于福州市。福州是茉莉花茶的发源地，已有近千年历史。用烘青茶坯与茉莉鲜花窨制而成，外形条索紧细匀整、色泽深绿油润，香气鲜灵持久，滋味醇厚鲜爽，汤色黄绿明亮，叶底嫩匀柔软。

（8）坦洋工夫。属红茶类，第五批国家非物质文化遗产项目，国家地理标志产品，因原产于福安市坦洋村而得名，创制于清咸丰、同治年间，是福建三大工夫红茶之一。外形条索细紧匀直、显金毫、色泽乌黑油润，香气甜香浓郁，汤色红亮，滋味浓醇鲜爽，叶底细嫩红亮，目前还有花果香型的坦洋工夫红茶，采用乌龙茶品种加轻摇工艺制成。

4. 江苏省

（1）洞庭山碧螺春。属绿茶类，第三批国家非物质文化遗产项目，产于苏州太湖洞庭山。碧螺春茶始于明代，俗名"吓煞人香"。据说清康熙三十八年（1699），康熙皇帝视察洞庭山并品尝后，大加赞赏，但觉其名不雅，遂题名"碧螺春"，从此年年进贡朝廷。碧螺春茶原料细嫩，外形条索紧结，卷曲成螺，白毫密披，银绿隐翠，号称"三鲜"，即香鲜浓、味鲜醇、色鲜艳，花香果味，沁人心脾，别具一番风韵。冲泡时可以采用上投法，先放开水，后投茶叶。

（2）南京雨花茶。属绿茶类，第五批国家非物质文化遗产项目，因产于雨花台而得名，创制于1958年，产区包括南京雨花台、中山陵以及江宁、高淳、溧水、六合一带。手工炒制，经过反复拉条、搓条、摩擦，将茶条拉直、搓紧、搓圆，紧、直、绿、匀是雨花茶的品质特色。外形形似松针，条索紧直、浑圆、两端略尖、锋苗显露，香气浓郁高雅，滋味鲜醇，汤色绿而清澈，叶底匀齐。

（3）阳羡雪芽。属绿茶类，产于宜兴市，宜兴古称阳羡，在唐代就是贡茶产区，阳羡雪芽是20世纪80年代根据苏东坡的诗"雪芽为我求阳羡，乳水君应饷惠山"取名创制的。以一芽一叶嫩梢为原料，外形匀直细紧、翠绿披毫，香气清雅高长，汤色嫩绿清澈，滋味鲜醇爽口，叶底嫩绿匀亮。

（4）无锡毫茶。属绿茶类，产于无锡市郊、太湖之滨，创制于1979年。无锡在唐代就产茶，北面的惠山泉素有"天下第二泉"之称，名湖、名泉、名茶相得益彰。外形条索卷曲肥壮、色翠绿、满披白毫，汤色绿而明亮，香高持久，滋味鲜醇，叶底肥嫩明亮。

（5）金山翠芽。属绿茶类，产于镇江金山及句容一带，此地唐代就产茶，金山石弹山下中泠泉为"天下第一泉"。金山翠芽创制于1985年，是扁炒青绿茶，外形扁平、挺削匀整、色翠显毫，香气嫩香高爽，汤色嫩绿明亮，滋味鲜醇，叶底匀绿明亮。

5. 江西省

（1）庐山云雾。属绿茶类，产于著名风景区庐山，庐山种茶历史悠久，汉代庐山很多寺庙都有茶树种植，唐代庐山茶已很著名，白居易曾在香炉峰草堂居住，亲辟茶园，北宋诗人黄庭坚有诗云"我家江南摘云腴，落碨霏霏雪不如"，这里的云腴是指白而肥润的茶叶，多白毫。到了明代，庐山云雾茶的名称出现在《庐山志》中，由此可见庐山云雾茶至少有300年的历史了。庐山云雾茶外形紧结重实，色泽翠碧光润、芽隐绿，香气芬芳、高长，滋味鲜浓甘醇，汤色绿而透明，叶底嫩绿微黄。

（2）狗牯脑茶。属绿茶类，产于江西遂川县狗牯脑山，已有200多年历史。相传清嘉庆元年（1796）有个木排工梁为益（也有称梁传益）夫妇在狗牯脑山中开辟茶园，采茶制茶，品质极佳。1915年茶商李玉山采摘狗牯脑茶山鲜叶制成银针茶，参加巴拿马万国博览会并获得金奖。

（3）婺源茗眉。属绿茶类，第四批国家非物质文化遗产项目，原产于婺源武口一带。婺源茶一直是绿茶中的珍品，婺源茗眉于1958年创制，外形挺秀多毫、翠润美观，香气鲜浓持久、有兰花香，滋味爽口醇厚，汤色清澈嫩绿，叶底幼嫩明亮。

（4）井冈翠绿。属绿茶类，产于旅游胜地井冈山。井冈产茶有一个美丽的传说，很久以前有一位仙姑叫石姬，她看不惯天上神仙的淫威，下凡来到井冈山一个小村，见家家都有茶山并且家家好茶，深受感动，就决定住下来并向村民学习种茶，最后石姬种的茶长势喜人、品质优良，特别好喝，从此名声大振。井冈翠绿外形细紧曲勾，色泽翠绿多毫，汤色清澈明亮，香气鲜嫩，滋味甘醇，叶底嫩绿。

（5）上饶白眉。属绿茶类，产于上饶市，外形壮实、匀直、白毫特多、雪白，形似白色眉毛，色绿润，香清高，滋味鲜浓，泡在杯中，朵朵芽叶犹如雀舌，亭亭玉立，饮后回味无穷。

6. 湖南省

（1）安化黑毛茶。属黑茶类，因产于湖南安化而得名。安化黑毛茶始于明嘉靖三年（1524），盛于清代，最早产于资江边上的苞芷园，现产区扩大到桃江、沅江、益阳、汉寿、宁乡等地。安化黑毛茶鲜叶经杀青、初揉、渥堆、复揉、干燥等工序加工而成。黑毛茶根据外形分4个等级，一级外形较紧卷，三级呈泥鳅条，色泽黑褐到黄褐，香味醇厚、带松烟香，无粗涩味，汤色橙黄，叶底黄褐。由黑毛茶压制成三尖三砖一卷，即天尖、贡尖、生尖、黑砖、茯砖、花砖和花卷"千两茶"。

（2）碣滩茶。属绿茶类，产于武陵山区沅水江畔沅陵碣滩山区，是国家地理标志产品。碣滩在汉代时就产茶，碣滩茶在唐代被列为贡茶，清同治十年（1871）《沅陵县志》载："（碣滩茶）极先摘者名曰毛尖，今且以之充贡矣。"碣滩茶外形条索细紧、圆曲、色泽绿润、匀净明亮，香气嫩香持久，汤色绿亮明净，滋味醇爽、回甘，叶底嫩绿、匀齐、明亮。

（3）君山银针。属黄茶类，第五批国家非物质文化遗产项目，产于湖南岳阳洞庭湖中的君山岛，因形细如针，故名君山银针。君山产茶始于唐代，乾隆皇帝将此茶列为贡茶。加工工艺是初烘后闷黄，外形芽头肥壮挺直、匀齐、满披茸毛，色泽金黄光亮，有"金镶玉"之称。香气清鲜，汤色杏黄明亮，滋味甜爽，叶底芽身肥软，色泽黄亮。冲泡君山银针应选用透明玻璃杯，冲水后芽尖冲向水面悬空竖直，继而徐徐下沉到杯底，沉下的芽头，有的又浮上水面，上上下下，俗称"三起三落"，个别芽头半展一叶，形成雀嘴，有时夹一白渐透明气泡，似"雀嘴含珠"，茶芽最后全立在杯底，仿佛"群笋出土"，又若"金枪林立"。汤色茶影，交相辉映，极具欣赏价值。

（4）古丈毛尖。属绿茶类，产于古丈县境内武陵源，西晋《荆州土地记》载："武陵七县通出茶，品质好，唐代入贡，清代又列为贡品。"古丈毛尖采制精细，鲜叶细嫩，杀青后须清风扇凉，成品外形条索紧结、锋苗挺秀、色泽翠润、白毫显露，香气高锐持久，汤色黄绿明亮，滋味醇爽，具有高山茶的风味，耐冲泡。

（5）高桥银峰。属绿茶类，产于长沙东郊玉皇峰下的高桥一带，是湖南茶科所在20世纪50年代创制的名茶。外形条索紧细微卷曲，色泽翠绿、匀净，满披白毫，香气嫩香持久，汤色清亮，滋味鲜醇，叶底嫩绿明亮。郭沫若先生在1964年品尝此茶后，赞不绝口，专门赋诗一首——《赞高桥银峰茶》。

（6）沩山毛尖。属黄茶类，产于湖南省宁乡县的沩山，为历史名茶。沩山毛尖采一芽二叶为原料，采时留下鱼叶，俗称鸦雀嘴。沩山毛尖外形叶缘微卷，自然开展呈朵，形似兰花，色泽黄亮光润，身披白毫，用水冲泡，汤色橙黄鲜亮，松烟（枫球烟）香浓厚，滋味醇甜爽口，叶底黄亮嫩匀，完整呈朵，耐泡，风格独特。

7. 湖北省

（1）恩施玉露。属绿茶类，第四批国家非物质文化遗产项目，产于湖北省恩施州，保留了传统古老的蒸汽杀青工艺特点。恩施玉露创制于清康熙年间，据说是一位蓝姓茶商所创。外形条索紧圆、光滑、纤细、挺直如针，色泽苍翠绿润，冲泡后汤色嫩绿明亮，如玉露，香气清爽，滋味醇和。观其外形，赏心悦目；饮其茶汤，沁人心脾。

图 3-18 恩施玉露

（2）远安鹿苑。属黄茶类，产于湖北省远安县鹿苑寺一带，是省级非物质文化遗产，以揉捻后久堆闷黄的方式制作。外形条索紧实呈环状（称环子脚），白毫显露，色泽金黄，略带鱼子泡。内质栗香持久，具高火香，汤色杏黄明亮，滋味醇厚持久，叶底嫩黄匀亮。

（3）采花毛尖。属绿茶类，产于五峰县采花坪一带，五峰是著名宜红工夫红茶的产地，同时也产毛尖等绿茶。采花毛尖是新创制的名茶，采用一芽一叶为原料，成品茶外形色泽翠绿油润，条索紧秀匀直，满披银毫，香气清高持久，汤色清澈明亮，滋味鲜爽回甘，叶底嫩绿明亮。

（4）天堂云雾。属绿茶类，产于英山大别山区，因主峰天堂寨而得名。天堂云雾茶创制于 20 世纪 90 年代，具有香高、味浓、汤清、色绿的特点，外形条索紧秀、翠绿油润、白毫显露，汤色清澈明亮，香气清香持久，滋味鲜醇回甘。

（5）仙人掌茶。属绿茶类，产于当阳县玉泉山一带。唐代时，玉泉寺的中孚禅师不但善品茶，而且善制茶，创制了扁形如仙人掌的散茶。中孚禅师遇到李白后，将此茶献于李白，李白品尝后觉得非常不错，就取名玉泉仙人掌茶。成品外形扁平似掌指，色泽翠绿，白毫显露，汤色清澈明亮，清香淡雅，滋味鲜醇，回味甘甜。

（6）赵李桥砖茶。属黑茶类，第四批国家非物质文化遗产项目，产于湖北省赤壁市赵李桥镇。赤壁在唐时就产茶，但青砖茶起源于清代中期。"川"字牌砖茶属百年老字号，青砖茶原料比较粗老，鲜叶是采割收获，然后杀青、揉捻、渥堆、晒干成老青茶，毛茶经过精制分级，再进行压制，压制时分里茶和面茶，里茶较为粗老，面茶稍嫩一些。青砖茶是砖茶中压制最紧的一种。青砖茶外形为长方砖形，色泽青褐，香气纯正，滋味醇和，汤色橙红，叶底暗褐。青砖茶远销蒙古国、俄罗斯及欧洲等地。

8. 云南省

（1）普洱茶。属黑茶类，产于云南普洱、西双版纳、临沧、下关、昆明等地。历史上普洱茶的原料大多出自六大茶山（倚邦、易武、攸乐、革登、莽枝、蛮砖），唐代滇南少数民族就在六大茶山开辟茶园，种茶制茶。清雍正年间，普洱府将六大茶山定为贡茶和官茶采办地。

普洱茶以云南大中叶种晒青毛茶为原料，经后发酵加工而成，散茶条索粗壮、肥大完整，色泽红褐呈猪肝色，汤色红浓明亮，香气陈香明显，滋味醇滑稍甜，叶底红褐；如经蒸压成型，则变成多种普洱紧压茶，有七子饼茶、沱茶、方茶、砖茶等。

（2）滇红工夫。属红茶类，第四批国家非物质文化遗产项目，主产于临沧、凤庆、西双版纳等地。滇红是云南红茶的简称，以条形茶为主，也有红碎茶。滇红以云南大叶种鲜叶为原料，制成干茶后汤色红艳明亮，滋味浓醇鲜爽，收敛性强，适合加奶、糖调饮，有些单芽或一芽一叶较嫩的原料，因茸毛特多，制成红茶，满披金黄毫，色泽十分艳丽，称"大金芽"或"大金毫"。

（3）宝洪茶。属绿茶类，产于宜良宝洪山一带。唐代宜良建有宝洪寺，开山和尚从福建、浙江带来小叶种茶种，繁衍生产，当时有"屋内炒茶院外香，院内炒茶过路香，一人泡茶满屋香"之说，清初宝洪茶已是宜良著名的土特产了。宝洪茶外形扁平光滑，锋苗挺秀，汤色碧绿明亮，滋味浓醇爽口，香气馥郁芬芳。

（4）昆明十里香。属绿茶类，产于昆明东郊金马山十里铺归化寺一带，是烘青绿茶，鲜叶摊放时会发出浓郁的兰花香，成品茶外形细嫩紧结，汤色嫩绿明亮，香气浓郁，滋味醇和。

（5）竹筒香茶。属绿茶紧压茶类，产于西双版纳一带，是云南傣族、拉祜族同胞别具一格的风味茶。制法是将鲜叶经铁锅炒制杀青、揉捻后，装入生长仅一年的嫩甜竹筒（又名香竹）中，再将竹筒放在炭火上以文火慢慢烘烤，待筒内茶叶全部烘干后即成，有的还将揉捻后的茶叶放在糯米上蒸一下吸收糯香再装竹筒。冲泡饮用时具有竹香、糯米香、茶香三香一体的特殊风味，滋味鲜爽回甘，汤色黄绿清澈，叶底肥嫩黄亮。

（6）下关沱茶。属绿茶类，第三批国家非物质文化遗产项目，产于云南大理下关。大理下关产茶历史悠久，明代就有"蒸团"的记载。下关沱茶与云南白药、云烟被誉为"滇中三宝"，是"茶马古道"上的重要商品。

下关沱茶选用云南省临沧、保山、思茅等30多个县出产的名茶为原料，其初制工艺经过人工揉制、机器压紧数道工序而成，形如碗状、造型优美、色泽乌润显毫、香气清纯馥郁。汤色橙黄清亮、滋味醇爽回甘。

9. 贵州省

（1）都匀毛尖。属绿茶类，第四批国家非物质文化遗产项目，产于都匀市边缘的山区。因外形卷曲似钩，又名"鱼钩茶""白毛尖""细毛尖""雀舌茶"。《都匀春秋》载：18世纪末，有广东、广西、湖南商贾，用以物易物的方式来换取鱼钩茶，运往广州、销往海外。外形条索紧结、纤细、卷曲、披毫，色绿翠润。汤色清澈明亮，香气清高优雅，滋味鲜浓回甘，叶底嫩绿、匀齐、明亮。

（2）雷山银球。属绿茶类，是国家地理标志产品，产于贵州省雷山县，创制于20世纪80年代。银球茶外形独特，是一个直径为18～20毫米的球体，表面银灰墨绿，带毫，香气清香，汤色清澈，滋味浓醇、爽口、回甘，耐冲泡，还富硒。

（3）绿宝石。属绿茶类，产于贵州凤冈县，这款茶富硒、富锌，外形紧结圆润，呈颗粒状，绿润显毫，汤色清绿明亮，香气有栗香兼有奶香，滋味鲜醇回甘，浓而不涩。因该茶高贵如宝石，绿润显毫，故称绿宝石。

（4）湄潭翠芽。属绿茶类，产于湄江两岸，清代《贵州通志》载："黔省所属皆产茶，湄潭湄尖茶皆为贡品。"湄潭翠芽的前身是湄潭龙井，以一芽一叶为原料，外形扁平、匀整、光滑细直，嫩绿似矛，汤色绿明亮，香气嫩栗香持久，滋味鲜醇回甘，叶底细嫩鲜活。

（5）遵义毛峰。属绿茶类，产于遵义和湄潭山区，遵义古称播州，陆羽《茶经》中就称播州产茶，品质极佳。遵义毛峰创制于20世纪70年代，原料为一芽一叶。外形紧细圆直绿润、白毫显露、有锋苗，香气嫩香持久，汤色碧绿明净，滋味甘醇爽口。

10. 四川省

（1）竹叶青。属扁炒青绿茶，产自乐山市峨眉山。峨眉山市位于四川盆地西南边缘，以优美的自然风光、悠久的佛教文化、丰富的动植物资源、独特的地质地貌著称于世。唐朝诗人李善在其《昭明文选注》中写道："峨眉多药草，茶尤好，异于天下。"1964年4月20日，陈毅一行途经四川，来到峨眉山时，在山腰的万年寺憩息并品饮竹叶青茶后，为其定名"竹叶青"。1998年，竹叶青品牌创立，归属于四川省峨眉山竹叶青茶业有限公司。竹叶青在品质方面一直延续高端的定位，始终坚持"高山、明前、茶芽"三大标准，鲜

图 3-19　竹叶青

叶采摘标准为春季茶树单芽及一芽一叶初展。竹叶青茶外形扁平光滑、挺直秀丽，匀整、匀净，干茶色泽嫩绿油润，香气嫩栗香、浓郁持久，汤色嫩绿明亮，滋味鲜嫩醇爽，叶底完整、黄绿明亮。

（2）蒙顶黄芽。属黄茶类，产自雅安名山区，是市级区域公用品牌。蒙顶黄芽的鲜叶采摘标准为单芽及一芽一叶初展，不能采摘真叶已开展的芽头（俗称"空心芽"）。蒙顶黄芽是根据"贡茶"的制法演绎而来，采用嫩芽杀青，用草纸包裹放置于灶边保温变黄，然后做形，再包黄烘干。品质特征为芽叶整齐，形状扁直，肥嫩多毫，色泽金黄，香气清纯，汤色黄亮，滋味甘醇，叶底嫩匀，黄绿明亮。

（3）文君绿茶。属绿茶类，产于邛崃市，因西汉才女卓文君而得名。相传西汉司马相如到临邛卓家做客，用一曲《凤求凰》打动了文君的心，后两人以卖酒为生，经常品茗相叙。1957年郭沫若为"文君井"题词："文君当垆时，相如涤器处……酌取井中水，用以烹茶涤尘思，清逸凉无比。"后人为怀念这段佳话，创制了文君绿茶。文君绿茶外形条索紧细弯曲，色泽翠绿，白毫显露，汤色绿明，滋味清醇，嫩香浓郁。

（4）蒙顶甘露。属绿茶类，第五批国家非物质文化遗产项目，产于雅安市名山区，是市级区域公用品牌。以蒙顶山茶区的中小叶种春季嫩芽叶（单芽及一芽一叶初展）为原料，经杀青、揉捻、曲毫、炒（烘）干等工序加工而成，是具特定品质特征的卷曲形名茶。历史上最早的记载是，明嘉靖二十年（1541）《四川总志》《雅安府志》记有："上清峰产甘露。"品质特征为外形紧细、卷秀、匀整、细嫩显芽、多白毫，色泽嫩绿鲜润，香气为嫩毫香馥郁，滋味鲜嫩醇爽、回甘，汤色嫩绿鲜亮，叶底细嫩多芽、匀齐，嫩黄绿亮、鲜活。

（5）邛崃黑茶。邛崃在历史上长期以邛州为名，素有"天府南来第一州"的美誉，是我国古代茶马古道上的一个重要驿站，也有茶马古道起始地之称。茶以此为起点，运往青藏之地，地位十分重要。邛崃黑茶起源于边销藏茶（南路边茶），历史上按质量可分为"毛尖、金尖、金玉、金仓、老穰"五等。

目前，邛崃黑茶是指使用邛崃市地理标志产品保护范围内的符合制作黑茶的茶鲜叶，按杀青、初揉、渥堆、复揉、干燥等传统工艺初制成的黑毛茶，再经过筛分、拣选、整形、分级处理，拼配形成的散茶，以及经过再加工（蒸压、定型）形成的紧压茶。

散茶的品质特征：外形紧细秀丽、乌黑油润、显毫、匀净，汤色红浓明净，陈香浓郁持久，滋味醇和爽口。紧压茶的品质特征：外形色泽黑褐、形状端正匀称、不起层脱面，汤色红浓明净，陈香浓郁持久，滋味醇厚、回味甘爽。

11. 重庆市

（1）永川秀芽。属绿茶类，永川秀芽由重庆市茶科所1959年研制生产，1964年经国内著名茶学专家陈椽教授正式命名为永川秀芽，象征着秀丽幽雅的巴山蜀水，也反映出色翠形秀的名茶特色。永川秀芽产于重庆永川区的云雾山、阴山、巴岳山、箕山、黄瓜山五大山脉的茶区。鲜叶以"早白尖""南江茶"等良种的一芽一叶为标准。永川秀芽属于针形绿茶，具有外形紧直细秀，色泽鲜润翠绿，芽叶披毫露锋，汤色碧绿澄清，香气馥郁高长，滋味鲜醇回甘，叶底嫩绿明亮的特点。

（2）鸡鸣贡茶。属绿茶类，产于重庆城口鸡鸣寺一带，由清代鸡鸣寺方丈广隆和尚创制并奉诏进贡，乾隆皇帝亲品后封其为"鸡鸣寺院内贡茶"，并吟诗"白鹤井中

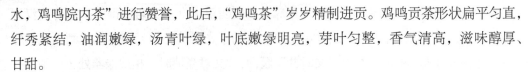

水，鸡鸣院内茶"进行赞誉，此后，"鸡鸣茶"岁岁精制进贡。鸡鸣贡茶形状扁平匀直，纤秀紧结，油润嫩绿，汤青叶绿，叶底嫩绿明亮，芽叶匀整，香气清高，滋味醇厚、甘甜。

（3）缙云毛峰。属绿茶类，产于北碚缙云山。据记载，缙云山在明代就产茶，缙云毛峰是1984年创制的名茶，原料为一芽一二叶，成品外形匀齐较直、重实、色泽绿润、满披白毫，香气清醇隽永，汤色黄绿明亮，滋味鲜醇爽口，叶底嫩匀、黄绿明亮。

12. 广东省

（1）凤凰单丛。属青茶类，产于广东省潮州市凤凰镇，因凤凰山而得名。凤凰单丛是从凤凰水仙的茶树品种植株中选育出来的优良单株单独栽培、单独采制而成。外形条索肥壮、紧结、重实，匀整挺直，色带褐，油润有光；香气清高悠深，具天然的花香；汤色橙黄、清澈明亮；滋味浓爽，润喉回甘；叶底边缘朱红，叶腹黄亮。知名的十大香型有黄栀香、芝兰香、玉兰香、蜜兰香、杏花香、姜花香、肉桂香、桂花香、夜来香、茉莉香。

（2）岭头单丛。属青茶类，又称白叶单丛茶，产于饶平县浮滨镇岭头村，从水仙群体种中选育而成，外形条索紧结壮硕，色泽黄褐油润，花蜜香高锐持久，滋味浓醇甘爽、回甘力强、显"蜜韵"，汤色橙黄明亮，叶底黄绿腹朱边，耐冲泡、耐贮藏。

（3）英德红茶。属红茶类，是地理标志产品，产于广东英德境内。唐代英德就产茶，南山有"煮茗台"，现仍保留着遗址，用英红九号、英红一号、五岭红、秀红、凤凰水仙、云南大叶等品种加工而成，产品有英德红条茶、英红九号红条茶、英德红碎茶，条茶外形肥壮紧结、乌褐油润、多毫、匀净，汤色红亮，香气甜香浓郁，滋味醇厚、鲜爽，可加奶调饮。

13. 广西壮族自治区

（1）六堡茶。属黑茶类，第四批国家非物质文化遗产项目，原产于苍梧的六堡一带，是广西最著名的茶。六堡茶生产历史悠久，始于明代，清同治《苍梧县志》记载"产茶多贤乡六堡，味厚，隔宿不变"，清时六堡茶已声名远扬。六堡茶以大中叶种的一芽二三叶为原料，经初制加工成六堡散茶，条索长整尚紧，色泽乌褐光润，经存放后，以"红、浓、醇、陈"著称，汤色红浓明净似琥珀色，香气醇陈，滋味浓醇甘和，有特殊的烟香味和槟榔香。六堡茶大多篓装存放，也有蒸压成紧压茶的。

（2）凌云白毫。属绿茶类，原产于凌云山区，如今乐业县境内也有生产。凌云产茶历史久远，野生茶为多，据《凌云县志》载"凌云白毫自古有之"，《广西通志稿》载"白毛茶……树之大者高二丈，小者七八尺……概属野生"。凌云白毫以一芽一叶为原料，成品茶外形白毫特显露，条索紧细。冲泡后内质香高味醇爽，汤色翠绿。该茶曾作为国礼赠送给摩洛哥国王哈桑二世。

（3）横县茉莉花茶。属再加工茶类，主产于广西横县，是国家地理标志产品。茉莉鲜花产自横县，茶坯原料来自各产茶省，窨制工艺按茶坯处理—鲜花维护—茶花拼和—堆置窨茶—通花散热—收堆续窨—起花—烘干—提花—过筛—匀堆装箱。高档的花茶采用多次窨花，追求花香的浓度和鲜灵度。高档茉莉花茶外形条索紧结匀整、有锋苗、有毫，色泽黄绿润，香气浓郁、鲜灵、持久，滋味浓醇爽口。

14. 海南省

（1）五指山红茶。属红茶类，是农业部第三批地理标志产品，产于海南省五指山市所辖通什镇、南圣镇、毛阳镇、番阳镇、毛道乡、水满乡、畅好乡7个乡镇，以及畅好农场和海胶集团畅好橡胶站。外形条索紧结肥硕、棕褐油润；汤色红艳明亮；香气具有奶蜜香；滋味甜醇爽滑；叶底肥软红亮。其典型品质特征为"琥珀汤、奶蜜香"。

（2）白沙绿茶。属绿茶类，是国家地理标志产品，产于海南省白沙黎族自治县境内，选用福鼎大白、奇兰、水仙、云南大叶、海南大叶等茶树品种加工而成。外形条索紧结、匀整，色泽绿润有光，香气清高持久，汤色黄绿明亮、滋味浓厚甘醇，饮后回甘留芳，非常耐冲泡。

15. 河南省

（1）信阳毛尖。属绿茶类，第四批国家非物质文化遗产项目，产于信阳县车云山、集云山、天云山、云雾山、连云山、黑龙潭、白龙潭和震雷山等群山峰顶上，以车云山为最。唐代《茶经》把信阳列入淮南茶区，唐《地理志》载"义阳（今信阳）土贡品有茶"。清代时信阳毛尖已被列为贡品。成品茶细嫩有锋苗，条索细、圆、紧、直，色泽翠绿，白毫显露，汤色清绿明亮，香气高鲜，滋味鲜醇。

（2）赛山玉莲。属绿茶类，产于光山县赛山一带。唐代光山属于淮南茶区，《茶经》称"淮南，光州（今光山县）上"。赛山玉莲创制于20世纪80年代，以单芽为原料，外形清秀如玉，绿如莲叶，扁平挺直，白毫满披，色泽鲜活，汤色嫩黄，香气高爽，滋味甘醇，饮之使人回味无穷。

（3）太白银毫。属绿茶类，产于桐柏县桐柏山一带，因桐柏山是太白顶东麓，此茶又披满白毫，故名太白银毫。桐柏在唐代就产茶，太白银毫是20世纪80年代，在总结历史名茶基础上创制的一款名茶。以一芽一叶为原料，成品茶形似兰花，色泽翠绿，银毫满披，汤色碧绿清澈，香气鲜爽清新，滋味甘醇爽口。

16. 山东省

（1）崂山茗茶。属绿茶类，产于青岛崂山风景区。崂山自古便是道教圣地，为道教全真天下第二丛林，全盛时有九宫、八观、七十七庵。崂山脚下的缓坡砾石地适宜种茶，崂山的茶园是20世纪80年代开辟的。崂山茗茶外形卷曲嫩绿，香高、味甘、耐冲泡是崂山茶的最大特色之一。

（2）日照绿茶。属绿茶类，产于山东省日照市。日照绿茶是绿茶中的炒青绿茶，干茶外形有扁平形和卷曲形，内质特征为黄绿汤、板栗香、叶片厚、耐冲泡。20世纪50年代，山东开展了轰轰烈烈的"南茶北引"工程，直到1966年春，日照县丝山公社双庙大队（现日照市东港区秦楼街道双庙村）和安岚公社北山大队（现日照市岚山区安东卫街道北门外村）引种的茶苗成活了0.58亩，至此宣告了日照地区南茶北引的试验成功。1975年，经中国农科院茶叶研究所指导，日照市首创了"雪青"茶和"冰绿"茶两款产品（1989年，"雪青"茶荣获农业部优质茶称号，成为山东第一个获得部优的茶叶产品）。

17. 陕西省

（1）汉中仙毫。属绿茶类，产自陕西省汉中市，外形微扁、挺秀、匀齐、嫩绿、显毫，嫩香高锐、持久，茶汤嫩绿、清澈明亮，滋味鲜爽回甘，叶底匀齐、鲜活、嫩绿、明亮。

汉中是"茶马互市"的重要集散地，茶文化历史悠久，根据《明史·茶法》记载，明代开国皇帝朱元璋明确指示："用'汉中茶'三百万斤，可得马三万匹'。"汉中市北依秦岭南垣巴山，产茶历史悠久，茶区生态优越，有"纬度高、海拔高、云雾几率高、土壤锌硒含量高"的自然地理优势，所以孕育了汉中仙毫"香高、味浓、耐冲泡"的特点。

20世纪80年代初，汉中市先后研制开发出了秦巴雾毫等多个名茶。2007年，汉中市政府将"秦巴雾毫""定军若眉""汉水银梭""午子仙毫""宁强雀舌"等众多茶叶品牌整合为"汉中仙毫"，申报了地理标志产品保护，成为全市茶叶的公共品牌。

（2）紫阳毛尖。属绿茶类，又称紫阳毛峰，产于安康市紫阳县。紫阳茶在唐以前属巴蜀茶，唐代贡品金州芽茶是紫阳毛尖的前身，在清代也在名茶之列。紫阳毛尖以一芽一二叶为原料，外形挺秀显毫，肥嫩壮实，色泽翠绿；内质香气清醇高爽，滋味鲜爽回甘；汤色嫩绿清亮，叶底肥嫩完整。

（3）泾阳茯砖。属黑茶类，第五批国家非物质文化遗产项目。"自古岭北不产茶，唯有泾阳出名茶"，历史名茶——泾阳茯砖茶，是边销茶，始于汉，闻于唐，兴于宋，盛于明清至民国时代。泾阳茯砖发花普遍茂盛，颗粒饱满，汤色橙红，滋味醇浓，菌花香显。泾阳茯砖最早是由湖南安化县生产的黑毛茶，用足踩踏成90千克的篾篓大包，运至陕西省泾阳县压制加工而成。中华人民共和国成立初期，因原料运输成本过高等原因撤销了泾阳茯砖茶厂。近年来，泾阳县逐步开始了泾阳茯砖茶的复兴。2013年原国家质检总局批准对"泾阳茯砖茶"实施地理标志产品保护。

18. 甘肃省

甘肃的名优茶都属于绿茶类，主要是陇南绿茶。2016年获农业部农产品地理标志登记证书。产自甘肃省陇南市的文县、武都和康县。产地虽处于江北茶区，但属于北亚热带湿润与暖温带湿润过渡气候区。陇南绿茶是以当地中小叶群体种以及龙井43号茶等品种的单芽或一芽一二叶，制作而成的具有"青翠透金、栗香甘醇"的独特品质特征的炒青绿茶，外形以扁形和卷曲形为主。

扁形茶芽叶扁平，挺直光滑，呈翠绿色或黄绿色，汤色绿亮或黄绿明亮，栗香或嫩香、清香，滋味鲜爽浓醇，叶底黄绿成朵。

卷曲形茶外形紧结卷曲，色泽绿润，汤色嫩绿明亮，香气高长，栗香或清香，个别有天然花香，滋味爽醇，叶底黄绿柔软。

甘肃另外还有龙神翠竹、碧峰雪芽、碧口龙井等名茶。

19. 西藏自治区

珠峰圣茶。西藏历史上不产茶，1956年从云南引进茶树种于察隅，少量存活。1960年又从四川、湖南引种茶籽，在林芝、山南、波密等地试种成功。珠峰圣茶产于林芝、波密、易贡一带，"易贡"在藏语中是"美好的地方"的意思。易贡茶场目前有茶园200多公顷。珠峰圣茶外形条索细紧重实，露毫锋苗显，色泽深绿光润，内质香高持久、有栗香，滋味醇甘鲜爽，汤色清澈明亮。

20. 台湾省

（1）冻顶乌龙。属青茶类，产于台湾省的南投县、云林县、嘉义县等地。相传清咸丰年间台湾南投县有一青年从福建武夷山引入适制乌龙茶的苗植于冻顶山，并加以精心培育，单独采制成茶品。此茶喝起来清香可口，醇厚回甘，气味奇异，成为乌龙茶中风韵独特的佼佼者，因起源于冻顶山，故名冻顶乌龙。外形卷曲成半球形颗粒状，整齐紧结，白霜显露；色泽墨绿鲜艳油润；香气清香明显，带自然花香、果香，汤色蜜黄或金黄，清澈而鲜亮；滋味醇厚甘润，回韵强；具有独特的乌龙茶茶韵。

（2）白毫乌龙。又称东方美人茶、椪风茶、香槟乌龙，属青茶类，诞生于20世纪20年代。台湾新竹一带的茶农发现当地受小绿叶蝉叮咬后的鲜叶加工出来的茶有特殊的甜味果香，销往英国后深受英国皇后喜欢，成为贡品茶，取名"东方美人茶"。白毫乌龙外形条状，自然卷缩如花朵，多白毫，色泽艳丽多彩，红、白、绿、黄、褐五色相间，具有天然的熟蜜果香，滋味甘醇，有蜂蜜般的甘甜后韵，汤色呈鲜艳的琥珀色，

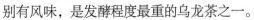

别有风味，是发酵程度最重的乌龙茶之一。

（3）文山包种。属青茶类，产于台北文山山区，台北南港也有生产。文山包种茶有200多年的历史，据说最早是福建安溪茶农王义程创制的。外形呈条状，条索紧结，色泽翠绿或深绿油润；香气清雅似花香，含奶花香；汤色蜜绿，清澈明亮；滋味甘醇爽口；具有"香、浓、醇、韵、美"五大特色，特别是具有高雅的奶香，最为人所称道。

（4）木栅铁观音。属青茶类，主要产于台北木栅山区，史料记载木栅铁观音是木栅人张乃妙于清光绪年间从祖籍地安溪引种来的。外形呈球形，颗粒壮结、重实，色泽砂绿带鳝黄，白霜显露，香气馥郁，兰花香持久，汤色橙黄或金黄，浓艳清澈，滋味醇厚、滑爽，回韵强，非常耐冲泡。

（5）金萱。属青茶类，产于嘉义阿里山一带，用高香品种金萱加工而成，是台湾高山乌龙茶中的佼佼者。外形颗粒紧结，色泽绿褐油润，冲泡后，香气特别清新，有奶花香，汤色金黄明亮，滋味浓醇，带浓郁的奶花香和花蜜果香。

目前很多名优茶的制作技艺是国家或省级的非物质文化遗产，至今在五批国家非物质遗产项目中，第一批有武夷岩茶（大红袍），第二批有张一元茉莉花茶、西湖龙井、婺州举岩、黄山毛峰、太平猴魁、六安瓜片、祁门红茶、铁观音、普洱茶、千两茶、茯砖茶、南路边茶，第三批有福鼎白茶、吴裕泰茉莉花茶、碧螺春、紫笋茶、安吉白茶、下关沱茶，第四批有福州茉莉花茶、婺源绿茶、信阳毛尖、恩施玉露、都匀毛尖、滇红、赵李桥砖茶、六堡茶，第五批有君山银针、雨花茶、蒙山茶、坦洋工夫、宁红茶、漳平水仙、长盛川青砖茶和咸阳茯茶。这些非遗制作技艺涵盖了六大茶类和再加工茶，是名优茶文化中的一朵奇葩。

四、精深加工茶

茶叶精深加工和综合利用是茶产业发展的必由之路，是增加附加值、延伸产业链的重要途径。茶除了传统的冲泡饮用外，还可以吃、用，从茶资源中提取、分离和纯化有效成分，用于即饮饮料、功能食品、日化用品、纺织品、药物等产品的开发，可以充分利用茶资源，提高经济效益。茶的精深加工产品有功能成分制品、茶保健食品和药品、速溶茶、茶饮料、茶食品、超微茶粉、袋泡茶、茶酒、茶日化用品、茶纺织品、饲料和肥料等。

（一）抹茶

抹茶起源于中国，我国古代称末茶，是用优质的鲜叶原料经蒸青、揉压、干燥后研磨成细小的茶粉，呈天然绿色。最早在晋代杜育的《荈赋》里就有末茶的记载，描写末茶冲泡后呈现"沫沉华浮，晔若春薮"的景象。元代王桢在《农书》里对蒸青末茶有较为详细的记述："茶叶采摘以谷雨前者为佳，采完后，以甑为蒸，生熟得所，蒸已，用筐箔薄摊，乘湿略揉之，入焙，匀布火令干，勿使焦。编竹为焙，裹箬覆之，以收火气。然后入磨细碾。"我国唐宋时期的煎茶、点茶用的末茶应该都是用这种方法生产的。宋代，末茶生产达到鼎盛，赵佶《大观茶论》说："涤茶惟洁，濯器惟净，蒸压惟其宜，研膏惟熟，焙火惟良。"茶芽必须先经过洗涤再蒸青，并用力压榨，除去苦涩，然后制饼、研末。宋代的"贡茶"制法十分精细，分蒸茶、榨茶、研茶、造茶、过黄、烘茶等工序，蒸好后用冷水冲洗，使其快速冷却，保持绿色不变。现代蒸青茶加工时冷水改用风吹。明朝中后期，芽茶和叶茶等散茶成为生产和消费的主体，末茶逐渐消失。

日本抹茶前身是唐宋的末茶，唐宋时期大批日本僧人来我国学佛，同时学习我国种茶、制茶和饮茶技术，回国时把茶籽和蒸青茶技术带到日本。最初，日本抹茶也是将鲜叶蒸后捣碎做成团状或饼状，然后烘干或晒干，饮用时再烘烤后研末饮用。日本将蒸青技术学去后一直保留沿用至今并不断发扬光大。现代日本抹茶是在古代末茶的基础上，采用新技术、新工艺、新设备加工而成的天然蒸青绿茶超细微粉体，日本最开始是用石磨加工，现在发展到机械加工。抹茶不同于普通的绿茶粉，在日本，抹茶被誉为"茶中翡翠"，"其色如碧，珍贵如玉"。现代抹茶生产加工始终在低温状态下进行，很好地保存了茶叶的活性成分，不仅可以直接食用，还可以作为一种新型的天然健康食品添加剂，用于制作冰激凌、酸奶、蛋糕、糖果、月饼、饮料、果冻等，还可用于医药中间体和化妆品等领域。

随着六茶共舞的深入、茶叶精深加工的拓展、茶叶营养保健功能的揭示，抹茶这个古老的产品又重新焕发出新的活力，世界各地掀起了抹茶消费热，多家知名食品饮料企业也推出了大量抹茶食品和饮料。抹茶冰激凌、抹茶蛋糕、抹茶酸奶、抹茶月饼、抹茶沙冰、抹茶慕司、抹茶冰果等深受广大年轻消费者的青睐。

2017年发布了《抹茶》（GB/T 34778—2017）国家标准，2021年出版了《中国抹茶》专著。

（二）茶食品

茶的发现利用就是从药用、食用到饮用的过程，"茶食"一词首见于《大金国志·婚姻》："婿纳币……次进蜜糕，人各一盘，曰茶食。"这里的茶食是一个泛指的名称，既可指掺茶的茶食茶饮，又可指佐茶的食品，而现代的茶食专指含茶的食品。原始社会的先民是直接嚼食茶树鲜叶，先秦时期以茶鲜叶煮羹作食，汉魏时期是以茶茗掺和佐料调味共煮做羹饮，隋唐到明清时期是以茶作为调味品制作各种风味的茶食品。唐代储光羲曾专门写过《吃茗粥作》，佛寺道观制作的茶叶菜肴等茶制食品颇多，风味独特。茶馆的繁荣，带动了茶食的盛行，各种茶宴、茶会进一步发展起来。元明清时茶食达到兴盛，皇家、民间均有备受喜爱的茶食，如乾隆皇帝曾多次在杭州品尝名菜——龙井虾仁，慈禧太后喜用樟茶鸭欢宴群臣。许多关于茶菜、茶膳方面的文献也相继出现，如元代忽思慧的《饮膳正要》中有20多种茶饮药膳，明代宋诩所著的《宋氏养生部》中论述的茶菜达40种，清代袁枚的《随园食单》中也有关于茶菜的记载。至今我国南方基诺族有吃凉拌茶的习俗，西北少数民族的罐罐茶就是以茶作食。

茶食品是利用茶叶、茶粉、茶汁、茶提取物或茶天然活性成分与其他可食原料共同制作而成的含茶食品，具有天然、绿色、健康的特点。茶食品既能最大限度地利用茶叶的营养保健成分，满足人们的保健需求，又可以赋予食品浓郁的茶香味。在国际市场上，茶食品早已成为畅销品，如在日本、欧美、我国台湾地区，茶食品是居民生活消费的主要食品种类。我国的茶食品市场是2010年后大规模掀起的，大量的茶企和食品企业进入茶食品的生产行列。

茶食品的种类丰富多彩，有茶膳，如猴魁焖饭、龙井虾仁、鸡丝碧螺春、祁红东坡肉、毛峰熏鸭、五香茶叶蛋等；茶焙烤食品，如茶饼干、茶面包、茶蛋糕、茶月饼等；茶冷冻食品，如茶冰激凌、茶雪糕、茶棒冰等；茶巧克力糖果；茶粮食制品，如茶饭、茶馒头、茶面条、茶饺子等；茶休闲食品，如茶蜜饯、茶瓜子、茶果脯、茶果冻等；茶乳制品，如奶茶、茶酸奶等；茶调味品，如茶醋、抹茶酱等；茶保健品，如茶爽口香糖、茶多酚压片、抹茶含片等。

（三）茶酒

茶和酒都是古老的饮品，茶和酒的完美结合是我国首创，800多年前的苏东坡提出了以茶酿酒的创想，"茶酒采茗酿之，自然发酵蒸馏，其浆无色，茶香自溢"。但古时受工艺的限制，茶酒大都是以米酒浸茶。20世纪40年代，复旦大学教授王泽农用发酵法研制和开发过茶酒，但由于战乱未能生产面世。直到20世纪80年代，我国研究人员相继开展茶酒的研制和开发，茶酒产品开始生产，如西南农大研制的乌龙茶酒，信阳酿酒总厂研制的信阳毛尖茶酒，湖北天门陆羽酒厂研制生产的陆羽茶酒等。日本静冈茶业试验场和我国台湾地区也相继研制出红茶酒、乌龙茶酒、花茶酒和绿茶酒等。

茶酒是以茶为主要原料，经发酵或配制而成的各种饮用酒的统称，一般的茶酒酒精含量低于20%，但现在也有生产高度的茶酒。茶酒既有酒的风格，又有茶的风味，是一种色、香、味俱佳的饮品。茶酒在加工过程中，茶叶中的大部分营养保健成分溶于酒中，因此茶酒不仅有酒的营养保健作用，还有很多茶的营养保健功效，适量饮用茶酒，可以增加营养、提高体质、增进健康。

茶酒在生产中按工艺可以分为汽酒型、配制型和发酵型三种。汽酒型茶酒是仿照传统香槟酒的风味和特点，以茶叶为主料，添加其他辅料，用人工方法充入二氧化碳的方式配制而成的低酒精度碳酸饮料，酒精含量在 10% 以下，如浙江健尔茗茶汽酒、安徽茶汽酒和四川茶露等。配制型茶酒是采用浸提、勾兑的方法，将茶叶先浸提获得茶汁，与固态发酵酒基或食用酒精、蔗糖、酸味剂等食品添加剂按一定比例和顺序进行调配而成，如四川茶酒茗酿、庐山云雾茶酒、安徽黄山茶酒、浙江诸暨绿剑茶酒等。发酵型茶酒是采用发酵的方法，以茶叶为主要原料，人工添加酵母、糖类物质，让其在一定条件下发酵，最后配制而成，如浙江松阳碧云天的茶酒、信阳毛尖茶酒、四川邛崃蜂蜜茶酒和湖北陆羽茶酒等。

（四）茶日化用品

茶在日化产品中的应用在 20 世纪才开始，日本是较早研究茶叶提取物在日化用品中运用的国家，如在防衰老化妆品中加入茶提取物制成含茶皮肤保护剂，可有效抑制皮肤老化。

随着日化用品崇尚绿色、回归自然，以植物活性成分为主的天然日化用品越来越受到消费者的青睐。茶里含有多种活性成分，可以抗氧化、清除自由基、抑菌、抗辐射、抗过敏等。茶在日化用品中的应用也越来越广泛，目前含茶的日化用品有化妆品类，如含茶润肤霜、防晒霜、乳液、面膜等；含茶洗涤用品，如茶肥皂、茶洗发水、茶沐浴露、茶洗手液、茶洁面乳等；含茶口腔用品，如茶牙膏、含茶漱口水等；含茶香味剂、除臭剂，如茶香水、茗香露等。

第三节　琳琅满目的茶馆

一、茶馆的演变发展

茶馆业是一个古老而又时尚的行业，它是茶文化的载体，伴随着茶文化发展而来，经过几千年的沉淀，具有非常深厚的文化底蕴。近年来，随着物质生活的不断提高，人们开始追求丰富的精神生活，茶馆业的发展历久弥新。熟悉茶馆的发展历史，以史

二维码 3-4

微课：茶馆的发展简史

第三章　茶的物质文化

87

为鉴,对把握当代茶馆业的发展具有非常重要的意义。两晋时代是茶馆的萌芽时期;唐代是茶馆的形成时期;宋元时期,茶馆得到了极大的发展;明清时期是茶馆的兴盛时期。之后,经过一段时间的式微,茶馆在当代又重新兴起。

(一)两晋时代的茶馆

两晋时代是茶馆的萌芽时期。我国饮茶历史悠久,最初茶叶作为药用产品进入人类视野。随着生产力的发展,茶叶不再是一种自给自足的饮品、贡品、食品,而逐渐发展为一种商品。"武阳买茶,烹茶尽具",这是西汉王褒的《僮约》中对茶叶买卖的最早记载,但将茶叶煮成茶粥或者茶汤再售卖出去,在当时还没有相关的记录。

随着茶文化的普及,出现了专门供人喝茶的场所和提供服务的人员,但一般认为,最初的这种营业性的场所是茶摊,而非茶馆。据史料记载,这种茶摊起源于两晋时代,在南北朝的神话小说《广陵耆老传》中记载:"晋元帝时(317—322),有老姥每日擎一器茗,往市鬻之,市人竞买。"从中我们可以推断,晋朝时已有这种手提或者推着简易小车在街市售卖茶汤或茶粥的行为,但这种流动式的行为仅仅是茶馆的雏形,茶馆还处于萌芽之中。

(二)唐代茶馆

唐代社会繁荣、经济发达、国泰民安,饮茶之风遍及全国、盛极一时,各大中城市之间交通发达,商业来往频繁,过往官人、文人、商人、百姓要解渴、吃饭、住宿,因此在河埠码头、市井街巷、交通要道及商贾云集的地方逐渐开设煎茶馆、煎茶铺等,煎茶、卖茶,供人们歇息、交流,茶馆开始形成。关于茶肆最早有明确记载的是封演的《封氏闻见记》,卷六中记载:"自邹、齐、沧、棣、渐至京邑,城市多开店铺,煎茶卖之,不问道俗,投钱取饮。"唐代禅学的兴盛促使饮茶之风大兴,煎茶售卖脱离流动式的茶摊时代,开始有固定的营业场所,称为茶铺。

随着茶铺的发展,又出现了其他的形式,如茶坊、茶肆、茶寮、茶邸等,这些不同的茶馆形式宣告着茶馆业的兴起和茶馆的初步成型。这时的茶馆以卖茶为主,装修和服务功能都处于起步阶段。总之,唐代茶馆不是很普及,也未完全独立,多与旅舍、饭店相结合,但也初具规模,为宋代茶馆的发展奠定了基础。

(三)宋元时代茶馆

宋代是茶馆的成熟时期,随着饮茶之风日趋兴盛和商品经济的进一步发展,宋代茶馆业开始繁荣发展,成为茶馆业历史上的一个高峰。当时社会饮茶成风,王公贵族经常举行茶宴,皇帝也将茶叶作为笼络大臣的一种手段。举国上下,不同的社会阶层都将茶视为不可或缺的生活必需品,茶馆业的兴旺发达也就顺理成章了。

宋代,商品经济发展,从《清明上河图》中我们可以窥见宋代城市经济的繁荣景象。《东京梦华录》记载:"潘楼东去十字街,谓之土市子,又谓之竹竿市。又东十字大街,曰从行裹角,茶坊每五更点灯。"北宋首都开封茶肆十分普遍,"皆居民或茶坊,街心市井,至夜尤盛"。

茶馆除提供茶水、茶点外,娱乐休闲功能加强,接洽、弹唱等都可以在茶馆看到,以茶为媒介的作用逐渐凸显。南宋首都临安(今杭州),茶馆林立,好不热闹。周密的《武林旧事》记述了诸多茶馆,有清乐茶坊、八仙茶坊、珠子茶坊等,茶馆业开始出现职业员工,称"茶博士",他们拥有专业的煮茶技艺,对茶的专业知识有一定的了解。茶馆职业人员的出现是宋代茶馆成熟的典型标志。杭州城内,除固定的茶坊、茶楼外,还有一种流动的茶担、茶摊,称为"茶司"。

宋代茶肆已讲究经营策略,为了招揽生意、留住顾客,经营者经常对茶肆进行精心的布置装饰。茶肆的装饰不仅是为了美化环境,增添饮茶乐趣,也与宋人好品茶、赏画分不开。

元代茶馆数量很大,茶坊、茶楼遍布大街小巷,民间甚至把"茶帖"(类似于现代的代金券,专门在茶馆使用)当钱使用,可见当时茶馆的普及程度。元代我国民族大融合,城市人口大增,为适应不同阶层和职业人群的需要,茶馆的功能愈趋多样化、复杂化。元初科举制度的取消使元代文人因郁闷而泡茶馆。

(四)明清时代茶馆

明清时代是茶馆的兴盛时期。明代茶馆较之宋代,最大的特点是更为雅致精纯,茶馆饮茶对水、茶、器都十分讲究。明代一改唐宋的煎煮烹点,直接冲泡散茶,贡茶也废除饼茶,"唯采芽茶以进",器具也逐渐小巧精致。

明代茶馆除了大众性普通茶馆,还出现了专业性高端茶馆。明末张岱的《陶庵梦忆》中写道:"崇祯癸酉,有好事者开茶馆,泉实玉带,茶实兰雪,汤以旋煮,无老汤。器以时涤,无秽器。其火候、汤候,亦时有天合之者。余喜之,名其馆曰'露兄',取米颠'茶甘露有兄'句也。为之作'斗茶檄'。"张岱所说的露兄茶馆以谈茶论道、修身养性为宗旨,多一些雅韵,少一些俗气。

明代茶馆里供应各种茶果、茶点,茶果有柑子、金橙、大枣、橄榄、雪梨等,茶点有火烧、寿桃、蒸角儿、果馅饼、荷花饼等,约四十余种。明代曲艺、评话兴起,茶馆成了这些艺术活动的理想场所。北方的大鼓和评书、南方的评话和弹词都在茶馆中进行。

清代茶馆更加兴盛,"君不可一日无茶"的乾隆皇帝,不但举行过"万古未有之盛举"的千叟宴,还曾在皇宫禁苑的圆明园内建了一所皇家茶馆——同乐园茶馆。同

第三章 茶的物质文化

乐者，与民同乐也。清代茶馆多种多样，一是以卖茶为主的茶馆，也就是北京人所说的"清茶馆"。前来清茶馆喝茶的以文人雅士居多，因此店堂都布置得十分雅致，器皿清洁，四壁挂画。二是兼营说书、演唱的茶馆，清代北京东华门外的东悦轩、后门外的同和轩、天桥的福海轩都是当时著名的书茶馆。上海的书茶馆则集中在城隍庙一带，如春风得意楼、四美轩、爽乐楼等。三是与戏园紧密联系在一起的茶馆，北京最早的戏园称"茶园"，是朋友喝茶、聚会的地方，看戏不过是附带性质的。如北京最古老的戏院广和楼，又名"查家茶楼"，是明代巨室查家所建。北京的老舍茶馆是集京味文化、茶文化、戏曲文化、饮食文化为一体，融书茶馆、茶餐馆、清茶馆、大茶馆于其中的京味文化茶馆，接待过许多外国政要。

明清，茶馆业发展得很快，茶馆已然成为人们日常生活中不可或缺的公共场所，是社交活动的中心，是休闲娱乐的福地。

（五）现代茶馆复兴

茶馆业的兴衰与时代有着很大的关系。盛世喝茶，社会繁荣，茶叶经济发达，茶馆业也就兴盛；乱世喝酒，如果社会动荡不安，茶叶经济被人掠夺，茶馆业就会衰败。清末民初，中华大地硝烟滚滚，民不聊生，茶馆畸形发展，茶馆从兴盛走向衰落。老舍的话剧《茶馆》让我们从一壶茶中看出了人世间的悲凉。

20世纪末，经济腾飞，茶文化以强劲的姿态席卷社会的每一个角落，新型茶馆不断涌现，成为茶文化传播的主要载体。我国台湾迈出茶馆复兴的第一步，1977年，从法国学习服装设计归来的管寿龄女士在台北开"茶艺馆"，这是茶艺馆招牌的首次出现，具有划时代的意义。20世纪90年代以后，大陆的茶艺馆开始起步。最早的是福州市福建省博物馆设立的"福建茶艺馆"，而后上海、北京、杭州、厦门、广州等城市相继出现了茶艺馆，并传播到许多城市。近几年来，茶馆发展势头猛烈，装修更加完美，覆盖面更广，已然成为中国休闲文化产业的一支生力军。

当今社会，传统文化复兴，茶馆作为传承中华传统文化的一个载体，在新的历史条件下更加蓬勃发展，与时代气息更加符合。随着休闲经济的兴起和大健康时代的来临，茶馆业必将达到一个新的历史高度。

二、茶馆的类别

茶馆在中国的发展历史源远流长，茶馆业既古老又现代，从古至今，茶馆从服务功能到装修风格都不停地发生着变化。茶馆类别多种多样，主要有以下几种分类方法。

二维码 3-5

微课：茶馆的类别

（一）按照建筑风格和装修特色分类

1. 仿古宫廷式

这类茶馆是中式设计装修，气势恢宏、壮丽华贵、高空间、大进深，雕梁画栋、金碧辉煌，造型讲究对称，色彩讲究对比，装饰材料以木材为主，图案多龙、凤、龟、狮等，精雕细琢。室内通常摆设古色古香的家具，挂名人字画，陈列古董、工艺品等，所采用的桌椅茶几等古朴、讲究，看上去富丽堂皇、高贵典雅，彰显主人的品位与尊贵，体现中国传统家具文化的独特魅力。空间上讲究层次，多用隔窗、屏风分割，用实木做成结实框架，用以固定。

传统型茶馆一般是此种类型。仿古宫廷式茶馆要求空间大，经营投入成本也大。如北京的老舍茶馆，装修豪华，看起来档次很高，是典型的仿古宫廷式茶馆。

图 3-20　仿古宫廷式茶馆

2. 庭院式

庭院式茶馆以中国江南园林建筑为蓝本，采用了私家园林的自由组合的特点，有小桥流水、亭台楼阁、曲径花开、拱门回廊，给人一种"庭院深深深几许"的感觉。茶馆环境清幽，返璞归真、回归大自然，令人仿佛进入"庭有山林趣，胸无尘俗思"的境界，并可领略中国文人的心境思维。这类茶馆在江南水乡很常见，如绍兴的清福茶馆，"有好茶喝，会喝好茶，是一种清福"，想想鲁迅先生可谓品茶高手了。杭州的茶人村、青藤茶馆不仅集名茶、名壶、名画于其中，还依托西湖美景而筑，小桥、流水、假山、修竹，与外部自然风光融为一体，更突显出自然氛围与山野之趣。

3. 异国情调式

日式茶馆是代表。以拉门隔间，内置案桌、坐垫，以榻榻米为地，入内往往需要脱鞋，席地而坐，以竹帘、屏风或矮墙做象征性的间隔，大都以圆形灯笼照明，有一种浓厚的东洋风味。在中国，专门的日式茶馆不太多见，毕竟中国人和日本人的习惯不一样，但日式风格的包间作为茶馆的一个独立空间往往存在。

图 3-21　日式茶馆

4. 现代简约式

现代简约式的特点是简洁、明了，抛弃了许多不必要的附加装饰，以平面构成、色彩构成、立体构成为基础进行设计，特别注重空间色彩以及形体变化的挖掘，是古典与现代的结合。现代简约元素与古典元素的巧妙搭配，更能吸引年轻人的目光。在现代茶室中，原木色逐渐成为装饰主体色，相比于传统茶室，更加清新淡雅。装饰宜简不宜繁，宜雅不宜俗，面积可大可小，一束束耀眼的阳光穿透帘帐，正如突破一重重云层，经过过滤、调和，变得柔和温顺，使茶室内的光影效果惬意而和谐。几枝花材、几枝枯木，塑造出现代生活中返璞归真的禅意，更能吸引当下压力大的年轻群体。

另外还有体现民族特色和地域特色的茶馆，如云南傣族的竹楼茶馆、新疆天池的毡包茶馆、内蒙古的蒙古包茶馆等。

（二）按照经营方式分类

1. 清茶馆

清茶馆只卖清茶（清淡花茶），配有小点心，也有不备佐茶食品，更不提供酒饭。清茶馆中无丝竹说唱之声，唯有缓慢优雅的轻音乐，这类茶馆在杭州比较常见，如矗立于西湖边上的湖畔居。

清茶馆还有一说是"清贫"，说茶馆的设施相对简陋，这类茶馆在四川成都比较常见，老成都人在茶馆一坐就是一天，这样的茶馆完全展露了成都人的市井慢生活。

2. 大茶馆

餐饮服务是大茶馆最基本的功能。这类茶馆以餐饮为主、饮茶为辅，如杭州的青藤茶馆。通常来说，这类茶馆推出的菜品非常有特色，通常会有几道特色菜品与茶有关，如龙井虾仁、白茶点心等，环境相对比较清幽。

因为传统文化的回归，很多曾经在酒店的会议也挪到了茶馆里。这类以讲座为主的大茶馆，装修是现代风格，简约明了，格调高雅，宽敞舒适，讲座内容有传统文化、商业推介、日常培训等，内容可谓包罗万千。这类大茶馆通常老板众多，资源丰富，以搭建交流沟通的平台为主。如杭州的123茶馆、宁波的985茶馆。

3. 书茶馆

书茶馆是以饮茶为媒介，听书为主要内容。在过去，最常见到的茶馆之一就是书茶馆。书茶馆除了提供饮茶之外还兼有评书、相声等表演内容。过去的书茶馆多以说评书为主，一般分为日夜两场，而评书基本都是长篇，每日连续演，一篇完整的评书说下来至少两三个月，听书者也多是常客。随着大众娱乐项目的增多，大家去书茶馆听书的次数也越来越少，这类茶馆慢慢地就没落了。这几年，随着传统文化的回归，个别地方的书茶馆越来越多了，比如绍兴的稽山书场。

4. 茶饮店

茶饮店也就是奶茶店，这类店面以茶饮料为主，方便时尚，更能吸引年轻人的目光，与传统的奶茶店相比，它更注重所选茶叶的品质，产品也很容易成为网红产品。

5. 茶叶店

传统的茶叶店往往也会融合茶馆的部分功能，通常会有少量的收费包厢，但经营内容以卖茶为主，凭借茶叶的品质和性价比取得顾客的青睐。

6. 茶器店

器具对于冲泡茶叶起到非常重要的作用，随着人们对茶汤品质的要求越来越高，以茶器销售为主的店面也越来越多了。

三、茶馆的社会功能

麻雀虽小，五脏俱全。茶馆是一个小社会，折射出大千世界的丰富多彩和变化多端。没有任何一个公共空间像茶馆那样与人们的日常生活密切相连，茶馆自诞生之日起就与人们的日常生活结下了不解之缘。不论是古代的茶摊、茶铺、茶坊、茶肆，还是

二维码 3-6
微课：茶馆的社会功能

当代的茶馆、茶餐厅、茶艺馆，都是民众重要的公共活动场所，不可避免地会承担起一些社会功能。只是不同时代侧重点不同，不同茶馆形式主打功能也不同，归纳起来主要有以下功能。

（一）餐饮服务

餐饮服务是茶馆的基本功能，最开始的茶摊就是为客人提供饮食，晋代曾有老妪提着茗器卖茗粥的传说。茶馆除为客人提供茶水之外，还有茶点心或者茶菜。

耐得翁《都城纪胜》中说，宋代杭州茶楼"冬天兼卖擂茶，或卖盐豉汤，暑天兼卖梅花酒"。吴自牧《梦粱录》中有言："四时卖奇茶异汤，冬月卖七宝茶、馓子、葱茶。"《京华春梦录》中写道："都中茶肆，座客常满。客有所命，弥不如欲。佐瓜粒糖豆、干果小碟，细剥轻嚼，情味俱适，而鸡肉饺、糖油包、炸春卷、水晶糕、一品山药、汤馄饨、三鲜面等，客如见索，亦咄嗟方办。"

这种提供小吃和饮食服务的传统在现在的茶馆中也多有继承，如杭州的青藤茶馆。而广州的茶楼则将餐饮功能发挥到极致，"一盅两件"，主要不是喝茶品茗，而是以用餐为主。

（二）休闲娱乐信息交流

休闲娱乐自古以来就是茶馆的主要功能之一，杂技、戏曲、麻将等娱乐项目的加入使茶馆的休闲娱乐功能更加完备。

茶馆是公共活动场所，人流量大。川流不息的人群既是信息源又是信息接收者，茶馆成了信息中转站。当今虽然是一个信息爆炸的时代，但无法保证信息的真实度，因此，只要茶馆的社会公共生活空间的性质不变，信息交流这项功能就不会消失。

（三）文化教育

文化教育是茶馆独特的社会功能，和其他公共场所比起来，茶馆有几千年深厚的茶文化底蕴作背景。茶文化深得中国传统文化的精髓，儒家的仁义诚信、道家的贵中尚和、禅宗的明心见性等思想无一不被茶文化吸收，形成中国茶道。茶馆本身就是一种具有文化性质的产业，普及茶文化、弘扬茶文化是茶馆神圣的使命。

（四）社交集会

社交集会是茶馆的主要功能之一，在此可以洽谈商务，约见朋友，寻觅知己。茶馆可以自主举办茶会，也可以受其他单位委托举办。

（五）审美展示

审美展示是茶馆的衍生功能。一般的茶馆装修都高雅别致，十分注重环境的营造，从整体设计到局部布景，从挂件到盆景，从茶桌到茶具，都给消费者一种美的展示。

此外，不定期的展览也是一个展示美的过程。比如，可以在新茶上市之际，为各种茶类开专柜，进行新茶展示宣传。再比如，可以举办一些茶具展览，比如紫砂作品展览。茶具文化博大精深，每件茶具都是制作者精心打磨的艺术品，观赏茶具展览是一种审美享受。另外，还可以举办一些名家艺术品展览。这种艺术品展览不一定和茶有关，比如书画作品、摄影作品等，既可观赏，也可出售。

四、茶馆的经营特点

茶馆是以茶艺和品茗为载体，来满足顾客物质和精神等各方面的需求，综合性很强的服务场所。随着社会的发展，人们对美好生活的追求日益迫切，茶馆业的发展方兴未艾，但想在激烈的竞争中获得优势就必须有自己的特色，应该在经营管理、服务水平、经营项目等方面下功夫。茶馆的经营管理专业性比较强，具有其他服务业不具备的经营特点。

二维码 3-7
微课：茶馆的经营特点

（一）经营宗旨的文化性

自古以来，茶馆除了是以营利为目的的经济实体外，还有一定的文化属性。墙壁上悬挂的字画、古朴典雅的茶具摆设、轻柔的民族音乐、具有民族特色的装饰品，加上各种茶叶，优雅自如的茶艺表演，让人在品茗时无不感受到茶文化的精髓和传统文化的博大精深。茶馆最大的经营特点就是自觉的文化追求。

（二）从业人员的专业性

茶馆服务属于第三产业服务业，但茶馆的茶艺师不同于餐饮业的服务员，他们往往经过专业的训练，甚至很多都具有茶学专业背景，具有非常扎实的专业知识。除此之外，他们还懂得营销心理学，可以通过专业的交流使客人得到心理上的满足，这是客人无法从其他行业的服务人员身上获取的。

（三）服务对象的多样性

茶馆是公共消费场所，来此消费的客人多种多样，文化水平、素质高低不同，有

第三章 茶的物质文化

的是商务社交需求，有的纯粹是追求高雅宁静的环境和高超的艺术享受。因自身的文化素质、兴趣爱好、风俗习惯、品茗动机不同，他们对茶艺服务的要求也就参差不齐，这就要求茶馆不断提高服务水平以满足各种层次顾客的需求。

（四）经济效益的社会性

因茶馆行业的特殊性，茶馆在追求经济价值的同时，更要注重茶文化的宣传和普及，同时运用茶艺独特的文化属性，净化心灵、美化人生、善化社会，促进人与人之间的和谐相处，推动社会文明的进步。

（五）经营产品的特殊性

茶馆除了提供茶水、茶点等有形产品之外，还提供重要的无形产品——服务。服务产品具有无形性、随机性，这就要求服务人员独具慧眼，善于观察和分析顾客，了解顾客的真实需求，及时调节现场气氛，表现出服务的灵活性、随机性和亲和性。

（六）经营方向的主题性

茶馆是市民文化和休闲文化的结合。经过几千年的发展，茶馆在类型和经营方式上都有很多探索，发展轨迹预示着未来发展的方向，特色鲜明、类型多样、功能多元、服务多层、文化韵味强。茶馆的经营以某个明确主题为经营核心，一切业务都要围绕该主题展开。随着市场经济发展，茶馆业要在营销上下功夫，只有拥有自己的经营主题和经营特色，才能形成茶馆业多元共荣的发展局面。

五、现代特色茶馆

每个地区的文化都有自己的区域特征，就茶馆文化而言，全国每个城市也是各有千秋。如果说四川茶馆以综合效用见长，苏杭茶室以幽雅著称，广东茶楼主要是与"食"相结合，北京的茶馆则是集各地之大成，以种类繁多、功用齐全、文化内涵丰富深邃为主要特点。

（一）老舍茶馆

老舍茶馆位于北京，是以人民艺术家老舍先生及其名剧命名的茶馆，始建于1988年12月，创始人是尹盛喜，是一家集书茶馆、餐茶馆、茶艺馆于一体的多功能综合性大茶馆。企业秉承弘扬中国传统文化的历史使命，以"振兴我国茶文化、扶植民族艺术花"为经营宗旨，坚持京味文化特色，不断创新，发展文化创意产业，努力打造中国民俗文化标志性连锁企业。

　　老舍茶馆属于传统茶馆中的佼佼者，不管在形式上还是在功能上都继承和保留了京味茶馆的韵味。古朴的环境、木制的廊窗、中式硬木家具，以及细瓷盖碗、墙上悬挂的各式宫灯，都透着十足的京味。在这里不仅可以品尝到正宗宫廷细点和北京风味小吃，还可以欣赏到戏曲、京韵大鼓、杂技、舞蹈等十几种艺术门类的演出。自开业以来，老舍茶馆接待了近47位外国元首、众多社会名流和200多万中外游客，成为展示民族文化精品的特色"窗口"和连接国内外友谊的"桥梁"。

图 3-22　老舍茶馆

（二）湖心亭茶楼

　　湖心亭茶楼位于上海豫园，多年来一直是上海老茶馆风情的典型代表。茶楼原名凫佚亭，清乾隆四十九年（1784），布商祝媪辉、张辅臣等人集资改建成湖心亭，作为布业商人聚会议事之所。湖心亭茶楼不仅是豫园的标志，也是老上海的标志。湖心亭茶楼二楼的特色茶以满足中高档宾客需求为主，而一楼的百姓茶却迎合了广大工薪阶层的需要。作为上海最古老的茶楼，湖心亭茶楼始终以特色经营和弘扬茶文化为宗旨。早在1990年春，湖心亭茶楼就成立了上海第一支茶艺表演队。

图 3-23　湖心亭茶楼

（三）湖畔居茶楼

　　湖畔居茶楼位于茶都杭州西湖边上，成立于 1998 年 8 月，倚湖临城，连岗三面，在水一方，非常具有江南水乡特色。它一直以"树立西湖窗口形象，提供一流优质服务"为宗旨，目前除湖畔居湖滨店外，还下设湖畔居花港店、湖畔居曲院店、湖畔居城市阳台店等，经营面积达 7000 余平方米。"秀色可餐西湖醉，湖畔居士宾如归"，作为杭州最有代表性的茶楼，湖畔居茶楼 20 多年来一直见证着这座城市的发展巨变。在这里，不仅有闻名中外的特级西湖狮峰龙井茶，还有各具特色、精湛的茶艺表演，更有无数名人雅士在此品茶论道后留下的一个个动人的故事。

图 3-24　湖畔居茶楼

（四）顺兴老茶馆

顺兴老茶馆是成都最具特色的茶馆，茶馆以四川盖碗茶为特色，融入了川菜、成都名小吃、川剧变脸表演及四川民俗风情展示。顺兴老茶馆地处闹市中心，人气极其旺盛，茶馆经营者利用茶馆展示"老成都"的城市建筑和饮食文化，定时演出川剧"吐火""变脸""滚灯""围鼓"等特色剧目，茶馆里主要供应四川所产的"碧潭飘雪"等名茶。

第四节　营养保健茶健康

近年来，随着人们对茶叶成分认识的不断深入，加上茶成分分析方法、分离和鉴定技术的飞速发展，茶叶的营养保健功能日益被人们认识和重视。茶叶是一种饮品，也是一种营养健康的饮品，更是一种文化底蕴深厚的营养健康饮品。

茶叶种类繁多，不同的茶有不同的特性；不同的人亦有不同的体质，因此饮茶要因人、因时、因地、因茶而异，做到科学合理饮茶。

一、茶之成分

茶叶中的化学成分十分复杂，目前茶树生物学与资源利用国家重点实验室已分离鉴定出 1400 多种化合物，这些化合物一部分是茶鲜叶中固有的，一部分是茶叶在加工过程中形成的，它们对茶叶的色香味及人体的营养保健起着重要作用。

二维码 3-8
微课：茶之成分

茶鲜叶由水和干物质组成。水占 75% 左右，干物质占 25% 左右，干物质包括有机物和无机物，有机物主要有蛋白质、糖类、茶多酚、脂类、生物碱、氨基酸、有机酸、色素、维生素、芳香物质等，无机物包括磷、钾、硫、镁、锰、氟、钙、钠、铁、铜、锌、硒等。茶叶干物质中有 35%～45% 能溶于沸水，称为水浸出物，是我们喝的茶汤的主要成分。

茶叶有机物中有三大特征性成分，也就是茶多酚中的儿茶素、生物碱中的咖啡碱和氨基酸中的茶氨酸，这三大特征性成分是茶树这个物种区别于其他植物的重要物质基础。

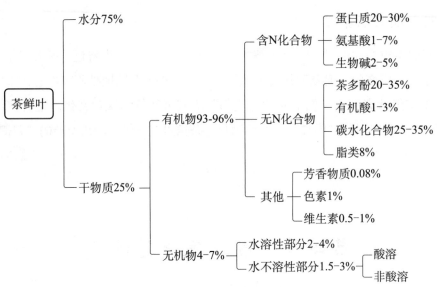

图 3-25　茶叶的化学成分组成

茶鲜叶
- 水分75%
- 干物质25%
  - 有机物93-96%
    - 含N化合物
      - 蛋白质20-30%
      - 氨基酸1-7%
      - 生物碱2-5%
    - 无N化合物
      - 茶多酚20-35%
      - 有机酸1-3%
      - 碳水化合物25-35%
      - 脂类8%
    - 其他
      - 芳香物质0.08%
      - 色素1%
      - 维生素0.5-1%
  - 无机物4-7%
    - 水溶性部分2-4%
    - 水不溶性部分1.5-3%
      - 酸溶
      - 非酸溶

（一）茶叶中的特征性化合物

1. 多酚类化合物

茶多酚是茶叶中 30 多种酚类物质及其衍生物的总称，是茶叶中主要的化学成分。茶多酚含量高、分布广、变化大，对茶叶的品质影响最为显著，是茶叶生物化学研究最广泛、最深入的一类物质。

茶多酚主要由儿茶素类、黄酮类、黄酮醇类、花青素、花白素和酚酸、缩酚酸类组成。其中儿茶素含量最高，占茶多酚总量的 70%～80%。

茶鲜叶加工成干茶后，多酚类物质会发生不同程度的变化，其变化程度取决于加工方法。绿茶在加工过程中由于钝化了茶叶多酚氧化酶的活性，最大限度地保留了茶多酚，因此绿茶的茶多酚含量在所有茶类中是最高的。红茶的加工方法则使茶多酚尽可能多地被氧化成茶黄素（TFs）和茶红素（TRs）等产物，所以红茶中的茶多酚含量在所有茶类中是最低的，但红茶含有大量的多酚氧化产物。乌龙茶则介于绿茶与红茶之间，它既保留了一定数量的茶多酚，同时也含有一些多酚氧化产物。茶多酚在不同茶类中的含量，

图 3-26　茶多酚

主要取决于加工中多酚类物质所受酶促氧化或非酶性氧化的程度，因此茶多酚在加工中的氧化方式和氧化程度是茶叶分类的重要依据之一。

2. 生物碱

茶叶中的主要生物碱有咖啡碱（又称咖啡因）、可可碱和茶叶碱，三者都属于甲基嘌呤碱类化合物，是茶叶特征性化学物质之一。茶叶中的生物碱以咖啡碱含量最高，一般占茶叶干物重的 2%～4%，其余两种含量较少。世界上含咖啡碱的植物很少，茶叶、咖啡、可可是最主要的几种，因此咖啡碱的存在可以用来鉴别真假茶。

纯咖啡碱是白色绢丝光泽的针状结晶，易溶于水，尤其易溶于热水，其水溶液呈弱碱性，在 120℃时开始升华。咖啡碱具有苦味，添加氨基酸，对咖啡碱的苦味有消减作用，而添加茶多酚则对其苦味有增强作用。

在红茶茶汤冷却后，咖啡碱可以与茶黄素、茶红素等通过氢键络合形成茶乳凝复合物，产生"冷后浑"现象，这是红茶茶汤好的表现。

茶叶中的咖啡碱对人具有提神益思、强心利尿、消除疲劳等功用，好茶一杯可以精神振奋、思路敏捷。

图 3-27　咖啡碱

3. 氨基酸

氨基酸一般占茶叶干重的 1%～4%，有一些茶树品种的氨基酸含量很高，如白叶一号（安吉白茶）、黄金芽等。目前在茶叶中发现的氨基酸有 26 种，除了组成蛋白质的 20 种氨基酸外，还有 6 种是非蛋白质氨基酸，茶氨酸、豆叶氨酸、谷氨酰甲胺、γ-氨基丁酸、天冬酰乙胺、β-丙氨酸，因为不构成蛋白质，所以 6 种全部都是游离氨基酸。在茶叶所有的游离氨基酸中，茶氨酸含量占一半以上，具有焦糖香和类似味精的鲜爽味，是茶叶的特征性氨基酸。

氨基酸是组成蛋白质的基本物质，其在茶汤中的浸出率可达 80% 以上，是茶叶的主要滋味物质，也是形成茶叶香气和鲜爽度的重要成分，尤其与绿茶香气的形成关系密切。

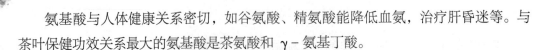

氨基酸与人体健康关系密切，如谷氨酸、精氨酸能降低血氨，治疗肝昏迷等。与茶叶保健功效关系最大的氨基酸是茶氨酸和 γ - 氨基丁酸。

图 3-28　茶氨酸

（二）茶叶中的其他化合物

1. 蛋白质

茶叶中的蛋白质占干物质的 20%～30%，大致可分为精蛋白、球蛋白、白蛋白和谷蛋白等。茶叶中的蛋白质一般情况下难溶于水，大部分蛋白质留在了茶渣中，所以想要吸收蛋白质营养，饮茶的意义不大。但蛋白质在茶叶加工时能水解成氨基酸，从而增加鲜味，不同的加工方法水解的量差异很大。另外酶也是蛋白质，特别是多酚类氧化酶，在红茶和青茶的加工中对发酵起非常关键的作用。

茶叶蛋白质的利用，一是可以作为功能性蛋白质资源添加到香肠等食品中；二是用于制作猪饲料；三是用于制作肥料。

2. 糖类

糖类又称碳水化合物，茶叶中的糖类包括单糖、双糖和多糖等，其含量占茶叶干物质总量的 20%～25%，是干茶中成分含量相对较高的一类物质。

单糖和双糖又称可溶性糖，如果糖、葡萄糖、蔗糖等，易溶于水，是构成茶汤甜味的主要物质。单糖和双糖在茶叶加工过程中，由于酶、热或氨基化合物的存在，会发生水解作用、焦糖化作用及美拉德反应，产生各种香气物质。

茶叶中的多糖包括淀粉、纤维素、半纤维素和果胶等物质，除淀粉外，其他多糖是膳食纤维。果胶是多糖的一种，茶叶或茶汤的黏稠度与它们的存在有关。果胶在茶叶加工中有利于茶叶的揉捻成形，水溶性果胶是形成茶汤厚度和外形光泽度的主要成分之一。

茶多糖是一类具有生理活性的复合多糖，是一种酸性糖蛋白，由蛋白质、果胶、木糖、阿拉伯糖、岩藻糖、半乳糖、葡萄糖和矿物质结合而成。茶多糖可以降血糖、降血脂、调节免疫、抗凝血、抗血栓、抗氧化等，还有减慢心率、增加冠脉流量和耐缺氧等作用。

茶皂素，又称茶皂甙，是由木糖、阿拉伯糖、半乳糖等和其他有机酸等物质结合而成的大分子化合物，含量占干物质的1.5%～4%。茶皂素味苦而辛辣，在水中易起泡，并有溶血作用，粗老茶的粗老味和泡沫与茶皂素有关。

图3-29　茶多糖　　　　　　　　　图3-30　茶皂素

3. 茶色素

茶叶中的色素有两类：一类是茶鲜叶中固有的，如花青素、叶绿素等；另一类是在加工过程中形成的，如红茶在制作过程中形成茶黄素（TFs）、茶红素（TRs）和茶褐素（TBs）。

茶叶中的色素分为水溶性色素与脂溶性色素两大类。花青素和红茶色素属于水溶性色素；叶绿素和类胡萝卜素等属于脂溶性色素。

（1）花青素。花青素在紫色茶芽中含量特别高。高气温和强光照条件下，茶叶中的花青素含量较高，这样的芽叶用于制作绿茶，叶底常出现靛蓝色，滋味苦涩，汤色褐绿。

（2）红茶色素。这类色素是由茶多酚类经酶促氧化而形成的有色物质。最先形成的是茶黄素，茶黄素是红茶茶汤橙黄和亮的主要成分，具有强烈的收敛性。茶红素是茶黄素进一步氧化的产物，也是红茶茶汤中红色物质的主要成分。茶红素进一步氧化并与氨基酸、蛋白质等物质结合可形成茶褐素，色泽暗褐、滋味平淡稍甜，茶褐素是一类结构十分复杂的大分子化合物。

（3）叶绿素。叶绿素是茶叶中的主要色素，约占茶叶干重的0.6%，可分为蓝绿色的叶绿素a和黄绿色的叶绿素b。一般情况叶绿素a为叶绿素b的2～3倍，叶绿素a多时叶色偏绿，叶绿素b多时叶色偏黄，杀青等高温情况下叶绿素中镁离子被氢离子取代，叶绿素则变成褐色的脱镁叶绿素。

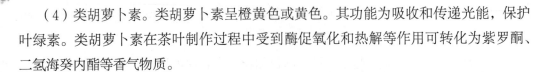

（4）类胡萝卜素。类胡萝卜素呈橙黄色或黄色。其功能为吸收和传递光能，保护叶绿素。类胡萝卜素在茶叶制作过程中受到酶促氧化和热解等作用可转化为紫罗酮、二氢海癸内酯等香气物质。

4. 维生素类

茶叶中含有丰富的维生素类，其含量占茶叶干重的 0.6%～1%，维生素类分水溶性和脂溶性两类。水溶性的有维生素 C、维生素 B_1、维生素 B_2、维生素 B_3、维生素 B_{12}、维生素 P 和肌醇等。脂溶性的维生素有维生素 A、维生素 D、维生素 E 和维生素 K 等，水溶性维生素可以进入茶汤，脂溶性维生素则要通过吃茶叶才可以吸收。

在茶叶中的维生素当中以维生素 C 含量最高，一般绿茶维生素 C 的含量约为 250mg/100g，有的绿茶甚至高达 500mg/100g，可以和新鲜的水果蔬菜媲美，其他茶类相对少些，因此多喝绿茶对每日补充维生素 C 很有帮助。

5. 矿质元素

茶叶中无机化合物占干物质总量的 3.5%～7%，分为水溶性和水不溶性两部分。茶叶经高温灼烧后留下的无机物质称为"灰分"。灰分中能溶于水的部分称为水溶性灰分，占总灰分的 50%～60%。嫩度好的茶叶水溶性灰分较高，粗老茶、含梗多的茶叶总灰分含量高。灰分是出口茶叶质量检验的指标之一，一般要求总灰分含量不超过 6.5%。

茶叶中有近 30 种无机矿质元素，其中以磷、钾、钙、镁、钠、铁、锰、铝等 10 种含量较高的称大量元素，铜、锌、氟、硒、碘、钴、钼、锌、钒等近 20 种含量较低的称微量元素。这些矿质元素中，有 50%～60% 可溶于热水，能够被人体吸收利用。茶叶中丰富的矿质元素对人体健康有益，尤其是其中的氟和硒。

茶叶中的氟对预防龋齿和防治老年骨质疏松有明显效果，而且不会引起氟斑牙等不良症状。硒能刺激人体免疫蛋白及抗体的产生，增强人体对疾病的抵抗力。我国湖北恩施地区和陕西紫阳地区生产富硒茶。

6. 芳香物质

芳香物质是茶叶中易挥发性物质的总称。茶叶芳香物质的特点是含量少、种类多、易挥发，每一种芳香物质要以 ppm 为单位计量，全部芳香物质只占干物重的 0.005%～0.03%，迄今已分离鉴定的茶叶芳香物质多达 700 余种，包括碳氢化合物、醇类、酮类、酸类、醛类、酯类、内酯类、酚类、过氧化物类、含硫化合物类、吡啶类、吡嗪类、喹啉类、芳胺类等。这些香气成分一部分是鲜叶固有的，但大部分是在茶叶加工中形成的。绿茶以清香、烘炒香、栗香、嫩香为主；红茶以水果香、甜香、焦糖香为主；乌龙茶以花香突出为特点。香气组成十分复杂，看不见、摸不着，千变万化，一个香型由几种甚至几十种芳香物质组成。香气成分的性质很不稳定，光照、氧气、温度都会使它变化分解，从而使香气消失。

茶叶芳香物质根据沸点从低到高排列是草香（青草气）、清香、豆香、栗香、花香、蜜香、果香、甜香、焦糖香、陈香。黑茶类由于发酵原理的特殊性，则往往带有菌香。

7. 脂类和有机酸

茶叶中的脂类主要是脂肪、蜡、磷脂、硫脂等，茶树鲜叶表面就是一层蜡质，起保护作用，茶叶中的脂肪酸主要是油酸、亚油酸和亚麻油酸，是人体必需的脂肪酸。

茶叶中的有机酸主要是琥珀酸、柠檬酸、苹果酸、亚油酸、棕榈酸等，发酵重的茶里较多，如红茶。棕榈酸的吸味能力极强，对花茶加工有利，但也要防止茶叶吸收异味。

二、茶之功效

我国古代最早发现茶的时候就是作为药用的，自汉代以来，很多历史古籍和古医书都记载了不少关于茶的药用价值和饮茶健身的论述。《神农本草经》称"茶味苦，饮之使人益思、少卧、轻身、明目"。《神农食经》中说"茶茗久服，令人有力悦志"。《广雅》称"荆巴间采茶作饼……其饮醒酒，令人不眠"。在唐代，

二维码 3-9
微课：茶之功效

陆羽《茶经》中说"茶之为用，味至寒，为饮，最宜精行俭德之人，若热渴凝闷、脑疼目涩、四肢烦、百节不舒，聊四五啜，与醍醐甘露抗衡也"。《新修本草·木部》上说"茗，苦荼，微寒无毒，主瘘疮，利小便，去痰热渴，令人少睡，春采之。苦荼，主下气，消宿食"。《本草纲目》称"茶性味'苦、甘、微寒、无毒'"。

《中国茶疗》统计了 92 种古籍，记载了茶的功效大致有以下 20 种：令人少睡、安神去烦、明目、清头目、下气、消食、醒酒、去腻解肥、清热解毒、生津止渴、去痰、治痢、疗瘘、利水、通便、祛风解表、坚齿、益气力、疗饥、养生延年。20 世纪以后，随着现代科学的发展，又发现许多新的茶叶功效，如降脂、防治动脉硬化、预防冠心病、降血压、减肥、降血糖、清除自由基抗衰老、调节免疫、抑菌消炎、抗辐射等。茶对人体有许多药理和生理保健功效，我国著名营养学家于若木把茶比作一种调配适宜的复方制剂，是大自然赐予人类的最佳饮料。

现代研究的茶功效有以下这些。

（一）抗癌防肿瘤

癌症是一类可影响身体任何部位的多种疾病的通称，也称为恶性肿瘤或赘生物。癌症的特征是快速产生异常细胞，这些细胞超越其通常边界生长并可侵袭身体的毗邻部位并扩散到其他器官，这一过程被称为转移。转移是癌症致死的主要原因。

诱导和促进机体癌变的重要原因之一是自由基的存在，自由基在癌症的诱导阶段和促进阶段均起到了促进作用。自由基可与DNA形成加合物，进而引起基因突变而致癌；它还可使前致癌物转变成终致癌物，使细胞内cAMP水平异常，导致细胞分裂异常而致癌。化学致癌物和促癌剂可产生能导致DNA损伤和染色体断裂的活性氧。因此，具有减少自由基形成和清除自由基作用的抗氧化剂，就具有抗肿瘤的作用。

茶叶中抗癌的有效成分包括茶多酚、茶黄素等多种化合物。目前对绿茶中的儿茶素和红茶中的茶黄素的主要抗癌作用和机制的研究取得了许多重要的成果。

通过体外试验、动物试验、人体试验、临床研究等，目前已经明确的茶叶防癌机制有以下几点：茶叶中茶多酚、茶黄素等能显著阻断亚硝氨的合成（在N-亚硝基化合物中，极大部分都有致癌作用）；茶多酚、茶黄素等具有很强的抗氧化能力，能大量消除体内的自由基，抑制癌变基因表达，调节人体免疫平衡，抑制致癌剂与靶器官DNA共价结合。

总之，饮用一定数量、次数和年限的茶叶对不同肿瘤的控制均能起到不同程度的作用，可以预防和抵抗癌症。

（二）抗氧化、清除自由基、延缓衰老

国内外医学界公认人体脂质过氧化是多种疾病的根源，无论是癌症、心脑血管疾病还是老年退行性疾病，都与脂质过氧化有密切关系。据资料显示，1个人1天需要1千克氧气才能生存，一个80岁的老人一生需要约30吨氧气，但氧气在各种条件下会有1%~10%形成活性氧，这些活性氧会使人体细胞组织遭受氧化胁迫，造成人体氧化损伤。茶叶具有极强的抗氧化功能，儿茶素的抗氧化效果最好，据研究，儿茶素、茶黄素的抗氧化活性比维生素C、维生素E还高好几倍。

衰老是外源和内源自由基对机体的损害和对DNA的损伤引起的，自由基是分子均裂后产生的带有不成对电子的基团，自由基病因学里的大多数疾病是由自由基引起的，过量的自由基特别是活性氧自由基如超氧阴离子、羟基自由基、过氧化氢等是人体罹病的罪魁祸首。茶多酚类及其氧化产物有很强的清除自由基的作用。

（三）减肥和控制"三高"

肥胖症的发生受到多种因素的影响。主要有饮食、遗传、神经内分泌、社会环境、劳作、运动以及精神状态等。一般来说，肥胖是遗传与环境因素共同作用的结果。肥胖可以引起代谢和内分泌紊乱、高血压症、高血脂症、高血糖症、冠心病等重大疾病。

"三高"通常是指高血压、高血脂和高血糖三种病症，属于高发慢性非传染性疾病。在成年人群中患病率特别高。"三高"非常容易并发动脉粥样硬化，进而导致严重的心脑血管疾病。

1. 茶叶可以减肥

作为传统的食品和饮料，茶叶有较好的减肥效果。我国古代就有关于茶叶减肥功效的记载，如"去腻减肥，轻身换骨""解浓油""久食令人瘦"等。

近年来的流行病学、临床研究和动物实验等同样证实了茶叶的减肥作用，并探讨了其作用机理。首先，饮茶可以明显降低实验性高血脂症动物的血清总胆固醇、甘油三酯和低密度脂蛋白胆固醇。其次，肥胖是由脂肪细胞中的脂肪合成代谢大于分解代谢引起的，因此，可以通过减少血液中葡萄糖、脂肪酸和胆固醇的浓度，抑制脂肪细胞中脂肪的合成以及促进体内脂肪的分解代谢以达到减肥的效果。

2. 茶叶可以降血压

茶叶可以降血压，这在我国的医学界早有报道。浙江医科大学在20世纪70年代对近1000名30岁以上的男子进行高血压和饮茶之间关系的调查，安徽医学研究所用皖南名茶松萝茶进行人体降压临床试验，中国农业科学院茶叶研究所于1972年对80例高血压患者进行饮茶治疗临床试验等结果均表明，适量的饮茶可预防或者降低高血压。

3. 茶叶可以降血脂

龙怡道等人研究显示茶色素可以降低血小板聚集率。血小板的主要功能是促进止血和加速凝血，血液中血小板含量高会使血液在血管中流速减慢，提高心脑血管疾病的发病率。罗雄等的研究表明茶色素可以降低低密度脂蛋白的含量和升高高密度脂蛋白的含量，且无任何毒副作用。它的作用机制是茶色素通过阻碍胆固醇的消化和吸收，从而起到降低胆固醇的作用。

4. 茶叶可以治疗糖尿病

我国民间有泡饮粗老茶叶来治疗糖尿病的历史。茶叶越粗老，治疗糖尿病的效果越好。在临床上用老茶叶治疗糖尿病时，轻度病例采用单纯饮茶法，疗效明显。

另外，众多研究报道表明，茶叶有降低血糖的作用。绿茶能降低成年老鼠体内的血糖水平。有研究者认为，茶叶能抑制小肠上皮细胞中葡萄糖转运器的活性，通过减少食物中葡萄糖的摄入量，达到降低血糖的作用。

（四）抗过敏

茶多酚对各种因素引起的皮肤过敏有抑制作用。第一，茶多酚可以抑制化学物质诱导的过敏反应。儿茶素可以抑制被动性皮肤过敏，茶多酚对 I 型超敏反应有显著的防护作用。第二，茶多酚对接触性皮炎 IV 型超敏反应有很好的抑制作用。

（五）抑制病原微生物

1. 茶叶可以杀菌

早在唐宋年间，就有许多关于茶叶杀菌、止痢的记载，出现了用复方配成的治疗痢疾和霍乱的方剂。近年来，国内外的一些学者对不同茶叶及有效成分的抑菌效果进行了研究，为研制安全高效的抑菌剂和天然食品防腐剂提供了理论基础。

众多研究表明，茶叶中的茶皂素、茶多酚和茶黄素具有抑菌作用。绿原酸虽然具有较强的抗菌性，但在体内易被蛋白质灭活，而茶皂素和茶多酚在体内仍能保持活性。

茶类不同，其抑菌效果也不同，表现为不同茶类对不同菌种的抑制强度存在差异。六大茶类对金黄色葡萄球菌、蜡样芽孢杆菌、枯草芽孢杆菌、沙门氏菌、大肠杆菌和白色葡萄球菌 6 种常见细菌均有抑制作用，其中绿茶的作用普遍比红茶强，绿茶、黄茶和白茶的效果比红碎茶好，乌龙茶和茯砖茶的抑制效果次之，普洱茶最差。这是因为绿茶中有更高含量的茶多酚。

茶多酚的抑菌机理是多种因素综合作用的结果。首先，茶多酚分子中的众多酚羟基可与菌体蛋白质分子中的氨基或羧基结合，从而降低菌体细胞酶的活性并影响微生物对营养物质的吸收；其次，没食子酰基的存在对其抑菌性也有很大影响。此外，茶多酚还可与金属离子发生络合反应，致使微生物因某些必需元素缺乏而代谢受阻，甚至死亡。

茶皂素对大肠杆菌、金黄色葡萄球菌、枯草芽孢杆菌等有较明显的抑制作用，对白色念珠菌有一定的抑制作用，对绿脓杆菌无抑制作用。被抑制的菌中既有革兰氏阳性菌，又有革兰氏阴性菌，既有球菌又有杆菌，可见茶皂素有着广谱的抑菌作用。

2. 茶叶可以抑制真菌

中国古书中有以茶为主要成分用于治疗皮肤病的复方记载。如将老茶叶碾细成末用浓茶汁调和，涂抹在患处可治疗带状疱疹、牛皮癣；用浓茶水洗脚可治疗脚臭。这是因为皮肤病的主要病原是真菌，而茶叶能抑制这些病原真菌的活性。研究表明，茶叶对头状白癣真菌、斑状水疱白癣真菌、汗疱状白癣真菌和顽癣真菌都有很强的抑制作用。

3. 茶叶可以抗病毒

茶叶对流感病毒、非典（SARS）和艾滋病病毒均有一定的预防效果。香港对877人的流行病学调查结果显示，饮茶人群中只有9.7%的人出现流感症状，而不饮茶的人群中出现流感症状的比例为18.3%，两者间有明显差异。

含有儿茶素的漱口水可以预防流感。使用含儿茶素的漱口水的群体流感感染概率为1.3%，远远低于不使用的群体（10%）。儿茶素能够覆盖在突起的黏膜细胞上，防止流感病毒和黏膜结合，并杀死病毒。绿茶预防流感的效果优于乌龙茶和红茶。

在2003年非典（SARS）流行期间，美国哈佛大学医学院的杰克·布科夫斯基博士等科学家在实验中发现，每天饮用5杯茶能够显著地提高机体的抗病能力。从绿茶、乌龙茶等茶叶制品中提取出的L-茶氨酸，能有效地提高免疫细胞的工作能力。

4. 茶叶可以调节肠道菌群

胃肠道是人体进行物质消化、吸收和排泄的主要部位，肠道菌群可以为宿主提供维生素 B_1、维生素 B_2、维生素 B_6、维生素 B_{12}、泛酸、烟酸及维生素 K。茶叶中的茶多酚对肠道菌群有选择性作用，即抑制有害菌生长并促进有益菌生长。如对双歧杆菌有促进生长和增殖的作用，而对肠杆菌科许多属有害细菌则表现为抑制作用，如大肠杆菌、伤寒杆菌、甲乙副伤寒杆菌、肠炎杆菌、志贺氏（杆）菌、宋氏痢疾杆菌、金黄弧菌和副溶血弧菌等，茶叶因此可以治疗肠道痢疾。

茶叶对有害菌的抑制效果一般是绿茶、黄茶和白茶的效果大于红碎茶，乌龙茶与红砖茶的抑菌效果次之，普洱茶的抑制效果最差。另外经过微生物发酵的紧压茶中含有大量有机酸，有利于提高和改善人体胃肠道功能。

（六）防辐射

现代辐射无处不在，大到原子弹爆炸，小到 X 光、CT 检查、放疗、化疗，微到手机、电视、电脑、香烟、家具、紫外线辐射等，辐射对人体的损伤主要是破坏 DNA 和蛋白质，引起肿瘤和破坏造血机能。茶叶中的儿茶素、茶氨酸、咖啡碱、茶多糖等成分能吸收放射性同位素并将其排出体外，这些成分还能形成防护墙挡住辐射，以及清除因辐射产生的过量自由基。

（七）茶叶对人体的其他作用

1. 茶叶对口腔疾病的作用

由于茶多酚类化合物能结合多种病毒和病原菌使其蛋白质凝固，起到杀死病原菌的作用，因此用茶水漱口能防治口腔和咽部的炎症。茶叶氨基酸及多酚类与口内唾液发生反应能调节味觉和嗅觉，增加唾液分泌，对口干综合症有一定防治作用。茶叶中的叶绿素、茶黄素和茶红素等色素具有明显降低血浆纤维蛋白原的作用，能加速口腔溃疡面愈合。

口源性口臭是由于口腔致臭细菌将蛋白质和多肽水解，最后产生硫化氢、甲基硫醇和乙基硫化物等气体混合物造成口腔异味。茶多酚可杀死齿缝中引起龋齿的病原菌，不仅对牙齿有保护作用，而且可去除口臭。

龋齿被世界卫生组织列为人类须重点防治的三大疾病之一，致龋菌变形链球菌所产生的变形链球菌葡糖基转移酶能利用蔗糖合成不溶性胞外多糖葡聚糖，这种物质与细菌在牙面黏附，形成菌斑，导致龋齿产生。另外，氟素是目前公认的防龋元素，茶叶含氟量高，可以起到固齿防龋的作用。

2. 茶的美容作用

研究发现，绿茶、乌龙茶、普洱茶具有防止皮肤老化、清除肌肤不洁物的功能，尤其与某些植物一起使用效果更佳。目前以茶多酚为原料研制而成的日化产品有洗面奶、爽肤水、乳液、面霜、沐浴露、洗发水、牙膏、口香糖、除臭剂等，其中不乏国际名牌。

皮肤是机体的表层组织，表面角蛋白起着保护皮肤和防御外部侵害的功能。皮肤保水是皮肤外表健康的重要因素，缺水会引起皮肤干燥并形成皱纹。茶多酚含有大量的羟基，是一种良好的保湿剂。随着年龄的增长，皮肤中的透明质酸在透明质酸酶作用下会被降解，使皮肤硬化而产生皱纹。茶多酚可以抑制透明质酸酶的活性，起到保湿的功效。

另外，冷榨茶油的黏性较高，渗透性强，易于皮肤吸收，可以快速在皮表形成一层皮脂膜，防止角质层水分流失，提高皮肤保水能力，解决皮肤干燥问题，防止皮肤起皱，加强皮肤屏障功能，抵御外界环境对肌肤的侵害。

茶叶化妆品不仅具有很好的护肤效果，而且具有一定的防晒功能。茶叶可使皮肤变得光滑、细腻、白嫩，故称茶叶饮品为天然美容抗衰饮料。

（八）茶对心理疾病的防治功效

心理疾病产生的主要原因有遗传、生理、认知等内在因素和工作环境、人际关系等外在因素。面对日益增大的社会压力，人们很容易产生心理上的变化，导致心理疾病。"茶苦味寒，最能降火，火为百病，火降则上清矣……"李时珍在他的《本草纲目》中提到的火，现在可以解释为一种身心疲劳的、内在的心火，也符合"病从气来"的中医理论。茶叶可以抗疲劳、预防和治疗心理疾病，主要体现在两个方面：第一，茶叶自身所具有的化学成分对心理疾病有预防和治疗的作用；第二，茶所产生的独特的宁静和舒适环境对心理疾病有很好的治疗作用。

茶叶中的茶氨酸被称为"21世纪新天然镇静剂"，具有松弛神经紧张、保护大脑神经、抗疲劳等作用，对缓解现代人工作、生活等心理压力有着重要的作用。

茶多酚对脑健康的作用研究还不是很多，主要有茶多酚能预防自然衰老和记忆力减退，对血管内皮细胞有保护作用，能缓解人的紧张情绪，改善移居高原人群的视听觉认识功能等。

咖啡碱是茶叶中的主要生物碱，其对大脑健康的主要作用体现在可引起中枢神经系统兴奋，可抗抑郁。

三、科学饮茶

茶作为三大无酒精饮料之首，对人体的健康作用毋庸置疑。但不同的茶有不同的特性，不同的饮茶人群对茶的适应性也不同，甚至茶叶冲泡方法、茶具的选择和使用、饮茶的时间和场合等也会影响茶对人体健康的作用。

二维码 3-10
微课：科学饮茶

当然，茶作为一种饮料，它的主要作用是解渴和愉悦身心，我们完全没有必要刻板地去理解或过度放大茶叶的保健功能和饮茶过程中的副作用，只要我们能在正确认识茶的功能的基础上，做到遵循人体健康的规律去饮茶，便是科学饮茶。

（一）不同茶的特性

不同茶的特性可以从中医的角度和茶叶成分方面来分析。这两方面其实是有机统一的，两者相互印证。

从中医的角度来看：绿茶性寒，适合体质偏热、胃火旺、精力充沛的人饮用，能给人清凉舒爽之感。黄茶性寒，功效也跟绿茶大致相似，不同的是口感，绿茶清爽、黄茶醇厚。白茶性凉，适用人群和绿茶相似，但"绿茶的陈茶是草，白茶的陈茶是宝"，陈放的白茶有去邪扶正的功效。

青茶性平，适宜人群最广。红茶性温，适合胃寒、手脚发凉、体弱、年龄偏大者饮用，加牛奶、蜂蜜口味更好。黑茶性温，能去油腻、解肉毒、降血脂，适当存放后再喝，口感和疗效更佳。

六大茶类之所以有不同的属性，主要是因为鲜叶在加工过程中形成了不同的成分。绿茶富含各种儿茶素，而红茶中儿茶素大多已被氧化成茶黄素、茶红素等氧化缩合产物，青茶则处于红茶和绿茶之间。黑茶原料比较粗老，干茶中含有较多的茶多糖，同时也含有较多氟，饮用时须考虑如何减少氟的摄入量。黑茶中的普洱茶含有一些由微生物转化而来的特殊成分，同时多酚类物质大多被氧化，从而显著减轻了其对肠胃的刺激。

另外，不同茶叶的咖啡碱含量也有很大的差异，甚至还有脱咖啡碱的茶产品。不同人群、不同饮茶时间对咖啡碱的敏感性不同，因此咖啡碱是合理饮茶需要考虑的重要因素之一。

表3-2　不同茶的特性

凉性					中性		温性		
绿茶	黄茶	白茶	普洱生茶（新）	轻发酵乌龙茶	老白茶	中发酵乌龙茶	重发酵乌龙茶	黑茶	红茶

（二）合理饮茶

1. 适量饮茶

喝茶不是多多益善，喝茶要适量。明代许次纾在《茶疏》中说："茶宜常饮，不宜多饮。常饮则心肺清凉，烦郁顿释；多饮则微伤脾肾，或泄或寒。"由此可见，饮茶过量，尤其是过度饮用浓茶，对健康非常不利。

茶叶中含有较多的生物碱，一次饮茶太多会使中枢神经过于兴奋，心跳加快，增加心、肾负担，晚上还会影响睡眠；过高浓度的咖啡碱和多酚类等物质会对肠胃产生强烈刺激，抑制胃液分泌、影响消化功能。茶水过浓还会影响人体对铁等无机盐的吸收，因此饮茶不能过多或过浓。

那么饮茶多少才算是适宜呢？一是因人而异，一是因茶而异。不同茶类的有效成分含量差异很大。一般而言，成年人每天饮茶的量以每天泡饮干茶6～15克为宜，这些茶的用水总量可控制在500～1000毫升。但运动量大、消耗多、进食量大的人，或是以肉类为主食的人，每天饮茶可达20克左右；对长期生活在缺少蔬菜、瓜果地区的人，饮茶数量也可以多一些，以弥补维生素等的不足。而对那些身体虚弱，或患有神经衰弱、缺铁性贫血、心动过速等疾病的人，一般应少饮甚至不要饮茶。至于用茶来治疗某种疾病的，则应根据医生建议合理饮茶。

2. 饮茶时间

（1）饮茶与时节。春夏秋冬四个季节的气候、温湿度、光照程度各有不同，对人体健康也有不同的影响，因此研究不同季节的饮茶方式很有必要。

普遍认为四季的饮茶策略为春饮花茶，夏饮绿茶，秋饮青茶，冬饮红茶。其道理在于春季饮花茶，可以散发一冬积存在人体内的寒邪，花茶浓郁的香气能促进人体阳气发生。夏季饮绿茶可以清热、消暑、解毒、止渴、强心。秋季饮青茶，能消除体内的余热，恢复津液，解除秋燥。冬季饮红茶能助消化，补身体，使人体强壮。当然，上述的四季饮茶策略要因人而异，哪个季节饮什么茶没有固定形式和标准答案。

一天当中也可以饮不同的茶，早上适宜喝红茶，红茶性质温和，可促进血液循环，同时能够祛除体内寒气，让大脑供血充足。午后适宜喝青茶或绿茶，通常情况下，人体在中午时分会肝火旺盛，此时饮用绿茶或者青茶可使这一症状得到缓解。晚间适宜喝黑茶，既暖胃又助消化，也可喝点白茶。

（2）饭前饭后的饮茶。进餐前后少量饮茶并无大碍，但若大量饮茶或饮用过浓的茶，将影响人体对食物的消化和吸收。

进餐前后大量饮茶，首先会稀释人体内的唾液、胃酸等消化液，从而影响人体对营养物质的消化吸收；其次是茶叶中含有大量鞣酸，一旦与肉、蛋、海味中的食物蛋白质合成有收敛性的鞣酸蛋白质，就会使肠蠕动减慢，不但易造成便秘，还会增加有毒或致癌物质被人体吸收的可能性；最后是大量饮茶或饮用过浓的茶会影响很多常量元素（如钙等）和微量元素（如铁、锌等）的吸收。

一般而言，饭后不宜马上饮茶，而应该把饮茶时间安排在饭后一小时左右；饭前半小时以内也不要饮茶。

（3）空腹不宜饮茶。茶叶中含有较多的多酚类和生物碱等物质，这些成分对脾胃的刺激较大。如果空腹饮茶（特别是浓茶），会冲淡胃酸，抑制胃液分泌，妨碍消化，甚至会引起心悸、头痛、胃部不适、眼花、心烦等"茶醉"现象，并影响对蛋白质的吸收，还会引起胃黏膜炎。对于身体状况良好的人，清晨空腹少量饮淡茶也是可以的，主要应根据各人的体质情况而定。如果清晨空腹饮茶，最好不要冷饮。

（4）睡前不宜大量饮茶。茶叶中的咖啡碱有让大脑中枢神经兴奋的功能，会导致睡眠困难。同时咖啡碱也是利尿剂，加上摄入大量水分，势必增加晚上上厕所的次数，这也是影响睡眠质量的因素之一。

（5）慎用茶水服药。茶叶中富含生物碱、多酚类、茶氨酸等成分，它们都具有药理功能，也可以与体内同时存在的其他药物或元素发生各种化学反应，影响药物疗效，甚至产生毒副作用。当然药物的种类繁多，性质各异，能否用茶水服药，不能一概而论。如在服用催眠、镇静、镇咳类药物，酶制剂药，含铁、补血药，葡萄糖酸钙、乳

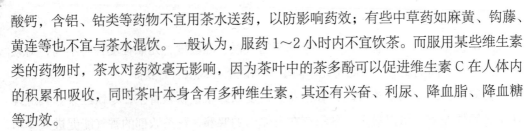

酸钙，含铝、钴类等药物不宜用茶水送药，以防影响药效；有些中草药如麻黄、钩藤、黄连等也不宜与茶水混饮。一般认为，服药1～2小时内不宜饮茶。而服用某些维生素类的药物时，茶水对药效毫无影响，因为茶叶中的茶多酚可以促进维生素C在人体内的积累和吸收，同时茶叶本身含有多种维生素，其还有兴奋、利尿、降血脂、降血糖等功效。

（6）饮茶的适宜温度。一般情况下提倡热饮或温饮，避免烫饮和冷饮。喝70℃以上过热的茶水不但会烫伤口腔、咽喉及食道黏膜，长期的高温刺激还会导致口腔和食道肿瘤，所以茶水温度过高是有害的。建议人们饮用50℃～60℃的茶水。名优绿茶茶叶嫩度好，冲泡水温控制在75℃～85℃，所以冲泡好即可饮用。但是对于乌龙茶、黑茶等高温冲泡的茶汤要注意稍凉后饮用，不可急饮。

现在比较受欢迎的泡饮法有乌龙茶冷饮法和冷泡绿茶法，但应视具体情况而定。对于老年人及脾胃虚寒者，应当忌饮冷茶。因为绿茶和乌龙茶本身性偏寒，加上冷饮，其寒性加强，对脾胃虚寒者会产生聚痰、伤脾胃等不良影响，对口腔、咽喉、肠道消化系统等也会有副作用。总之，温饮茶汤是科学的饮茶方法。

（7）醉酒慎饮茶。茶叶有兴奋神经中枢的作用，醉酒后喝浓茶会加重心脏负担。饮茶还有利尿的作用，使酒精中有毒的醛尚未分解就从肾脏排出。因此，心肾功能较差的人不要饮茶，尤其不能饮大量的浓茶；身体健康的人可以饮少量的浓茶，待清醒后，可进食大量水果或小口饮醋，以加快人体的新陈代谢，使酒醉缓解。

（8）隔夜茶慎饮。隔夜茶更准确地说是放置过久的茶汤，有人认为喝隔夜茶易致癌，这是没有科学依据的。但从营养和卫生的角度看，茶叶冲泡以后，如果放置时间过长，茶汤中的维生素C和其他营养成分会因逐渐氧化而降低；此外，茶叶中的蛋白质、糖类等物质都是滋长微生物的养分，故没有严格灭菌的茶汤是很容易滋生霉菌和细菌的，这样就可能导致茶汤变质腐败。总之，从卫生和营养的角度来说，隔夜茶（放置过久的茶）要慎饮。

3. 不同人群的饮茶

（1）儿童的饮茶。儿童是否可以饮茶要从茶叶的特征成分来分析。茶叶中含有丰富的生物碱（主要是咖啡碱）。使茶叶对人体具有提神益思、强心利尿、消除疲劳等功能。但不同的人对咖啡碱的耐受能力不同，儿童对咖啡碱的耐受能力很低，如果仅从茶叶中咖啡碱的功能来说，儿童饮茶特别是浓茶是不适宜的。但茶叶中另一个特征成分是茶氨酸。茶氨酸对人体有增强记忆、增进智力等作用，从这一点来看，喝茶又对儿童有利；另外，茶叶中的氟对预防儿童龋齿有很好的效果。

综上所述，儿童不宜大量饮茶和饮浓茶，如果适当饮用一些细嫩的绿茶还是可以的，如果能将快速出汤的第一泡茶汤舍去，只给儿童饮用第二、三泡的茶，则可扬长避短，既可避免咖啡碱含量高带来的不宜，又可充分发挥茶氨酸对儿童的益处；另外，提倡儿童饭后用茶水漱口，这样对清洁口腔和防止龋齿都有很好的效果，用于漱口的茶水可以浓一些。

（2）处于"三期"的女性饮茶。处于经期、孕期和产期的女性最好少饮茶或只饮淡茶。茶叶中的茶多酚与铁离子会发生络合反应，使铁离子失去活性，这会使处于"三期"的女性患贫血症。茶叶中的咖啡因对中枢神经和心血管都有一定的刺激作用，这会加重女性的心、肾负担。孕妇吸收咖啡因的同时，胎儿也随之被动吸收，而胎儿对咖啡因的代谢速度要比大人慢得多，这对胎儿的生长发育是不利的。女性在哺乳期不能饮浓茶，首先是因为浓茶中茶多酚含量较高，一旦被母亲吸收进血液后，会使其乳汁分泌减少；其次是因为浓茶中的咖啡因含量相对较高，被母亲吸收后，会通过哺乳而进入婴儿体内，使婴儿兴奋过度或者发生肠痉挛。女性经期也不要饮浓茶，茶叶中的咖啡因对中枢神经和心血管有刺激作用，会使经期基础代谢增高，引起痛经、经血过多或经期延长等。

（3）不同体质的人饮茶。茶叶味苦性寒，具有清热解毒、润肺化痰、利水通尿的功用。年轻体壮的人，适量饮茶可以降火祛躁；年老体弱的人往往虚寒血弱，长久饮茶容易损耗元气，甚至会诱发疾病，因此年老体弱的人应该少喝浓茶。

如果有神经衰弱的症状，就不应该在临睡前饮茶，尤其是浓茶。因为有神经衰弱症状的人晚上入眠困难，茶叶中的咖啡因具有兴奋中枢神经的作用，此兴奋作用对神经衰弱的患者来说无疑是"雪上加霜"。神经衰弱的患者由于晚上睡不着觉，白天往往精神不振，因此，早晨和上午适当喝点茶，既可以补充营养，又可以帮助振奋精神，白天适度的兴奋有助于晚上顺利入眠。

脾胃虚寒者就不要饮浓茶，尤其是绿茶。这是因为绿茶性偏寒，并有较强的刺激性，对脾胃功能都是负担。浓茶中的茶多酚、咖啡碱含量都较高，它们对肠胃的刺激较强，脾胃虚寒者应尽量避免这种刺激。适当喝一些性温的茶类，如红茶、普洱茶等，对虚寒的脾胃可能有利。

对于有肥胖症的人来说，饮用各种茶都有好处，因为茶叶中的咖啡碱、黄烷醇类、维生素类等化合物能促进脂肪氧化，除去人体内多余的脂肪，它们还能调节人体的新陈代谢，可促使代谢平衡向正常体重的方向改善。

从中医角度来看，人有九种体质，阳虚质、阴虚质、气虚质、痰湿质、湿热质、血瘀质、特禀质、气郁质、平和质，不同的茶有不同的特性，应根据茶的特性与中医体质相互对应起来喝茶。阳虚质的人应多喝红茶、黑茶、重发酵乌龙茶（岩茶）、六堡茶，少饮绿茶、黄茶，不饮苦丁茶；阴虚质的人应多饮绿茶、黄茶、白茶、苦丁茶、轻发酵乌龙茶，可配枸杞子、菊花、决明子，慎喝红茶、黑茶、重发酵乌龙茶；气虚质的人喝普洱熟茶、六堡茶、乌龙茶、安吉白茶、低咖啡茶；痰湿质的人多喝各类茶；湿热质的人多饮绿茶、黄茶、白茶、苦丁茶、轻发酵乌龙茶，慎喝红茶、黑茶、重发酵乌龙茶；血瘀质的人多喝各类茶，茶可浓些，如山楂茶、玫瑰花茶、红糖茶；特禀质的人饮低咖啡茶、不喝浓茶；气郁质的人应喝富含氨基酸的茶，如安吉白茶、低咖啡茶、玫瑰花茶、菊花茶、佛手茶、金银花茶、山楂茶、葛根茶；平和质的人各种茶类均可饮。

（三）生活中的茶健康

1. 生活中茶的功用

茶可以与食物共用，如茶叶蛋、茶汤烧肉（牛肉、红烧肉等）、茶汁烧饭、茶香鸡、龙井虾仁等。茶叶吸味能力极强，可用于冰箱除味、衣柜除味，用茶叶做枕头有保健作用。茶汤可以洗头，还可以做成各类化妆品，女士用茶梗穿耳洞，消炎又抗菌。现在还有茶叶毛巾、茶叶袜子、茶叶内衣等，抗菌又健康。

2. 喝茶者可长寿

喝茶不仅可以提神益思、增加营养，还可以延缓衰老、延年益寿。在古代，因生活水平不高，人的寿命都较短，但一些酷爱常年饮茶的人却大多寿命很长，唐代从谂禅师活到120岁，宋代大诗人陆游活到86岁，明代陆树声活到96岁，不可一日无茶的乾隆皇帝活到88岁。现代一些高龄老人中，也都喜好饮茶，四川省有"长寿之乡"之称的万源县大巴山的青花乡，被称为"巴山茶乡"，盛产茶叶，村里人都有喝茶的习惯，那里80岁以上的老人很多，最大的已超过百岁。苏联老人阿利耶夫活到110多岁，他长寿的原因是不吸烟、不喝酒，经常散步和喝茶。当代茶圣吴觉农享年92岁，茶界泰斗庄晚芳享年89岁、王泽农享年93岁，福建省茶界泰斗张天福活到108岁，首届中国国际茶文化研究会会长王家扬享年102岁。这些寿星都与茶结缘。

3. 茶疗

茶有其他中药材无法替代的功效，有效佳、面广、无毒、价廉、便用五大优点。茶疗可以是单味茶，各种茶的茶根、茶籽都有很好的疗效；也可以是茶加药，组成复方，如茶与荷叶、山楂同用降血脂，茶与菊花同用可疏风、清热、止痛。关于茶疗，民间有许多配方。茶可内服，也可外用。

 课后习题

1. 如何认识和辨别茶树？

2. 我国茶叶如何分类？再加工茶和深加工茶有哪些？

3. 列举 20 种你熟悉的名茶并说出其特点。

4. 茶馆的类别和社会功能有哪些？

5. 茶叶中特征性化学成分有哪几个？

6. 列举茶的 10 种营养保健功能。

第四章

茶的行为文化

第一节　茶叶沖泡艺术

一、茶之具

古人说"水为茶之母，器为茶之父"，这说明了器具与茶的关系及重要性。茶具就是指泡茶过程中所用的器具与设备，有茶杯、茶壶、盖碗等，茶具的好坏及选配直接影响茶的色、香、味、形及品茶的心态，因此茶具的选配在泡茶艺术中至关重要。明代许次纾在《茶疏》中说"茶滋于水，水藉于器，汤成于火，四者相顾，缺一则废"，专门指出了茶与器的关系。

二维码 4-1
微课：茶之具

（一）茶具的历史

茶具一直随着人们的饮茶方式和时代更迭而改变着，考古发现和各大博物馆藏品中映射出茶具的历史流变。茶具在很长时间内是与食具、酒具、水具共用的，也就是说某件器具在作为茶具的同时也有别的功能。

主流饮茶方式和茶具形制的变化往往是一个缓慢变更的过程，且同一时期多种饮茶方式和茶具形制可能同时存在。陶瓷作为茶具由于其实用性、易得性、受众广、使用历史长、易破碎且更新频繁但不腐不败等特点，在茶具历史中占据重要地位。

1. 茶具的起源——旧石器时代到汉代

陶器是人类最早也最常见的用于烹煮的食器，并广泛运用于现代茶具。结合人们早期利用茶时是作为药、食使用，所以可以认为茶具起源于陶制食器。

新石器时期的浙江余姚田螺山河姆渡文化遗址中，发现了疑似山茶的根，此遗址中出土的夹炭黑陶小壶与我们现在的茶壶造型类似。

根据茶史，这个时期的茶叶可能作为药食被使用，而同一遗址出土的食器更可能承装过茶叶。

图 4-1　［新石器时期］夹炭黑陶小壶

石器时代后进入青铜时代，夏、商、西周、春秋及战国早期，器皿加入了青铜器，同时陶器也在不断发展，商代中晚期出现了带有釉面的原始青瓷。

汉代王褒在《僮约》中道"武阳买茶，烹茶尽具"，《僮约》被认为是最早提到茶具的文献。汉代饮茶可能用茶釜配合灶煮茶，同时汉代漆器达到了鼎盛时期，漆器作为酒器流行，也可能用于承茶。

原始青瓷出现于商代中晚期，东汉成熟瓷器正式出现，越窑青瓷创烧，开启了茶具的新篇章。

图4-2 ［商］原始青瓷尊

图4-3 ［东汉］越窑青瓷绳索纹罐

2. 唐代茶具

陕西法门寺地官出土的一套唐代宫廷御用茶具，同时出土的《物帐碑》碑文中明确记载了这些器物为唐皇室供奉的茶具，证明唐代出现了完备的茶具组合。

陆羽《茶经》四之器，也用了大量篇幅记录茶器和他对茶器的看法。陆羽记录了全面讲究的茶具类别，民间则根据实际情况选择茶具，唐代日常饮茶必备的茶具为茶炉、茶釜、茶碾、茶碗等，煎茶中烹煮用到的是茶釜配茶炉，主客饮用时使用的是茶碗。

陆羽认为茶碗邢窑不如越窑，因为邢窑瓷器像银，越窑瓷器像玉；邢窑瓷器像雪，越窑瓷器像冰；邢窑瓷色白注入茶汤泛红，越窑瓷色青注入茶汤泛绿。

茶碾形式多样，也有更简易的碗形碾，使用有凹凸的碗壁和碾球配合碾茶。

图4-4 ［唐］青釉碾球与青釉茶碾碗

唐代的茶碗也被称作茶瓯、茶盏,身量较大,小底斜壁,偶配有碗托。

图4-5 [唐]湖南青釉瓷碗(书"茶垸"即茶碗)

3. 宋代茶具

宋代点茶法的流行与风行一时的斗茶,使茶具的形制和发展进入新的阶段。由于宋代以程朱理学为主导的审美取向,宋朝的茶具审美倾向平易质朴、雅致淡远。

北宋蔡襄在《茶录》器论篇中论及茶器有茶焙、茶笼、砧椎、茶钤、茶碾、茶罗、茶盏、茶匙、汤瓶九项。宋徽宗赵佶在《大观茶论》中提到碾、罗、盏、筅、瓶、勺六项。南宋审安老人在《茶具图赞》中则列举茶具十二项,并配有图样,写有赞诗,还将茶具人格化、理想化,为每件茶具都取了姓名、字号,也是最早出现"茶具"两字的记载,在审安老人之前饮茶器具都叫"茶器"。

在宋代,根据点茶步骤和斗茶习俗,人们视线的焦点和影响茶汤品评的器具都发生了改变。汤瓶、茶盏、盏托、茶筅都在唐代的基础上发生了变化,在宋代茶道中产生了独有的形制。

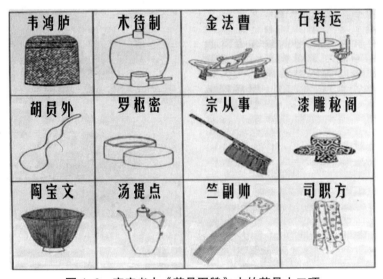

图4-6 审安老人《茶具图赞》中的茶具十二项

汤瓶，也称执壶、注子，用于点茶时把水柱准确有力地注入茶盏中。宋代的汤瓶较唐代的流、把、颈都明显变得细长，注水更加精准，水柱流速更快，外观也更显挺拔秀气。宋代的汤瓶多为金属或陶瓷材质。

图4-7　[北宋]景德镇青白釉瓜棱执壶（日本东京国立博物馆）

茶盏在宋代为适应点茶，多为阔口，口以下收敛，小圈足，有一定深度。这种器形能顺利地运用茶筅打汤花儿，不妨碍点汤击拂，且点茶时易干不留渣。福建省建阳市所产的黑釉盏是宋代点茶、斗茶最受欢迎的茶盏，宋徽宗提到的玉毫条达者为上，就是建阳兔毫盏的特征。除了花纹细密而长的兔毫，油滴、鹧鸪斑、曜变都是建盏的著名花纹类型。

建盏的器型类别主要有四大类：束口、敞口、撇口、敛口。束口内凹部分的弧度有提示水量和抑制击拂时茶汤外溅的作用。建盏具有釉色黑、纹饰美、造型利于击拂、胎体壁厚保温四个特点，在斗茶中备受推崇。

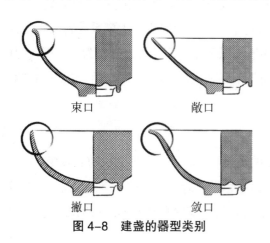

束口　　　　敞口

撇口　　　　敛口

图4-8　建盏的器型类别

图4-9　[宋]油滴建盏

盏托是由耳杯承盘发展而来，始于东晋。与唐代的盏托相比，宋代盏托腹部加深，托变高，美观实用。《茶具图赞》写盏托曰："危而不持，颠而不扶，则吾斯之未能信。"唐李匡义《姿暇集》："茶托子始建中蜀相崔宁之女，以茶杯无衬，病其熨指，取楪子承之。"宋代盏托比唐代加深了腹部，可使不够稳定的小足茶盏放入部分杯身，保证不易翻覆，且击拂时不用触碰滚烫的茶盏。

宋代流行一种台盏，这种台盏托台高，且只有浅浅一圈下凹，通常用作酒盏，不像茶盏有部分盏身可放入盏托。

击拂出茶沫是宋代点茶、斗茶的关键步骤。从蔡襄《茶录》"茶匙要重，击拂有力。黄金为上，人间以银铁为之。竹者轻，建茶不取"中可以知道，在北宋早中期，以茶匙为击拂工具；由宋徽宗《大观论茶》"茶筅以箸竹老者为之，身欲厚重，筅欲疏劲，本欲壮而未必眇，当如剑脊之状。盖身厚重，则操之有力，而易于运用；筅疏劲如剑脊，则击拂虽过，而浮沫不生"可以看出，北宋晚期已用竹茶筅点茶。茶筅是宋朝发展出的典型茶具，时至今日，还能在茶道中看到茶筅的传承使用。

图 4-10 ［宋］定窑包边芒口盏

宋代有五大名窑，分别为汝窑、官窑、哥窑、钧窑、定窑。汝窑以雨过天晴青的色泽著称；官窑是专烧宫廷、官府用瓷的窑厂；哥窑胎质细腻，胎色较深，配合釉面形成紫口铁足的效果；钧窑独特之处是蓝色乳光釉和蚯蚓走泥纹，烧出的釉色青中带红，有如蓝天中的晚霞，也有"入窑一色，出窑万彩之说"；定窑以烧白瓷为主，细润光滑的釉面，白中微微闪黄，首造了覆烧法，"芒口"是这种工艺所留下的特征，后芒口包金属边成为实用性装饰。这五大名窑的瓷器都有用于茶具。

另外景德镇的青白瓷系、龙泉青瓷的粉青和梅子青、耀州窑的刻花瓷器都各具特色，也都有用于茶具。特别是景德镇的青白瓷系，规模为宋代六大瓷系之首。青白瓷具有瓷胎体轻薄细白、釉润如玉的特色，还辅之以刻花和印花等，被誉为"饶玉"，其釉色介于青白二色之间，青中有白、白中显青，因此称青白瓷。晚清后一般称为"影青"，又有"隐青""映青""印青"等名。

4.元代茶具

元代处于由团饼茶点茶法向散茶冲泡法的过渡阶段，茶具的形制也随之改变。

元代出现釉下彩绘青花瓷、釉里红、高温颜色釉枢府（卵白釉）瓷、红釉、蓝釉等新品种。特别是景德镇的青花瓷和高温颜色釉对茶具改变起到了划时代的意义，也为清明两代茶具的高度发展奠定了基础。

图 4-11 ［元］青花龙纹高足杯（上海博物馆）

青花瓷是指一种在白瓷坯上用钴料绘制花纹，然后施透明釉，以1300℃左右的高温一次烧成的釉下彩瓷器。釉下钴料在高温烧成后呈现蓝色，故称为"青花"。青花瓷又称白底青花瓷，简称青花，是中华陶瓷烧制工艺的珍品，也是中国瓷器的主流品种之一，属釉下彩瓷。原始青花瓷于唐宋已见端倪，成熟的青花瓷则出现在元代。

元代高足杯，俗称"马上杯"，是元代瓷器中最流行的器型。高足设计便于五指抓握，即使骑在马背上也可以大口豪饮。

元代壶的变化主要在于壶的流（嘴），宋代流多在肩部，元代则移至腹部。梨形壶是元代景德镇窑新创的造型，这种造型在后世使用的茶壶中有重要地位。

5. 明代茶具

明代主要饮用散茶，茶具基本定型，一直延续到现在。与元代相比，茶具主要有以下几个变化。明代有了真正意义上的茶壶，散茶投入壶内冲泡，壶形开始变小，明程用宾《茶录》中载"壶，宜瓷为之，茶交与此"；紫砂壶盛行；茶杯明显变小，造型更加丰富；盖碗出现；散茶配套的贮茶器、烧水器具、泡茶器具、饮茶器具的组合定型，一直运用到现代。瓷器工艺技术方面，景德镇青花继续发展，成熟的红釉、甜白釉、釉上彩、斗彩等运用于茶具，德化白瓷崭露头角。

江苏宜兴紫砂器创始于宋代，至明代中期开始盛行。紫砂未盛行前，茶壶以瓷壶为好。当紫砂问世后，因宜茶特点受到欢迎。明代供春，亦名"龚春"，被公认为将紫砂壶从日用陶的范畴带进艺术殿堂的第一人。明代的紫砂名家还有一代宗师时大彬，以及他的两位徒弟李仲芳、徐有泉，三人被称为"壶家妙手之三大"。

明代景德镇生产的青花工艺成熟，瓷纹饰繁多，供应上至宫廷、下至百姓，成为全国瓷器生产的主流，还烧制斗彩、五彩、青花五彩、素三彩、釉上红彩、青花红彩等彩瓷。单色釉方面有甜白釉、霁蓝釉、祭红釉、孔雀绿釉（法翠）、娇黄釉等。蛋壳一般厚度的薄胎瓷的制作也有了很高成就，被称为脱胎瓷。

图 4-12 ［明］"供春款"树瘿壶
（中国国家博物馆）

图 4-13 ［明］青花压手杯
（北京故宫博物院）

斗彩又称逗彩，创烧于明朝成化年间，开创了釉下青花和釉上多种彩色相结合的新工艺。斗彩要先在瓷胎上使用青花绘制图案轮廓，高温（1300℃）烧成瓷，再用釉上彩颜料，以平涂方式进行二次施彩，填补青花图案留下的空白，然后过红炉经过低温（800℃）烘烤而成。2014年在香港苏富比拍卖行以2.8亿元人民币成交的明成化斗彩鸡缸杯即使用这种工艺制成。

图 4-14 ［明］斗彩鸡缸杯

明代德化窑以烧白瓷著称，德化白瓷质地坚密、透光度高、晶莹如玉，釉面滋润似脂，洁白中微闪牙黄，故有"象牙白""猪油白""鹅绒白"等美称，胎骨细，俗称"糯米胎"。今天，德化也是生产茶具的重要区域。

明代以后贮茶器具变得重要，散茶易吸湿变质，需要贮茶器防止湿度变化对散茶的影响。

明代专门洗茶的器具就是茶洗。文震亨《长物志》中说："茶洗以砂为之，制如碗式，上下二层。上层底穿数孔，用洗茶，沙垢皆从孔中流出，最便。"明代周高起在《阳羡茗壶系》中也谈到当时宜兴有紫砂陶茶洗，形若扁壶，中有隔层，其上有算子似的孔眼。

6. 清代茶具

清代的茶具可以用"景瓷宜陶"来概括，景瓷指的是景德镇瓷器，宜陶指的是宜兴陶器，两地所产的器具在清代使用最多，最具影响力。玉器、玻璃以及福州的脱胎漆茶具、四川的竹编茶具、海南的椰壳材料的茶具等同时存在，但不占主流。

清代的景德镇瓷达到了技术顶峰，不但有多种创新，而且宋代五大名窑、明代著名釉色的仿古烧制技术也炉火纯青。现代常用的盖碗是清代一大特色饮茶器具。

康熙时期外销瓷工艺与官窑媲美，在欧亚有巨大的影响力，克拉克家族、东印度公司等都在景德镇定制瓷器。在督窑官郎廷极的督造下有三大成就：一是仿制宣德、成化，创制郎红釉；二是釉上五彩（古彩）发展到粉彩；三是创制珐琅彩。

图 4-15 ［清］黄地红蝠金团寿字纹盖碗

图 4-16 ［清］五彩瑞兽纹瓜棱执壶
（北京故宫博物院）

珐琅彩瓷创制于康熙年间，完全是清代宫廷的垄断品，使用类似景泰蓝的进口珐琅彩料绘制而成。五彩和粉彩等大多数彩料都用水施彩，而珐琅彩瓷用油施彩，故能够处理出细腻的颜色过渡效果。

紫砂壶主要用于茶具，到了清初、中期，第一大家陈鸣远被誉为"紫砂花器圣手"，作品署款以刻铭和印章并用，开创了壶体镌刻诗铭之风。

"曼生十八式"是清代的十八种经典紫砂壶款式，相传由身为"西泠八家"之一的清代书画家、篆刻家陈鸿寿设计，由紫砂艺人杨彭年、杨凤年兄妹亲手制作，因陈鸿寿字曼生，故名"曼生十八式"或"曼生壶"。"曼生壶"还将金石、书画、诗词与造壶工艺融为一体，留下"壶随字贵，字依壶传"的经典名言。

此后还出现了晚清紫砂八大家：邵景南、邵大亨、邵大赦（邵赦大）、邵友廷、申锡、黄玉麟、何心舟、俞国良。

图 4-17 ［清］珐琅彩虞美人题诗碗

图 4-18 ［清］松段壶（陈鸣远制）

第四章 茶的行为文化

127

（二）茶具的种类

1. 不同功能的茶具

现代常用茶具按功能来分大致可以分为贮茶器、煮水器具、泡茶器具、分茶器具、饮茶器具、辅助器具。其中主泡器具包括煮水器具、泡茶器具、分茶器具、饮茶器具。

（1）贮茶器。要注意密封性、避光性，还要无异味。最常见的贮茶器即大小不同的茶叶罐，也称为茶仓。

（2）煮水器具。传统的煮水器具有烧水壶与风炉的配套，烧水壶可选用能见明火的金、银、铜、铸铁、玻璃、陶瓷等材料制作的壶。现代煮水器具还有各种电水壶，有成套的随手泡，也有电陶炉与烧水壶的配套。烧水壶要注意壶嘴的选择，壶嘴大小要适宜。出水水柱力度好，水量、水柱粗细适宜，好控制的优先。

（3）泡茶器具。常见的泡茶器具有茶壶、盖碗和茶杯。

茶壶按壶把的不同可分为侧提壶、提梁壶、握把壶、无把壶。茶壶的选择要注意壶嘴不涎水，出水顺畅有力，水柱不飞花。涎水指茶水断水不净，顺着壶嘴下方倒流回壶身滴下。水柱不飞花指水柱利落完整，即使水柱拉得较长也没有水花飞溅。

盖碗由盖、碗、托三部分组成，象征"天地人"三才，又称"三才碗"。盖碗的作用：一是防止灰尘落入碗内；二是防止烫手。盖碗还具有口大易观茶、易清洗、易控温、各种茶类皆宜的特点。泡茶的盖碗挑选则要注意捏握适手，碗盖与碗的缝隙大小好控制且闭合缝隙小于1毫米。

茶杯有玻璃杯、瓷杯、紫砂杯等，可直接用于泡茶。

图4-19　［清］宜兴窑紫砂花卉竹石纹茶叶罐

图4-20　［清］墨彩籁瓜纹盖碗

（4）分茶器具。即公道杯，又称茶盅，也有称茶海的，主要用于均匀茶汤浓度后分茶，或当泡茶器容量小而人数多时积累茶汤用。

（5）饮茶器具。各种大小都有，大的茶杯可直接泡茶饮用，一人一杯，边喝边续水；小的又叫品茗杯，从公道杯中分茶品饮。冲泡乌龙茶还有闻香杯，专门用来闻茶香。

（6）辅助器具。主要有"六君子"、茶荷、茶巾、杯托、茶滤、茶盘、壶承、水盂等。

"六君子"，又叫茶筒，是盛放茶艺用品，包括茶漏、茶勺、茶针、茶夹、茶匙等的筒装器皿。

茶荷主要用于量盛茶叶和赏茶。

茶巾用于清洁茶席上的茶水，要求审美性和吸水性能兼具。

杯托的作用有美观、定位茶杯、防烫、杯底的茶水不沾茶席、递茶时更卫生。

茶滤用于泡茶器具倒出茶汤到公道杯时过滤茶渣。

茶盘分大小两种，大茶盘在泡茶时泡饮器具都放置在茶盘上，内置空间直接收纳或排出废水，淋壶、洗杯等废水可以直接倾倒在茶盘上，常常与湿泡法搭配使用。小茶盘则为普通平盘，用于放置收纳茶具和在注水时托盛茶杯防止水外溅，小茶盘也用于奉茶。

图 4-21 潮汕工夫茶中使用的壶承和茶盘

壶承用于盛放泡茶器，和茶盘一样分两种，一种有收纳茶水的间隔，另一种为单承碗盘。

水盂用来放置茶桌上盛放废水，也称渣斗，有盖的被称为建水，大而无盖的被称为水洗，还可盛放和清洗茶具。

2. 不同材质的茶具

茶具的材质大致可分为陶瓷茶具、紫砂茶具、玻璃茶具、漆器茶具、金属茶具、石质茶具、竹木茶具、其他材质（牙、角、匏、椰壳等）茶具，各种材质的茶具各有不同的性能与装饰效果。

（1）陶瓷茶具。陶瓷是茶具的主要材质。陶比瓷的起源要早，陶器无透明度，胎体质地比较疏松，敲击声音沉闷，不上釉或只上底釉，胎体有较强的吸水性（普通陶器吸水率都在 8% 以上）。瓷器具有透明度，必须覆盖紧密结合的釉层，胎体致密，敲击声音清脆，吸水率极低（瓷器为 0%～0.5%）。

陶瓷茶具历史悠久，是最早作为茶具的材质之一。陶瓷在茶具中一直占有主体地位，易于破碎且更新频繁，但不腐不败，使用范围上达宫廷，下至市井。陶瓷茶具的优势：一是审美性，造型、花纹、色彩千变万化，种类多样，大量吸收了玉器、金银器等材质的审美元素；二是实用性，坚固耐用，上釉后的器物不吸水，易清洗，可高温消毒，造型多变，满足人们各方面的要求，且技术与性能至今不断发展；三是易得性，各地都有原料且开掘比较容易，可大量生产，成本低，比金银铜漆器经济实用。

图 4-22 ［清］五彩十二月花卉纹杯 　　　 图 4-23　清粉青釉茶壶
（北京故宫博物院）

瓷器由胎、釉两部分组成，烧成后瓷质致密、光泽柔和，又不透水和气，给人明亮如镜的感觉。同时强度高、防污染、易清洗。瓷器胎体装饰技法有刻花（半刀泥）、划花、印花、贴花、绞胎等。彩绘装饰有釉下彩，包括青花、釉里红、釉下五彩；釉上彩，包括五彩、粉彩、珐琅彩、浅绛彩、新彩、法华彩；还有釉上、釉下彩绘结合的斗彩。

中国有句古话，叫"没有金刚钻，别揽瓷器活儿"，说的是一门古老的民间手艺——"锔瓷"，就是把打碎的瓷器，用像订书钉一样的金属"锔子（锔钉）"再修复起来的技术。锔瓷出现的准确时间不可考证，但在宋朝名画《清明上河图》里，就可以看到在街边"锔瓷"的场景。藏于东京国立博物馆的南宋龙泉青瓷碗"蚂蝗绊"，就是因破裂后锔瓷修补而得名的。

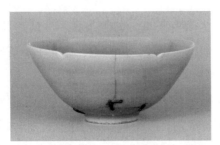

图 4-24 ［宋］龙泉青瓷碗 "蚂蝗绊"（东京国立博物馆）

（2）紫砂茶具。紫砂是一种特种陶土，质地细腻、含铁量较高，质地较坚硬，透气性能好。宜兴自古以来就是最著名的紫砂茶具产地，但全国多地都有紫砂原料。

紫砂泥料主要分为紫泥、红泥、绿泥三种，市面上的紫砂茶具均来自这三种泥料或其调配。红泥色如橘，相较紫泥、绿泥烧成时结晶度高、收缩率高、密度高，有"十朱九皱"之说，敲击声音较脆。因含砂量低，致密光滑，所以抗极冷极热能力差，冬天注入沸水前需注意温壶。由于密度高的特点，红泥比紫泥、绿泥扬香力高，更适合发酵轻、重香气的青茶类。紫泥、绿泥密度稍低，适用性广。

图 4-25　[清] 宜兴紫泥泥绘烹茶图题乾隆御制诗文执壶（北京故宫博物院）

图 4-26　清·文旦壶（宜兴窑紫砂）

紫砂制作的茶壶泡茶有以下优点：一是透气性能好，"隔夜无熟汤气"，即隔夜茶无馊味。二是密和不窜味。三是冷热可极变，冷热水交替也不易裂。四是保温性好。

明末开始兴起文人壶，有大量文人参与了紫砂壶的创作，在其中赋予了自己的审美取向。自"供春"开始，就有在自己的作品上署名刻款的习惯，壶底刻上名字印章和日期，比较有名的有陈曼生、时大彬、江案卿、杨彭年、顾景舟等。紫砂以简朴、自然取胜，不上釉、不彩绘，主要靠本身的造型和烧成后的肌理效果，常见的装饰手法是塑雕，以花、鸟、鱼、虫、木及人工字画来装饰壶身，另外，壶身、壶嘴、壶柄、壶盖的造型千姿百态、别具一格，非常有艺术欣赏价值。

紫砂壶器形分光器、花器、筋囊器三类。光器以几何形体为造型，坯生光素，不加画饰。一般分为圆器和方器两大类。花器以塑雕技法仿自然界物类形态。筋囊器以曲面为单元，规律成型。紫砂壶的制作工艺分为全手工（即从头至尾手工拍泥片成型）、半手工（即手工拍泥片大致成型后再放进磨具中塑形）、磨具机压成型、拉坯成型四种。

二维码 4-2
延伸阅读：紫砂壶的养护与选择

常见的紫砂圆形光器有以下壶形：石瓢、西施、掇球、仿鼓、水平、容天、梨形壶、思亭、宫灯、文旦。

（3）玻璃茶具。古代玻璃制作工艺不精，透明度不好，没有用于茶具。现代由于玻璃制造技术的提高，克服了不耐高温的缺点，甚至可以高温煮水，玻璃越来越多地作为生活用品和茶具出现。玻璃茶具具有材质美、透明易观茶、易清洁、价格低廉等优点，是叶底、汤色优美的名优茶常搭配的材质。但它传热快、不透气、易破碎、茶香容易散失。

（4）漆器茶具。漆器使用的漆不是有毒的化学漆，而是从漆树割取的天然液汁。漆器是以竹木或其他材料造型，经髹漆而成的器物，具有实用功能和欣赏价值。

中国是最早使用漆器的国家，漆器在茶具中具有重要地位，比如宋代出现的漆器茶盏、清代的漆器盖碗。现在的漆器则运用更广，从杯、壶、盖碗上的运用到茶盘、茶则等辅助器具的应用中。

图 4-27 ［明］剔红花卉纹盏托（北京故宫博物院）

漆器茶具较有名的有北京雕漆茶具、福州脱胎茶具、江西鄱阳等地生产的脱胎漆器等，均具有独特的艺术魅力。漆器的特点是无毒无害，重量轻，色泽光亮，能耐温、耐酸、不易损坏，实用性和观赏性强，唯一的缺点就是在初使用时有漆器的气味。

日本的天然漆资源丰富，漆器工艺十分精湛，漆器茶具也精巧绝伦。英语里，"China"意为瓷器，代表中国；"Japan"意为漆器，代表日本。

基于漆艺，日本大约在 17 世纪江户时期，还出现了一种修缮器物的工艺——金缮。金缮是一种混有金、银或者铂粉末的漆艺（髹素），用于修复一些破碎的陶瓷、竹木、玉器作品，在修复的同时还能获得全新的艺术效果。

图 4-28 日本漆器茶枣（即茶粉盒）

图 4-29 金缮茶杯

（5）金属茶具。铜、铁、金、银、锡都是常用于制作茶具的金属材质。不同金属作为茶具材料有不同的特性，共同的优点是具有高强度、优良的塑性和韧性。器物形态具有较大的自由性，造型、装饰、线条上可以制作出更多细节，此点陶瓷无法比拟。

金银茶具高贵华丽、形状各异、色泽亮丽、无毒无味，且不易氧化变色，是茶具的良好材料。唐代是中国金银制造业发展的高峰时期。

图 4-30 ［清］银錾花梅花式杯（北京故宫博物院）

锡是制作茶叶罐的良好材料。用锡制作的细颈茶叶罐有良好的密闭性和保鲜功能，储藏茶叶不走气、不变色、无异味，而且价格低、耐腐蚀。

（6）石质茶具。人类利用石材的历史非常长，但石材加工难度大、成本高，石质茶具主要取其观赏价值，普遍具有独特的材质美、工艺美。石质茶具常见茶台、茶盘、茶杯、茶壶。材质常见玉石、玛瑙、青石、水晶等。

图 4-31 ［明］玛瑙单螭耳杯（北京故宫博物院）

（7）竹木茶具。竹木材质常常作为辅茶具的材料，常见的有竹木茶盘、茶托、"六君子"等。竹木材质具有来源广、制作方便、无毒无害、轻巧美观等优点。

但竹木较少作为茶壶、茶杯等主茶具的材质，因为竹木材质遇水易裂缝、霉变，本身的气味对茶味有影响。经过精制后的竹木茶具的性能会变好，但也需要小心护理。

二维码 4-3
延伸阅读：竹木茶具养护原则

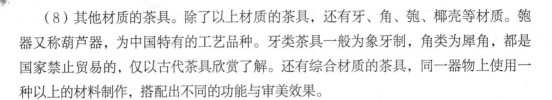

（8）其他材质的茶具。除了以上材质的茶具，还有牙、角、匏、椰壳等材质。匏器又称葫芦器，为中国特有的工艺品种。牙类茶具一般为象牙制，角类为犀角，都是国家禁止贸易的，仅以古代茶具欣赏了解。还有综合材质的茶具，同一器物上使用一种以上的材料制作，搭配出不同的功能与审美效果。

（三）茶具的选配

好茶需要好壶配，古往今来，讲究品茗情趣的人不仅注重茶的韵味，还注重器的神形气态和功用。对于一个爱茶人来说，除了要会选择茶叶，还要会选配茶具。唐代陆羽通过对各地所产的瓷器茶具比较，从欣赏的角度提出"青则益茶"。皮日休与陆龟蒙则认为茶具以色泽玉白又有画饰为最佳。宋代饮茶改煎煮为点注，茶汤色泽接近白色，这样茶具要求"盏色贵黑青"，认为黑釉盏才能反映出茶汤的色泽。蔡襄在《茶录》中写道："茶色白，宜黑盏。建安所造者绀黑，纹如兔毫，其坯微厚，熁之久热难冷，最为要用。"到了明代，从团茶改为散茶，茶汤由"白色"变为"黄白色"，茶盏也变成"白色"，明代屠隆认为茶盏"莹白如玉，可试茶色"。明代中后期，茶壶和紫砂茶具兴起后，人们的注意力集中在茶汤的韵味上，注重茶的"香"和"味"，对茶具的色泽不太在意，而追求壶的"雅趣"。清代以后，多茶类的出现，使人们对茶具的种类与色泽，质地与式样，茶具的大小、轻重、厚薄等提出了新的要求，茶具的选择要与茶类相匹配，还要有艺术欣赏效果。

不同的茶具泡茶的效果是不一样的，高密度、吸水性差的瓷茶具适合用来泡绿茶、红茶、白茶，低密度、吸水性好的紫砂适合泡乌龙茶、普洱茶，花茶则用彩釉的盖碗泡，有利于香气的保持。用于观赏外形的名优绿茶可以用玻璃杯泡，白瓷杯用于泡嫩的绿茶，香气较好。

在水温、茶水比、冲泡时间相同的情况下，器皿越厚，散热面积越小。材质保温性能相对越好，透气性越好；密度越大，扬香能力越好。

品茗杯的选配使用上与影响器具温度与扬香能力的规律也适宜。其他条件相同的情况下，细长的器形比矮宽的器形留香好，比如同材质、同容量、同厚度的细长敛口杯比斗笠盏保温性好、留香能力强。

不同季节可以选用不同釉色的茶具，夏天选色泽较浅的茶具，冬天可以选深色的茶具，春秋天选较明亮的茶具。茶具的容量要与喝茶的人数与功用相配，品茶用小茶具、喝茶用中茶具、饮茶用大茶具（大碗茶）。

茶具的选用还与民族、地方风俗相关联，最典型的是在潮汕工夫茶中有"烹茶四宝"——孟臣罐、玉书碾、若琛瓯、潮汕炉。茶壶（孟臣罐），以小容量红泥紫砂壶为宜。砂铫（玉书碾），用砂泥做成的煮水壶，盖轻薄，水一开，小盖子会自动掀动，发出一阵阵声响。茶杯（若琛瓯）即白瓷茶杯，蛋壳般大小，以小、浅、薄、白为佳。潮汕多喝凤凰单丛、铁观音等乌龙茶，以香气见长。风炉（潮汕炉）配砂铫水温高且持温时间长，高水温易激发香气。红泥紫砂壶密度较高，扬香和保温能力较好。薄且浅的小白瓷杯便于观汤色，杯沿散热快、好拿捏，容量小但茶味浓。另外，还有四川的盖碗茶、北方的大碗茶等都是地方风俗的体现，至于我国少数民族的饮茶用具更是丰富多彩。

茶具的选配没有对错，只有适合与否，平时我们需要多看、多了解、多思考、多考虑审美和实用性的结合。只有掌握各种茶的特性和不同茶具的特点才能选配好茶具。

二、茶之水

中国人历来非常讲究泡茶用水，强调"水为茶之母"。水是茶的色、香、味的载体，"茶有各种茶，水有多种水，只有好茶、好水味才美"。再好的茶叶，无好水衬托配合，其优异品质也无法体现，也就失去了品茶给人们带来的精神和文化的享受。

二维码 4-4
微课：茶之水

（一）古人择水

历代茶人对水质均有精进的研究，很多研究茶叶的专著中有专门的章节论述水质。唐代张又新专门著了《煎茶水记》，指出茶汤品质高低与煎茶用水的关系。唐代大臣刘伯刍是最早提出鉴水试茶的，他提出宜茶水品七等，扬子江南零水第一，无锡惠山寺石水第二，苏州虎丘寺石泉水第三，丹阳县观音寺水第四，扬州大明寺水第五，吴淞江水第六，淮水最下第七。接着陆羽亲身实践，把天下宜茶水品，评品次第二十，庐山康王谷谷帘水第一、无锡县惠山寺石泉水第二……苏州虎丘寺石泉水第五、庐山招贤寺下方桥潭水第六、扬子江南零水第七……雪水第二十。

明代张源《茶录》中说："茶者水之神，水者茶之体，非真水莫显其神，非精茶曷窥其体。"许次纾在《茶疏》中也强调"精茗蕴香，借水而发，无水不可与论茶也"。清代张大复对茶与水的关系论述得更为详尽，他在《梅花草堂笔谈》中说："茶性必发于水，八分之茶，遇十分之水，茶亦十分矣；八分之水，试十分之茶，茶只八分耳。"古人从许多方面强调了茶与水之间的密切关系。水品和茶品一样，也有品质优劣之分。纵观古人的品水观点，泡茶用水讲究"清、活、轻、甘、冽"，即选择的标准主要有水质和水味两个方面。

1. 水质要求清、活、轻

清，即要求水质无色、清澈透明，无杂质，无沉淀物，古人要求沏茶用水"澄之不清、扰之不浊"，唐代陆羽的《茶经》中所列的漉水囊就是滤水用的。宋代"斗茶"，强调茶汤以"白"取胜，注重"山泉之清者"。明代熊明遇用石子"养水"，目的在于滤水。

活，水贵鲜活，"茶非活水，则不能发其鲜馥"。要求水源有流，不是静止的死水，必须是流动的活水。苏东坡《汲江煎茶》诗中云："活水还须活火烹，自临钓石取深清。"活水中还含有丰富的氧气。

轻，要求水比重轻。明代张源在其《茶录》中有"山顶泉清而轻，山下泉清而重"之语，认为水质以轻为佳，清而轻的泉水是煎茶的理想用水。乾隆还用银斗"精量各地泉水"选定御用之水。如果说"清"是以肉眼来辨别水中是否有杂质，那么"轻"就是用器具来辨别水中看不出的杂质。

2. 水味要求甘、冽

甘，是指水含于口中有甜美感，无咸味和苦味。北宋蔡襄《茶录》中认为："水泉不甘，能损茶味。"这句话反过来说即凡水甘者能助茶味。自然界的水，有甘甜与苦涩之分，用舌尖舔尝一下，口颊之间就会产生不同的感觉。

冽，意为寒、冷。水的冷指水在口中使人有清凉感，也是烹茶时用水所讲究的。寒冷的水尤其以冰水、雪水为佳。水的杂质在结晶的过程中下沉，而上面的结晶物则比较纯净。历史上用雪水煮茶颇为普遍，一取其甘甜，二取其清冷。白居易《晚起》诗就有"融雪煎香茗"，辛弃疾的"细写茶经煮香雪"也是用雪水煎茶。《红楼梦》中也讲到，妙玉用五年前从梅花瓣上收集的雪水来烹茶，更为茶叶品饮增添了一些清香雅韵。

清、活、轻、甘、冽，这五条标准是古人凭借感官直觉总结出来的，虽然不是十分科学，却也颇有道理。从水的各种理化性状看，不同水源的水之间是有明显区别的，现代只要能达到卫生饮用水水质标准的生活饮用水，都可作为泡茶用水。

（二）泡茶用水的种类

如今，泡茶用水，最基本的就是要符合《生活饮用水卫生标准》（GB/T 5749—2006）。此标准中规定了生活饮用水水质卫生要求、生活饮用水水源水质卫生要求等。其中的主要指标有微生物、毒理指标、色度、硬度、溶解性总固体、放射性指标、消毒剂等。生活饮用水中不得含有病原微生物、化学物质，不得危害人体健康、放射性物质不得危害人体健康、感官性状良好、生活饮用水应经过消毒处理。

另外，生活饮用水还应做到无异臭、异味，pH 值不小于 6.5 且不大于 8.5，色度不超过 15、浑浊度不超过 1NTU，总硬度（$CaCO_3$）不超过 450mg/L。

在满足了国家生活饮用水标准的前提下，我们还应关注水的来源与类型。虽然陆羽有"山水上"的评价，妙玉有收集雪水泡茶的执着，但对于现代人来说，山泉水、雪水都十分难得，生活中更多的是江水、河水、湖水、井水、自来水、纯净水等。

1. 山泉水

山泉水大多出自植被繁茂、岩石重叠的山峦，经砂石过滤，水质清净晶莹，甘洌香润，富含氧气、二氧化碳和各种对人体有益的微量元素；用这种泉水泡茶，能使茶的色香味得到最大限度发挥。古人称山泉水有"八大功德"：一清、二冷、三香、四柔、五甘、六净、七不噎、八蠲疴。

2. 江、河、湖水

属地表水，含杂质较多，混浊度较高，一般不宜直接泡茶，但在远离人烟，植被生长繁茂，污染较少的江、河、湖水，仍不失为沏茶好水。陆羽《茶经》称"其江水，取去人远者"。白居易诗《萧员外寄新蜀茶》："蜀茶寄到但惊新，渭水煎来始觉珍。"明代许次纾《茶疏》说："黄河之水，来自天上。浊者土色，澄之即净，香味自发。"江、河、湖水经过处理澄清之后可以泡茶。

3. 雪水和雨水

古人称为"天泉"，尤其是雪水，古称"寒英"，更为古人所推崇。唐代白居易有"融雪煎香茗"，宋代辛弃疾有"细写茶经煮香雪"，清代曹雪芹有"扫将新雪及时烹"，这些都有浪漫、清冽的意境，不过现在的雪水要取远离人烟、无污染的为好。

雨水则要因时而异，夏雨，雷雨阵阵，飞沙走石，水质不净。春雨、秋雨略为好些，但雨水和江、河、湖水一样要经过处理澄清后才能用来泡茶。

4. 井水

属地下水，要区分软水和硬水，钙、镁离子在（以 $CaCO_3$ 计）450mg/L 以上为硬水。南方的浅井水一般软水为多，北方的深井大多是硬水，硬水不宜泡茶。软水的井水悬浮物含量少、透明度较高，但最好取活水井的水沏茶。唐代陆羽《茶经》中说"井取汲多者"，明代陆树声《茶僚记》中讲"井取多汲者，汲多则水活"。

5. 自来水

自来水一般采自江、河、湖，并经过净化处理，符合生活饮用水卫生标准，但是自来水普遍有漂白粉的氯气气味，直接泡茶会使香味逊色。因此，可以采用放置昼夜或加装净水器的方法来解决，使自来水变得更适宜泡茶。北方取自地下的自来水是硬水，不宜泡茶。

6. 纯净水

市面上出售的纯净水、矿物质水、桶装水等是采用多层过滤和超滤、反渗透技术

第四章 茶的行为文化

制得的，可直接用来泡茶，色香味俱佳。蒸馏水是绝对纯净的水，泡茶能保持茶的原香、原色、原味，但成本相对较高。

另外，泡茶用水的 pH 值以中性及略偏酸性的为好。

（三）天下名泉

我国采水资源极为丰富。其中比较著名的就有百余处之多，有很多是中国历史上古人认为非常适宜泡茶的名泉。

1. 镇江中泠泉

中泠泉位于江苏省镇江金山以西的石弹山下，又名中零泉、中濡泉、中泠水、南零水。在唐以后的文献中多称为中泠水，是江心洲上的一股清冽泉水，泉水清香甘醇，有"天下第一泉"的美誉。用中泠泉水沏茶，清香甘洌。相传有"盈杯之溢"之说，即贮泉水于杯中，水虽高出杯口二三分都不溢，水面放上一枚硬币，不见沉底。

中泠泉原在长江江心，是万里长江中独一无二的泉眼。泉水宛如一条戏水白龙，自池底汹涌而出。"绿如翡翠，浓似琼浆"，泉水甘洌醇厚，特宜煎茶。据《金山志》记载："中泠泉在金山之西，石弹山下，当波涛最险处。"苏东坡也有诗云："中泠南畔石盘陀，古来出没随涛波。"由此可见，当时中泠泉于滔滔长江水面之下，时出时没的独特环境。唐宋之时，金山还是"江心一朵芙蓉"，中泠泉也在长江中。据记载，以前泉水在江中，江水来自西方，受到石牌山和鹘山的阻挡，水势曲折转流，分为三泠（三泠为南泠、中泠、北泠），而泉水就在中间一个水曲之下，故名"中泠泉"。要取中泠泉水，实为困难，须驾轻舟渡江而上。清代同治年间，随着长江主干道北移，金山才与长江南岸相连，终使中泠泉成为镇江长江南岸的一个景观。在池旁的石栏上，书有"天下第一泉"五个大字，它是清代镇江知府、书法家王仁堪所题。池旁的鉴亭是历代名家煮泉品茗之处，至今风光依旧。

图 4-32　天下第一泉——镇江中泠泉

2. 庐山谷帘泉

谷帘泉位于江西九江庐山康王谷。茶圣陆羽当年游历名山大川、品鉴天下名泉佳水时，按冲出茶水的美味程度，给泉水排了名次，将谷帘泉评为"天下第一水"，名盛一时，为爱好品泉、品茶者所推崇。宋时苏轼、陆游等都品鉴过谷帘泉水，并留下了品泉诗章。苏轼赋诗曰："岩垂匹练千丝落，雷起双龙万物春。此水此茶俱第一，共成三绝景中人。"陆游到庐山汲取谷帘之水烹茶，在《试茶》诗中有"日铸焙香怀旧隐，谷帘试水忆西游"之句，并在《入蜀记》中写道："谷水……真绝品也。甘腴清冷，具备众美。非惠山所及。"宋代名人王禹偁还专为谷帘泉写了序文："水之来计程，一月矣，而其味不败。取茶煮之，浮云蔽雪之状，与井泉绝殊。"至今，谷帘泉水仍是泡茶的上好水品。

3. 北京玉泉

玉泉位于北京颐和园以西的玉泉山南麓，因其"水清而碧，澄洁似玉"而得名。水从山间石隙中喷涌而出，淙淙之声悦耳，下泄泉水，艳阳光照，犹如垂虹，明时已列为"燕京八景"之一，自清初即为宫廷帝后茗饮御用泉水。玉泉被宫廷选为饮用水水源，主要有两个原因：一是玉泉水洁如玉，玉泉径流流经的路程不长，且所经之处无含盐较多的地层，水温适中，故水洁而味美，又距皇城不远；二是玉泉的来源主要是自然降水和永定河水，泉水涌水量稳定，从不干涸，四季势如鼎涌。清乾隆皇帝是一位嗜茶者，更是一位品泉名家。在古代帝王之中，实地品鉴过众多天下名泉的可能非他莫属了。他在多次品鉴名泉佳水之后，将天下名泉列为七品，而玉泉则为第一。其《玉泉山天下第一泉记》云："……则几出于山下而有洌者，诚无过京师之玉泉，故定为'天下第一泉'。"

4. 无锡惠山泉

惠山泉位于江苏无锡惠山寺附近，原名漪澜泉，相传经中国唐代陆羽亲品其味，故一名陆子泉，经乾隆御封为"天下第二泉"。此泉于唐大历十四年（780）开凿，迄今已有1200余年历史。张又新《煎茶水记》中说："水分七等……惠山泉为第二。"元代大书法家赵孟頫和清代吏部员外郎王澍分别书有"天下第二泉"，刻石于泉畔，字迹苍劲有力，至今保存完整。

惠山泉水源于若冰洞，细流透过岩层裂缝，呈伏流汇集，分上、中、下三池。上池呈八角形，水色透明，甘醇可口，水质最佳；中池为方形，水质次之；下池最大，系长方形，水质又次之。历代王公贵族和文人雅士都把惠山泉水视为珍品。相传唐代宰相李德裕嗜饮惠山泉水，常令地方官吏用坛封装泉水，从镇江运到长安（今陕西西安），全程数千里。

宋徽宗时，二泉水为贡品，需按时按量送往东京汴梁。宋高宗赵构南渡，曾于此饮过二泉水，后筑二泉亭，清代康熙、乾隆皇帝都曾登临惠山，品尝二泉水。1751年，乾隆皇帝南巡，经无锡品尝了惠山泉后，援笔题诗，内中也有"中冷江眼固应让"之句，说明惠山泉水确实为天下珍稀之物，是宜茶之水。惠山泉不仅水甘美、茶情佳，而且成就了一位我国优秀的民间艺术家阿炳，其创作的二胡名曲《二泉映月》蜚声海内外。

图 4-33　无锡惠山泉

5. 杭州虎跑泉

虎跑泉位于杭州市西南大慈山白鹤峰下慧禅寺（俗称虎跑寺）侧院内，是一个两尺见方的泉眼。清澈明净的泉水从山岩石幡间汩汩涌出，泉后壁刻着"虎跑泉"三个大字，为西蜀书法家谭道的手迹。泉前有一方池，四周环以石栏，池中叠置山石，傍以苍松，间以花卉，宛若盆景。游人在此，坐石可以品泉，凭栏可以观花，怡情悦性，雅兴倍增。

相传唐元和年间，有个名为"性空"的和尚游历到虎跑，见此处环境优美，风景秀丽，便想建座寺院，但此处无水源。正当他一筹莫展的时候，有神仙相告："南岳衡山有童子泉，当夜遣二虎迁来。"第二天，果然跑来两只老虎，刨地作穴，泉水遂涌，清澈见底，甘洌醇厚，虎跑泉因而得名。其实，同其他名泉一样，虎跑泉的北面是林木茂密的群山，地下是石英砂，虎跑泉的北面岩石经风化作用产生许多裂缝，地下水通过砂岩的过滤慢慢从裂缝中涌出，这才是虎跑泉的真正来源。

虎跑泉水晶莹甘洌，居西湖诸泉之首，和龙井泉一起被誉为"天下第三泉"。龙井茶、虎跑水"被称为西湖双绝。古往今来，凡是来杭州游历的人们，无不以品尝虎跑泉水冲泡西湖龙井茶为快事。历代诗人留下了许多赞美虎跑泉水的诗篇，如清代诗人黄景仁在《虎跑泉》诗中说："问水何方来？南岳几千里。龙象一帖然，天人共欢喜。"

6. 济南趵突泉

趵突泉名瀑流，又名槛泉，最早见于《春秋》，宋代始称趵突泉。趵突泉位于山东济南市西门桥南趵突泉公园内，是趵突泉群中的主泉，水自地下岩溶洞的裂缝中涌出，三窟并发，昼夜喷涌，状如白雪三堆，冬夏如一，一年四季恒定在 18℃左右，严冬水面上有一层薄薄的烟雾，济南人称之为"云蒸雾润"，蔚为奇观。趵突泉为济南七十二泉之冠，也是我国北方最负盛名的大泉之一。相传乾隆皇帝下江南，出京时带的是北京玉泉水，到济南品尝了趵突泉水后，便立即改带趵突泉水，并封趵突泉为"天下第一泉"。趵突泉的南大门有横匾"趵突泉"，蓝底金字，是乾隆皇帝的御笔。北宋文学家曾巩在《齐州二堂记》一文中，正式将其命名为趵突泉，所谓"趵突"，即跳跃奔突之意。

不少文人学士都给予趵突泉"第一泉"的美誉。蒲松龄在《趵突泉赋》中写道："海内之名泉第一，齐门之胜地无双。"由于趵突泉池水澄碧、清醇甘洌，烹茶最为相宜。

三、茶之艺

中华茶艺自古有之，但在很长的时间里，茶艺是有实无名的。在陆羽的《茶经》、蔡襄的《茶录》、赵佶的《大观茶论》等古代文献作品里，都有与茶艺相关的记录，但并未明确提出"茶艺"这个名词。当代"茶艺"一词是由我国台湾茶人在 20 世纪70 年代后期提出的。目前关于"茶艺"这一概念，可谓众说纷纭，丁以寿在《中华茶艺》中描述："简单来说，茶艺就是饮茶的艺术。茶艺是艺术性的饮茶，是饮茶生活的艺术化。中华茶艺

二维码 4-5
微课：茶之艺

是指中华民族发明创造的具有民族特色的饮茶艺术，主要包括备器、选茶、择水、取火、候汤、习茶的一系列渝泡的礼仪、技艺和程式。"本节主要讲述茶艺礼仪和渝泡茶技艺。

（一）茶艺礼仪

什么是礼仪？礼仪是人们在社会交往活动中，为了相互尊重，在仪容、仪表、仪态、仪式、言谈举止等方面约定俗成的行为规范。礼仪是对礼节、礼貌、仪态和仪式的统称。

"礼者，敬而已矣"，茶艺礼仪是将茶道和中华文化的内涵结合形成的一种具有鲜明的中国文化特征的现象，也可以说是一种礼节现象。大到每一步的举止行仪，小到茶具的摆放位置，事茶者都要遵守严格的要求。烦琐的程式可以培养耐心，通过不断的练习达到自我修养的提高。

茶艺礼仪主要包括礼节、仪容和姿态。

1. 礼节

主要包括鞠躬礼、伸掌礼、寓意礼、叩指礼等。

（1）鞠躬礼。是一种比较正式的礼节，在泡茶和茶艺中用得比较多。茶艺开始和结束时，主客都要行鞠躬礼，根据鞠躬的弯腰程度可分真礼、行礼和草礼3种。真礼用于主客之间，行礼用于来宾（客人）之间，草礼用于奉茶和说话前后。鞠躬礼有站式鞠躬、坐式鞠躬和跪式鞠躬3种。

（2）伸掌礼。当主泡和副泡之间协同配合时、主人向客人敬奉各种物品时常用此礼，将手斜伸在所敬奉的物品旁边，四指自然并拢，虎口微开，手掌略向内凹，手心中要有含着一个小气团的感觉，手腕含蓄用力，动作一气呵成，意为"请""谢谢"，同时欠身点头。

（3）寓意礼。寓意礼是长期以来在茶事活动中形成的带有特殊意味的礼节，是通过各种动作所表示的对客人的敬意。比如在沏茶时的"凤凰三点头"，茶艺师利用手腕的力量有节奏的三起三落，高冲低斟反复三次，寓意是向客人三鞠躬以示欢迎。斟茶量一般为七分满，表示七分茶三分情意，也便于端杯啜饮。沏茶时放置茶壶要注意壶嘴不能正对客人，否则就表示请客人离开；回转斟水、斟茶、烫壶等动作，右手操作必须逆时针方向回转，左手则顺时针方向回转，表示"来！来！来！"的意思，招手欢迎客人观看、品尝，若相反方向操作，则表示挥手"去！去！去！"的意思。

（4）叩指礼。我们经常看到茶桌上大家用手轻轻地叩打桌面，大拇指、食指和中指略微弯曲，指尖捏合在一起，轻轻叩打桌面几下，这就是叩指礼，表示"谢谢"之意，而不是像有人错误地以为是催茶艺师倒茶之意。

其他礼节还有常见的注目礼、点头礼等。

二维码 4-6
延伸阅读：叩指礼的传说

2. 仪容

茶艺仪容包括泡茶者的形体、着装、发型、举止等。

（1）形体美。这是对泡茶者容貌、身材、五官、胸、腰、腿、臀、手等的全面综合的评价。天生丽质是泡茶者的优势，但天生丽质的泡茶者也不一定能泡出好茶，相貌平平但通过打扮、提高修养技艺也可以达到好的仪容。

（2）得体的着装。茶的本性是恬淡平和的，因此，茶艺师的着装以整洁大方为好，不宜太鲜艳。女性切忌浓妆艳抹、大胆暴露；男性也应避免夸张怪诞，如留长发、穿乞丐装等。总之，无论是男性还是女性，都应仪表整洁、举止端庄，要与环境、茶具相匹配，言谈得体、彬彬有礼，体现出内在的文化素养来。

（3）整齐的发型。原则上要根据自己的脸型、气质来选发型，给人一种舒适、整洁、大方的感觉，不论长短，都要按泡茶时的要求进行梳理。一般来说，穿旗袍要把头发盘起来，显得古典大方，穿麻布或者比较飘逸的汉服可以不用盘发，但也要保持前额不被头发遮住，也可以编辫子。

（4）优雅的举止。手平时注意保养，随时保持清洁、干净，不要涂有五颜六色的指甲油，脸部的妆不要化得太浓，也不要喷味道强烈的香水，否则茶香易被破坏。一个人的个性很容易从泡茶的过程中表露出来，可以借着姿态动作的修正，潜移默化地影响一个人的心情，将各项动作组合的韵律感表现出来，将泡茶的动作融入与客人的交流中。

3. 姿态

茶艺的服务姿态包括在茶艺活动中的站姿、坐姿、跪姿、行姿等。姿态是活动时身体呈现的样子。在沏茶时，姿态比容貌更重要。从中国传统的审美观点来看，人们推崇姿态的美高于容貌的美。茶艺师在站、坐、行和手势、表情等方面，必须做到规范、自然、大方、优美。

（1）站姿。无论沏茶时采用哪种姿势，准备时都以站姿开始，因此，站姿好比舞台上的亮相，十分重要。站立时应双脚并拢，身体挺直，下颌微收，眼平视，双肩放松。女性双手虎口交叉，左手放在右手下，置于胸前。男性双脚呈外"八"字微分开，双手交叉，右手放在左手上，置于小腹部。

（2）坐姿。就座时要端坐在椅子或凳子的中央，使身体重心居中。正确的坐姿是双腿膝盖至脚踝并拢，上体挺直，双肩放松，头正背直，鼻尖对肚脐。女性双手搭放在双腿中间，左手放在右手下，男性双手可分搭于左右两腿侧上方。全身放松，思想安定、集中，姿态自然、美观，切忌两腿分开或跷二郎腿还不停抖动、双手搓动或交叉放于胸前、弯腰弓背、低头等。作为客人，也应采取上述坐姿。若是坐在沙发上，端坐不便，则女性可正坐，两腿并拢偏向一侧斜伸（可两侧互换），双手仍搭在两腿中间。男性可将双手搭在扶手上，两腿可架成二郎腿，但不能抖动，且双脚下垂，不能将一腿横搁在另一条腿上。

（3）跪姿。跪坐和盘腿坐是跪姿中的两种。跪坐即双膝跪于座垫上，双脚背相搭着地，臀部坐在双脚上，腰挺直，双肩放松，舌抵上颚，双手搭放于前，女性左手在下，男性反之。男性除正坐外，可以盘腿坐，即将双腿向内屈伸相盘。双手分搭于两膝，其他姿势与跪坐相同。沏茶时要进行针对性训练，以免动作失误，有伤大雅。

（4）行姿。女性可以将双手虎口相交叉，右手搭在左手上，提放于胸前，以站姿作为准备。行走时移动双腿跨步，脚印为直线，上体不可扭动摇摆，保持平稳，双肩放松，下颌微收，双眼向前平视。男性以站姿为准备，行走时双臂随腿的移动可在身体两侧自由摆动。转弯时，向右转则右脚先行，出脚不对时可原地多走一步，调整后再直角转弯。若到达客人面前为侧身状态，需转身与客人正面相对，跨前两步进行各种动作。回身时先退后两步再侧身转弯，以示对客人的尊敬。

（二）沏泡技艺

从古至今，品茶都讲究泡茶技艺。茶的沏泡不仅要做到冲泡动作精确，还要充分体现茶的本色、真香和原味，这并非易事，要根据茶的不同特性，应用不同的冲泡技艺和方法才能达到。茶叶的沏泡技艺包含茶叶沏泡三要素和沏泡技巧。

1. 茶叶沏泡三要素

（1）泡茶水温。茶叶中的内含物在水中的溶解度跟水温密切相关，60℃温水浸出的有效物质只相当于100℃沸水浸出量的45%～65%。水温过低，茶叶浮而不沉，内含的有效成分浸泡不出来，茶汤滋味寡淡，不香、不醇、淡而无味；水温过高，会破坏维生素C等成分，而咖啡碱、茶多酚很快浸出，使茶味变苦涩，且易造成茶汤的汤色和叶底暗黄，香气低。

泡茶水温的高低与茶的老嫩、松紧、整碎、茶类等因素有关。一般茶叶原料粗老、紧实、整叶的，要比茶叶原料细嫩、松散、碎叶的，茶汁浸出要慢得多，所以冲泡水温要高。如细嫩的高级名茶，以85℃～90℃的水冲泡为宜，有的甚至只要60℃～70℃。而乌龙茶宜用100℃的沸水冲泡；红茶如滇红、祁红等可用沸水冲泡；普洱茶用沸水冲泡，才能泡出其香味；普通的绿茶、红茶、花茶等，也宜用刚沸的水沏泡；而原料粗老的紧压茶类，还需用煎煮法才能使水溶性物质较快溶解；调制冰茶时，宜用50℃的温水沏茶，以减少茶叶中的蛋白质和多糖等高分子成分溶入茶汤，也防止茶汤中加入冰块时出现沉淀物。

（2）茶水比。沏茶时，茶与水的比例称为茶水比。不同的茶水比，沏出的茶汤香气高低、滋味浓淡各异。茶水比过小（茶少水多），茶汤味淡香低。茶水比过大（茶多水少），茶汤则过浓，滋味苦涩。根据茶叶评审标准，冲泡绿茶、红茶、花茶的茶水比可采用1：50，铁观音、武夷岩茶等乌龙茶类，茶水比可适当放大，是1：22，这样统一的评判标准才有可比性。

日常泡茶时，每次茶叶用多少，并无统一的标准，人们在沏茶时，主要根据茶叶种类、茶具大小以及个人的饮用习惯而定。一般认为，冲泡红茶、绿茶及花茶，茶水比可掌握在1：60～1：80为宜。若用玻璃杯或瓷杯冲泡，每杯约置3克茶叶，注入180～220毫升沸水。品饮铁观音等茶时，用若琛杯品尝，茶水比可大些，1：30左右。用壶泡时，茶叶体积占壶容量的1/2～2/3。紧压茶，如金尖、康砖、茯砖等，因茶原料较粗老，煮渍法茶水比可用 1：80，而原料较细嫩的饼茶则可采用冲泡法，冲泡法的茶水比略大，约 1：50。品饮普洱茶，如用冲泡法时，茶水比一般用 1：30～1：40。从个人爱好来讲，经常饮茶者喜爱饮较浓的茶，茶水比可大些。相反，初次饮茶者则喜淡茶，茶水比可小一些。此外，饭后或酒后适饮浓茶，茶水比可大一些；睡前饮茶宜淡，茶水比应小。

（3）冲泡时间和次数。茶叶冲泡时间与茶叶种类、泡茶水温、用茶数量和饮茶习惯等有关。当茶水比和水温一定时，溶入茶汤的滋味成分则随着时间延长而逐渐变浓。沏茶时间短，茶汁没有泡出；沏茶时间长，茶汤会有闷浊滋味。为了获取一杯鲜爽甘醇的茶汤，对大宗红、绿茶而言，头泡茶以冲泡后 3～4 分钟饮用为好。红碎茶、绿碎茶因经揉切作用，颗粒细小，茶叶中的成分易浸出，冲泡三五分钟即可。乌龙茶因沏茶时先要用沸水浇淋壶身以预热，且茶水比较大，故冲泡时间可缩短，一般第一泡大约 1 分钟。紧压茶用煎煮法煮沸茶叶时间应控制在 10 分钟以上。黑茶的散茶用冲泡法，一般第一道时间不超过 10 秒，后续每一次都要延长冲泡时间。冲泡白茶时，一般在 4～5 分钟后方可品饮茶汤。另外，冲泡时间还与茶叶老嫩和茶的形态有关。一般来说，凡原料较细嫩、茶叶松散的，冲泡时间可相对缩短；相反，原料较粗老、茶叶紧实的，冲泡时间可相对延长。总之，冲泡时间的长短最终还是以适合饮茶者的口味来确定为好。

茶叶的沏泡次数取决于茶类、沏茶方式和沏茶水温等因子。按照中国人饮茶习俗，红茶、绿茶、乌龙茶以及高档名茶，均采用多次冲泡品饮法，多以沏泡 2～3 次为宜。白茶、黄茶沏泡 1～2 次；乌龙茶沏泡 4～6 次；普洱茶沏泡 6～8 次；如饮用颗粒细小、揉捻充分的红碎茶与绿碎茶，一次快速饮用不再重泡。速溶茶也采用一次冲泡法。

沏茶者要真正领悟到泡茶的技艺，并能灵活运用，根据不同季节、不同制作工艺、不同品质特征的茶叶来调整茶与水的比例、水温、时间等关键环节。这些需要经过反复实践、不断总结提高。

2. 沏泡技巧

（1）茶艺基本程式。

不同的茶叶，使用的茶具不同，沏泡的技艺也就不同，但基本的沏泡程式大体相同。在茶艺演示的过程中，主要的动作有赏茶、置茶、冲泡、斟茶、奉茶、品饮等。

1）赏茶。赏茶即欣赏茶叶的外形。在茶艺演示的过程中，通过赏茶可以向宾客展示茶叶的外形特点，同时解读茶叶的品质特征、历史源流，增进宾客对茶叶的了解，提升宾客的兴趣。赏茶时需要将茶叶放入茶荷之中，在赏茶时，茶艺师可将茶荷直接放置到宾客面前，或者将茶荷倾斜一定角度，从右向左缓缓移动茶荷，让宾客看清茶叶的外形。在有副泡的情况下，可以多准备一个茶荷，由副泡协助主泡将茶荷送至宾客处，完成赏茶。

图 4-34　赏茶示意图

2）置茶。置茶又叫投茶，即将茶叶置入主泡器中，如玻璃杯、茶壶、盖碗等。置茶的形式可以分为上投法、中投法、下投法。上投法即先将水加满（玻璃杯一般为七分满），再投入茶叶，主要适用于身骨重实、吸水快的茶叶；中投法是指先将水加入一半，再投入茶叶，然后再将水加满；下投法是指先加茶，再加水。这三种方法中以下投法最为常见。

图 4-35　置茶示意图

3）冲泡。冲泡是茶艺演示中的关键步骤。在这一过程中，要特别关注茶水比、水温、冲泡时间以及冲泡次数。

图 4-36　冲泡示意图

4）斟茶。当使用盖碗、茶壶来泡茶时，需要将泡好的茶汤斟入每位宾客的品茗杯中。斟茶可分为斟茶入盅和斟茶入杯两种情况。盅即公道杯，可以将泡好的茶汤全部倒入公道杯中，再将公道杯中的茶汤依次分入各个品茗杯中；也可以直接将茶汤由盖碗或茶壶斟入品茗杯中。斟茶时要注意：一是要保证每一杯茶汤的浓度一致，这样每位宾客都能喝到同样的茶汤；二是斟茶时不宜抬太高，所谓"高冲低斟"，斟茶若将公道杯或主泡器放得太高，容易降低茶汤温度、散失茶香；三是斟茶时不宜过满，俗话说"茶倒七分满，留下三分是真情"。另外，茶太满，也不方便饮用。

图 4-37　斟茶示意图

5）奉茶。在茶艺演示中一般是将茶叶冲泡好斟入品茗杯后，再分给宾客。宾客如坐在茶桌旁，可以直接端起品茗杯奉给宾客（若有杯托则连同杯托一起给宾客）；若距离较远，则需要先将品茗杯放置在奉茶盘中，再端着奉茶盘奉茶。奉茶时，需要注意杯子摆放的位置要方便客人的取用，同时奉茶时要行伸掌礼。奉茶时，还应注意奉茶的顺序，一般先给长辈奉茶，先长后幼，先客后主。

6）品饮。品茶不仅仅是喝茶，还品味茶汤的色、香、味。因此，当端起茶汤时，应先观察茶汤的颜色，闻嗅茶汤的香气，再品尝茶汤的滋味。品茶的过程不仅仅是在喝茶，更是在陶冶性情、净化心灵。因此，在品茶时应注意平心静气、慢慢品味。

（2）茶艺常见的冲泡法。

1）玻璃杯冲泡法。名优绿茶外形漂亮，大多用玻璃杯冲泡。玻璃杯冲泡法的整体流程包括备具、备水、备茶—行礼—布具—赏茶—洁具温杯—置茶—浸润泡（摇香试香）—冲泡—奉茶—收具—行礼等。所用茶具包括玻璃水壶、水盂、茶巾、茶荷、茶道组、玻璃杯等。

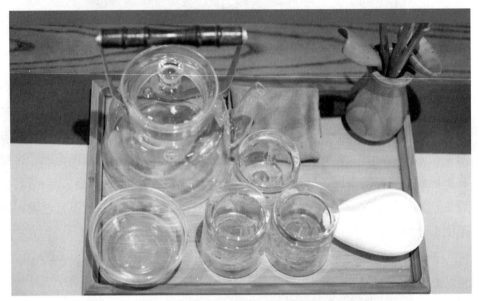

图 4-38　玻璃杯冲泡法茶具

绿茶冲泡所用水温为 85℃～90℃。行礼既是一种礼仪，代表对客人的尊重，同时也代表茶艺演示开始。布具，是将茶具，即水壶、水盂、茶巾、茶荷、茶道组、玻璃杯依次摆放在桌面上。左边的茶具为干，右边的茶具为湿，干湿分离。同时两边的茶具犹如茶艺师伸出的双手，仿佛在欢迎客人的到来。赏茶，先由茶艺师观察茶叶外形，再从右向左，向客人展示茶叶外形，并对茶叶进行介绍。洁具温杯，按照从右向左的顺序，向三个玻璃杯中依次注入约1/3的水量，按照逆时针方向慢慢转动玻璃杯，让玻璃杯内壁与热水充分接触。置茶，按照从右向左的顺序，向三个玻璃杯中依次投入茶叶，根据玻璃杯的容量，按照1：50的茶水比投入茶叶。浸润泡（摇香试香），按照从右向左的顺序，向三个玻璃杯中依次加入少量水，激发茶香，在浸润泡的过程中，同时逆时针摇动玻璃杯，摇香试香。冲泡，采用"凤凰三点头"的方式来冲泡茶叶，三起三落，让茶叶在茶杯中充分翻滚。奉茶，将三杯茶汤依次奉给客人，由客人品饮。收具，将茶具按顺序依次收入奉茶盘中。行礼，再次向客人行礼，以示茶艺演示过程结束。

图4-39 "凤凰三点头"冲泡

2）盖碗冲泡法。盖碗冲泡法的整体流程包括备具、备水、备茶—行礼—布具—赏茶—润具—置茶—浸润泡（摇香试香）—冲泡—奉茶—收具—行礼等。使用的茶具包括水壶、水盂、茶巾、茶叶罐、茶荷、茶道组、盖碗、公道杯、品茗杯等。

图4-40 盖碗冲泡法茶具

盖碗冲泡红茶水温一般要在95℃左右。先行礼。布具，将茶具依次摆放在桌面上，包括水壶、水盂、茶巾、茶叶罐、茶荷、茶道组、盖碗、公道杯、品茗杯。赏茶，先由茶艺师观察茶叶外形，再从右向左，向客人展示茶叶外形，并对茶叶进行介绍。润具，将水倒入盖碗中，先润洗盖碗，再依次润洗公道杯及三个品茗杯。润洗完茶具的水，倒入水盂中。置茶，将茶叶投入盖碗中。浸润泡（摇香试香），向盖碗中加入少量沸水，激发茶香，在浸润泡的过程中，同时逆时针摇动盖碗，摇香试香。冲泡，采用悬壶高冲的方式来冲泡茶叶，让茶叶在盖碗中充分翻滚。奉茶，将茶汤倒入公道杯中，再由公道杯倒入三个品茗杯中，将三杯茶汤依次奉给客人，由客人品饮。收具，将茶具按顺序依次收入奉茶盘中。行礼，再次向客人行礼，以示茶艺演示过程结束。

3）茶壶冲泡法。紫砂壶、白瓷壶等都可以，以紫砂壶冲泡乌龙茶为例，整体流程包括：备具、备水、备茶—行礼—布具—赏茶—润具—置茶—冲泡—奉茶—收具—行礼等。使用的茶具包括水壶、茶巾、杯垫、茶道组、茶叶罐、茶荷、茶壶、品茗杯、闻香杯、茶船等。

图 4-41　悬壶高冲

冲泡乌龙茶所用水温一般要求沸水。行礼。布具，将茶具依次摆放在桌面上，包括水壶、茶巾、杯垫、茶道组、茶叶罐、茶荷、茶壶、品茗杯、闻香杯、茶船。赏茶，先由茶艺师观察茶叶的外形，再从右向左，向客人展示茶叶外形，并对茶叶进行介绍。润具，将水倒入紫砂壶中，先润洗紫砂壶，再将紫砂壶中的沸水按照逆时针方向依次倒入闻香杯与品茗杯中。置茶，将茶叶投入紫砂壶中。冲泡，采用悬壶高冲的方式将水加满至紫砂壶中，同时用壶盖刮除茶沫，然后用水壶中的热水及闻香杯中的水淋壶，提升温度。奉茶，将茶汤按照逆时针方向，由紫砂壶中倒入各个闻香杯中，并将品茗杯倒扣在闻香杯上，再将品茗杯与闻香杯一起放置在杯托中，奉给客人，由客人品饮。品饮时，先用食指和中指朝上夹住闻香杯、拇指抵住品茗杯底倒扣过来，再轻轻拿起闻香杯闻香，再品茶汤。收具，将茶具按顺序依次收入茶船中。行礼，再次向客人行礼，以示茶艺演示过程结束。

图 4-42　茶壶冲泡法茶具

图 4-43　斟茶

第二节　茶叶品评与鉴赏

茶的品饮是一门艺术，需要对茶有全面的认识与理解，需要有优雅的品饮环境，特别是对文化名茶的欣赏，更要有较高的鉴赏水平。怎样品饮、鉴赏好茶，是一个要长期体会学习的过程。沏一杯好茶，细品慢啜，能让人平心静气，消除烦恼，进入宁静优雅的境界。品茶与人们的身心相关，与茶的精神内涵紧密联系。品茶是介于具体和抽象之间的一种鉴评，要求品茶人有渊博的文化知识，有一定的鉴赏能力，有充裕的闲暇和高雅的性情。品茶是品味茶的色、香、味、形以及茶的味外之味。会喝茶、会品茶是一门学问。

一、茶之品

品茶是茶叶鉴赏与品饮，是根据茶叶的品质特征和消费者的习惯爱好，扬长避短，充分发挥茶叶的品质，把茶冲泡得更好喝。品饮不光要有好茶、好水、好器，还要有好的冲泡方法、好的心境、好的环境，品茶是休闲，是享受。

二维码 4-7

微课：茶之品

（一）观外形之美

由于加工方法的不同，茶叶有各种不同的形状，特别是名茶，颇像舞蹈艺术，注重体态语言与身体造型。归纳起来，茶叶的形状大致有扁形、针扁形、条形、针形、螺形、卷曲形、珠圆形、半球形、片形、花朵形、环钩形、凤尾形、雀舌形、尖形、束形等。

扁形茶有西湖龙井、老竹大方、乌牛早茶、大佛龙井、越乡龙井等，针扁形茶有竹叶青、当阳仙人掌茶、东海龙舌等，条形茶有庐山云雾、凤凰单丛、婺源茗眉、祁门红茶、桂平西山茶、武夷岩茶等，针形茶有南京雨花茶、千岛银针、金山翠芽、安化松针、武当针井、白毫银针等，螺形和卷曲形茶有碧螺春、高桥银峰、都匀毛尖、蒙顶甘露、无锡毫茶、奉化曲毫、井冈翠绿等，珠圆形和半球形茶有涌溪火青、泉岗辉白、雷山银球、茉莉龙珠、铁观音、冻顶乌龙等，片形茶有六安瓜片、秀眉、太平猴魁，花朵形有绿牡丹、菊花茶，环钩形有女儿环茶、羊岩钩青、桂东玲珑茶、黄山银钩，凤尾形有安吉白茶。

形态各异、色彩丰富的茶叶外形总会带给人一种美感和丰富的想象，优美的外形会使你迫不及待地想品尝它。

（二）察茶色之美

茶的色彩之美体现在干茶外形的肤色、冲泡后茶汤的颜色、杯底叶底的色泽三方面，六大茶类干茶外形的肤色显示出绿、黄、青、白、红、黑不同的颜色，加上现在有大量彩色茶树品种的出现，使得干茶外形色彩十分丰富。各种各样的色彩搭配上茸毛干燥后或多或少的白毫、金毫、黄毫，再加上表面油润光亮的效果，五彩斑斓、美不胜收，如产自我国台湾的东方美人茶（又叫白毫乌龙）外形色彩丰富，白、红、黄、绿、褐相间，犹如花朵。

茶汤的颜色是由各种水溶性有色物质溶解进入茶汤所呈现出来的，茶多酚不同程度的氧化缩合产物颜色就是由浅至深，层次非常丰富。六大茶类中茶多酚的氧化方式和氧化程度不同，汤色也天差地别，加上其他的有色物质，呈现出艳丽、鲜明、清澈的茶汤。欣赏汤色从色度、鲜艳度、明暗度、清浊度入手，不同茶类、品种、等级的茶都会有差异，色彩符合茶类要求后，越鲜明亮丽、越清澈的茶汤越好。底色是茶叶经冲泡以后舒展开来的色彩，部分水溶色素进入茶汤，留下大量不溶于水的颜色成分，叶底的色泽主要用于判断老嫩、厚薄、匀净、加工的好坏等。

（三）展茶姿之美

优质的茶经开水冲泡，会慢慢在茶器中舒展，呈现出婀娜的身姿，加上色彩的衬托，茶影水、水映茶的景象，给人以美感，赏心悦目，让人非常愉悦。

茶在冲泡的过程中，随着水流翻滚旋转，犹如舞者翩翩起舞，展现身姿，吸水浸润而舒展，有的像花朵，有的像雀舌，有的像群笋，有的像麦粒，有的像银针，徐徐伸展，美丽动人。君山银针舒展时，根根直立、三起三落、悬空游动，最后慢慢下沉，簇立杯底；紫笋茶冲泡后，每个茶芽蒂朝下竖立，如群笋出土；西湖龙井茶舒展时，像春兰绽露，朵朵开放，犹如美丽佳人；六安瓜片冲泡后状如瓜子，自然平展，色泽宝绿，队列匀齐；开化龙顶舒展时，似翠竹争阳，犹如画卷；还有婺源墨菊展开后如一朵翠绿的菊花绽放；太平猴魁入杯冲泡，芽叶徐徐展开，舒放成朵，两叶抱一芽，或悬或沉。如此美景，确实让人陶醉。

（四）尝滋味之美

茶叶是风味饮料，滋味由味觉器官舌头来辨别，不同的茶叶由于品种、栽培条件、土壤、气候、加工工艺、采摘等级等因素影响，呈味物质种类含量差异很大，滋味也就千差万别。茶的滋味要素主要是苦、涩、鲜、甜、酸，茶叶的呈味物质多达数十种，不同呈味物质的种类、数量、配比决定茶汤滋味呈现，有的茶鲜爽无比，有的茶甜醇可口，有的茶入口略苦涩但回味甘甜，有的茶生津收敛……茶汤滋味对味蕾的冲击会使你回味无穷。

不同的茶汤浓淡、爽涩、甘苦、醇酽不同，冲泡时可以根据不同茶的特点、不同人的爱好来调节茶水比、冲泡时间和冲泡水温，泡出风味俱佳、适口味美的茶汤。好的绿茶滋味鲜醇爽口；红茶滋味或浓厚甜醇，或强烈鲜爽；白茶滋味以清甜、毫味为主；乌龙茶滋味则醇酽回甘、颊齿留香。尝味的汤温最好控制在40℃～50℃，汤温太高烫舌麻木，太低灵敏度差，都不宜尝味。

（五）闻香气之美

好茶不仅能从干茶中嗅到美妙沁心的茶香，冲泡后随着水气、水雾的升腾还会发出令人心旷神怡的花香、果香、甜香、栗香、蜜香、清香等，忽浓忽淡，忽近忽远，萦绕鼻端。有些茶水分离冲泡的茶，倾出茶汤后，闻叶底能辨别茶香的浓淡、纯异。目前闻香的方法除少量干嗅外主要是湿闻，有闻汤面香、盖香、杯底香、叶底香等。讲究的人泡乌龙茶还专门准备一个闻香杯（长圆柱形），先将茶汤倒入闻香杯，后将品茗杯倒扣在闻香杯上，翻转拿起闻香杯对着鼻子双手搓动闻香。

另外，随着茶汤温度的变化，香气的高低、持久不同，所以茶香还可以热闻、温闻、冷闻。闻茶香是嗅觉的盛宴，名优绿茶一般都是鲜爽的清香、浓郁的栗香，极品绿茶也有非常好的花香；红茶大都是甜香、花果香，以浓烈为好；乌龙茶则是天然的花香、蜜香、果香等；存放后的黑茶、白茶有陈香、花蜜香、枣香、药香，各种花茶有着花的本色香气。

闻香时要注意环境因素的干扰，避免空气里有异味，不要吸烟、吃辛辣食品、使用浓郁的化妆品等，否则会影响茶香之美。

二、茶之赏

（一）品茶的味外之味

茶——人在草木间，汲取天地精华，是为天人合一的境界。"茶"字有多重含义，可雅可俗，柴米油盐酱醋茶、琴棋书画诗歌茶，同样是茶，前者是"养身"，后者是"养心"。"且将新火试新茶，诗酒趁年华"，伉俪之间"丝萝春秋何止米，相期以茶复轮回"。品茶就是品味人生，细细品悟，可以感怀浮生得失，洞悉沧海桑田，总能使心灵回归宁静。作家三毛说："饮茶必饮三道，第一道苦若生命，第二道甜似爱情，第三道淡如清风。"三道茶道出了品茶的最高境界。

（二）茶席观赏

茶席是茶艺表现的场所，是为表现茶艺之美或茶艺精神而设置的场所，狭义就是指泡茶席。茶席是茶具的组合空间和人文主题，在茶席中不仅具体刻画了茶、水、器、火、境的序列和线条，也暗示了茶艺师与饮茶人介入的位置和态度。它以茶汤的形成为核心，围绕主泡器、品饮器等主要器皿，构造具有点、线、面、体、色彩及肌理等视觉美感的造型艺术，是茶艺师实现技术和审美的中心区域。

茶艺师设计茶席要满足茶艺活动的基本要求，茶席布置一要符合泡茶逻辑，各种器皿在沏茶过程中都有特定的功能和角色，既要充分发挥茶具的性能，又要符合人体工学，取拿便利；二要体现生活方式约定的规范性，不同器物的高低、前后、上下、简约、繁杂的选择在空间形象的摆设安置要体现这一点；三要满足艺术作品的审美要求，茶席造型要有艺术感和美感；四要进行设计和创作，茶席不是一堆器物的简单组合，它承载着茶艺的主题思想和人文意蕴，茶席作品是茶艺师素养和能力的表达。

茶席通过茶具的组合表现出点线面的几何之美；圆壶、圆杯、方盘、方巾、茶匙、匙枕等，摆出雁阵、平行线、圆弧等式样，点面结合，遥相呼应，展现匀齐合宜之美；茶席器物以感怀四季、日月、花草鱼虫等铺陈渲染，将沏茶饮茶置于借景抒情、情景交融的境界之美中；茶席描摹古风、民风、俗事的饮茶形式，体现传统、朴素、自然，抒发民俗之美；极致简约的茶席还可以体现出禅机之美。

（三）茶艺欣赏

茶艺是饮茶的一门生活艺术，是指备器、择水、候汤、泡茶、奉茶、品茶的一整套技艺。茶艺是茶文化的基础，以茶事活动为中心，以泡茶师的动作（仪态、形体、语言）为基本手段，从茶器、茶叶、色彩、光线、声音、造型等多角度进行艺术表现，呈现茶汤之美，是集美学、文学、音乐、插花、书画、服饰等于一体的综合艺术。茶艺追求优雅，通过丰富多样的表现力把个人审美情感形象化，表现以茶为中心的美学思想和审美情感。茶艺是呈现"茶汤之美"的行为艺术，茶艺的欣赏可以从以下几方面入手。

1. 艺能之美

艺能是根据茶艺主题将其他艺术活动或作品加以融合，是茶席和茶汤的延伸，如琴、棋、书、画、诵、歌、舞、插花、焚香、赏供等。艺能可以与沏茶活动组成整体的视觉艺术和动态艺术。好的插花能对茶席起到画龙点睛的作用，体现自然之美；一曲有感染力的音乐往往能衬托出茶艺的主题，把自然美和人文美渗透进茶人的灵魂；挂画可以衬托茶席背景。一边饮茶，一边有琴棋书画相伴，养性怡情，雅趣无穷。艺能要通过茶人展现出来，人美是茶艺美学的核心，茶人的心灵美、外表美、行为美是茶艺的魅力。

2. 茶品之美

茶叶和茶汤美感体现在实用性上，千姿百态、五颜六色的名优茶本身会给人以丰富的想象，像牡丹绽放、像旗枪林立、像珍珠圆润、像碗钉扁平、像松针挺秀；泡茶用水晶莹剔透，天然的山泉水由于含有丰富的矿物质，表面张力比较大，往盛满泉水的碗里投硬币而不外溢，体现弧线之美。茶汤是茶的精华，观其色，赤橙黄绿青蓝紫；尝其味，苦涩鲜甜醇爽酸；闻其香，花香、果香、栗香沁人心脾。正如周作人在《喝茶》中说："在不完全的现实世界中享受一点美与和谐，在刹那间体会永久。"

3. 茶器之美

器是茶艺的重要元素，在儒家思想中，器有金性，金大成而其德在义，阴阳合而义成；形而上者谓之道，形而下者谓之器。器是具体的、看得见的实物，是承载茶汤的工具。俗话说"器为茶之父"，茶器之美早在陆羽的《茶经》中就体现出来了，陆羽用一章的篇幅描写二十四茶器，风炉上铭刻的"尹公羹、陆氏茶"就是陆羽茶道思想的体现。一器成名只为茗，悦来客满是茶香，瓷器的白如玉、明如镜、薄如纸、声如磬，紫砂的形神气态、肌理造型，玻璃质地透明、光泽夺目，竹木的庄重典雅、古色古香，金、银、铜、铁的高贵时尚，各种不同茶具的搭配都能给人以美的享受。

4. 情境之美

茶艺的情境包括场景、意境和气象。茶、水、器、火、境构成了茶艺客观具体的场景，是一种实实在在的物质美；意境则是茶艺作品中所呈现的那种情景交融、虚实相生的形象系统，及其所诱发和开拓的审美想象空间；气象是最动人的茶艺情境，茶艺作为东方审美形态以气象万千处于"道可道，非常道"的时空中，不知来自何方、不知去向何处，驻留在心中片刻的是自由和纯粹，无法用语言来表达。

茶艺的情境之美是通过对茶汤和技艺的审美实现情感的升华，"从来佳茗似佳人"就是作者通过茶艺师对茶汤的技艺诠释，传达了难以言表的情感，"有好茶喝，会喝好茶，是一种'清福'……"表达的是喝茶不是目的，会品茶才能达到享受的境界。茶艺的情境之美是演示者和欣赏者在面对艺术化的饮茶活动时，在心灵中刹那间呈现出一个完整的、充满意蕴和情趣的感性世界。茶艺的情境之美体现在日常生活中，从饮茶艺术化到生活艺术化，生活不再是一种欲望，不再是一种束缚，而是一种内心和谐、愉悦、宁静的享受。

（四）点茶欣赏

点茶是一项技艺性和观赏性很强的沏茶方式，在点茶过程中，茶汤浮面出现的花纹、图案变幻，又使点茶派生出一种游戏，古人称为分茶、茶百戏、水丹青。

点茶的茶盏（碗）以深色为佳，如黑釉盏。点茶碗分为两种，小碗（茶盏）点茶直接饮用或斗茶；大碗（茶钵）点茶后分到茶盏中饮用，或欣赏汤面乳花的"水丹青"；茶盏点茶也可由几个盏花构成一组亦真亦假的"水丹青""茶百戏"。点茶的茶要选上好的茶粉。汤瓶是注水的工具，汤瓶要小，易候汤，瓶嘴注汤要力紧而不散，不滴沥，注水时喷泻而出，水量适中，不能断续。茶筅以老竹做的最好，筅身要厚重、筅条疏劲才有助于茶乳的形成。

点茶时先调膏，将适量茶粉放入茶盏后，持汤瓶的二沸水注汤调膏，水量不可多，手轻筅重，调匀茶末即可。击拂，调膏后沿碗边注汤，用茶筅在碗中"环回击拂"或"周环旋复"，使盏中泛起"汤花"，不断运筅、击拂、泛花，进入美妙的境地，古人称此景为"战雪涛"。小碗（茶盏）点茶注汤、击拂一次完成，大碗（茶钵）点茶则加水多次，击拂多次，每次要求不一，点好的茶是云脚粥面、乳雾汹涌、溢盏而起。

由点茶延伸的斗茶则更具有观赏性。斗茶先斗技术（茶品加工及备末的技术、选水候汤的技术、调膏击拂的技术），再斗艺术（茶碗的艺术性、汤花的艺术性、技术操作的艺术性），决定胜负的标准主要有四个：一是汤色要白，以纯白为上，青白、灰白、黄白则次之；二是汤花咬盏，汤花呈现匀细，如冷粥面，可紧咬盏沿，久聚不散，水脚晚露者胜；三是茶味甘滑，茶汤甘香重滑，色、香、味俱佳为上；四是点茶三昧，就是技艺高超，"三昧手"形容点茶技巧流畅、准确，茶艺师一手握汤瓶，一手拿茶筅，注汤不滴沥，击拂有章法，顷刻间茶盏中的茶汤乳雾涌起，雪涛阵阵，汤花紧贴盏壁，咬盏不散。另外，分茶时，还可以利用茶碗中的水脉，创造出许多善于变化的书画来，美轮美奂。

三、茶之评

评茶就是茶叶感官审评，是利用人的感觉器官科学客观地评价茶叶的品质特征和品质优劣。评茶有国家统一的标准和规范，茶叶审评主要是找出每款茶的品质特点和缺陷弊病，以便改进加工工艺。评茶是一项工作，是技术活儿、脑力活儿，也是体力活儿，因为评茶一般都是站着操作。评茶是由经过训练的专业技术人员——评茶员完成的。

二维码 4-8
微课：茶之评

茶叶感官审评是审评人员运用正常的嗅觉、味觉、视觉和触觉等对茶叶产品的外形、汤色、香气、滋味和叶底等品质因子进行综合分析与评价的过程。

（一）评茶设备与要求

1. 评茶室环境的要求

评茶室应建立在空气干燥、环境清静、窗口面无高层建筑及杂物阻挡、无反射光、周围无异气污染的地区，室内应空气清新、无异味，温度和湿度应适宜，室内安静、整洁、明亮，在北半球要求坐南朝北、北向开窗，面积应不小于 10 平方米。墙壁和内部设施的色调应选择中性色，避免影响被检样品颜色的评价。墙壁漆成乳白色或接近白色，天花板要求用白色或接近白色，地面为浅灰色或较深灰色。室内应保持无异气味，室内的建筑材料和内部设施应易于清洁，不吸附和不散发气味，器具清洁不得留下气味。周围应无污染气体排放。室内噪声不超过 50dB。

室内光线应柔和、明亮、无阳光直射、无杂色反射光，利用室外自然光时，前方应无遮挡物、玻璃墙及涂有鲜艳色彩的发射物，开窗面积大，使用无色透明玻璃，并保持洁净。当室内自然光线不足时，应有可调控的人造光源进行辅助照明，可在干、湿评台上方悬挂一组标准日光灯管，应使光线均匀、柔和、无投影，干评台工作面照度约为 1000LX，湿评台工作面照度不低于 750LX。

室内应配备温度计、湿度计、空调机、去湿及通风装置，使室内温度、湿度得以控制。评茶时室内温度应保持在15℃~27℃，室内相对湿度不高于70%。应配备干评台、湿评台、各类茶审评用具等基本设施。应配备水池、毛巾，方便审评人员评茶前的清洗及审评后杯碗等器具的洗涤。

2. 评茶室布局的基本要求

评茶室的区域一般分为四个部分，即干评区、湿评区、样茶区、洗涤区。各功能区的清晰划分是合理布局的基础。干评区一般靠近北面窗口，湿评区排在干评区的后面，相距1米左右。样茶区与洗涤区分置在东西两侧，有利于操作。布置合理有助于高效地安排评茶时的人员分工和审评批次。

3. 审评用具与设备

干评台，高800~900mm、宽600~750mm，黑色亚光；湿评台，高750~800mm、宽450~500mm，白色亚光；审评杯碗，白色瓷质，大小、厚薄、色泽一致。有三种规格：初制茶（毛茶）杯/碗（杯，圆柱形，容量250ml；碗440ml）；精制茶（成品茶）杯/碗（杯，圆柱形，容量150ml；碗240ml）；乌龙茶杯/碗（倒钟形，杯容量110ml；碗160ml）。

图4-44　柱形审评杯碗

图4-45　倒钟形审评杯碗

杯碗柜，放置审评杯/碗、汤碗、汤匙等用具，可与湿评台组合。审评盘，正方形，230mm×230mm×33mm，白色、无异味。叶底盘，精制茶，小木盘，100mm×100mm×15mm，黑色；毛茶和名优茶，搪瓷盘，230mm×170mm×30mm，白色。其他还有茶匙、网匙、汤杯、吐茶筒、烧水壶、天平或电子秤、计时器、刻度尺、封口机、贮茶筒柜、冰箱或冷藏柜等。

（二）评茶员的要求

评茶员要经过专业训练，通过国家职业技能鉴定考试合格，持有评茶员证书；或经过大专院校茶学专业的教育，拥有大专以上学历；身体健康（无传染病、不色盲），感觉器官灵敏，无不良嗜好，视力正常；持食品从业人员健康证上岗；审评前更换工作服（一般穿白大褂），洗净双手；评茶前不能使用化妆品，不得吸烟、吃辛辣食品。

（三）评茶前的相关工作

1. 样品的接收与保管

样品接收要求数量在250g以上；清晰记录接样单，包括茶类、茶名、数量、生产日期与单位、送样日期、送样单位与送样人、参照的标准、要求检验的项目（感官定级、理化、卫生）等，同时检查包装是否完好。样品接收以后将茶样与接样单一起放置在茶样柜中，如气温高于20℃或者放置时间大于三天的，要将样品收入冷藏柜中。

2. 扦样和分样

扦样就是从茶厂或市场抽取茶样，扦样是能否正确评判茶叶质量的关键。扦大样时要根据件数有比例地抽检，所扦样品能代表所评茶叶质量的总体水平。扦样数量按国家标准规定执行，1～5件，取样1件；6～50件，取样2件；50件以上，每增加50件（不足50件者按50件计）增取1件；500件以上，每增加100件（不足100件者按100件计）增取1件；1000件以上，每增加500件（不足500件者按500件计）增取1件。精制茶按以上取样数量规定，用取样工具每件取出样品约250g，混匀后用分样器或四分法逐步缩分至500～1000g。毛茶取样在每件上、中、下、左、右边各扦一把，混匀后也缩分至500～1000g。

取好的样品必须迅速装在清洁、干燥、密闭性良好的包装容器内。每个样品的容器都必须有标签，详细标明采样地点、日期、产地或牌号、批号、取样者以及其他有关交付的重要事项，如种类、等级等。

3. 审评用水的准备

茶叶审评所用的水理化指标及卫生指标参照GB 5749—2006执行；水质要无色、透明、无沉淀物，无肉眼可见物，无味无嗅，浑浊度小于3°，水质硬度（以$CaCO_3$计）小于450mg/L，微生物检测各项指标合格。同一批茶叶审评用水水质应一致。因此评茶用水可用山泉水、桶装水等软水。另外，茶叶审评的水温应是100℃。

（四）评茶的操作和基本程序

1. 把盘

把盘俗称摇样匾或摇样盘，是审评干茶外形的首要操作步骤。把盘一般分为三个过程，即摇盘、收盘和簸盘。将100～200g样茶倒入评茶盘中，摇盘：双手拿住评茶盘对角的边沿，左手拿住评茶盘缺口一角，而后运用均匀手势做前后左右回旋转动，使盘中茶叶分成上中下三层。收盘：双手拿住评茶盘对角的边沿，分别用左右手颠簸评样盘，使均匀分布在样盘的茶叶收拢呈馒头形。簸盘：双手拿住评茶盘相对两边的边沿，然后双手同时做上下动作，使盘下细小轻质的茶叶簸扬在样盘上方。

2. 干评外形

初制茶从形状、嫩度、色泽、整碎、净度五个方面综合判别茶叶的质量。精茶从形状、色泽、整碎、净度四个方面评价。形状主要看茶样的形状是否达到要求，能否保持原有的风格，如龙井茶扁平、光滑、挺直；碧螺春纤秀、卷曲、如螺等。嫩度是审评茶叶级别的主要依据，茶叶的嫩度可以从含芽量、颜色、光润度、茸毛含量等各方面综合评判。色泽看颜色与光泽度，不同的茶由于原料与加工方法不一，颜色与光泽度不一，因此可以判断茶叶的种类与级别。整碎与净度主要是看茶叶的完整程度和夹杂物的多少。

3. 茶汤制备

就是冲泡茶汤，按规定的茶水比1∶50或1∶22统一计时，绿茶4分钟，红茶、白茶、黄茶5分钟，乌龙茶条形5分钟、颗粒形6分钟；乌龙茶如用特制倒钟形盖碗冲泡，要冲泡三次，分别是2分钟、3分钟、5分钟，带汤闻香。到规定时间后，将杯内茶汤滤入审评碗内，留叶底于杯内。黑茶和花茶的冲泡次数和时间另有不同。

4. 看汤色

用目测法审评茶汤，审评时应注意光线、评茶用具对茶汤审评结果的影响，随时可调换审评碗的位置以减少环境对汤色审评的影响。审评汤色主要看颜色的种类与色度、明暗度、清浊度。一般来说，红茶应红艳明亮；绿茶应嫩绿或绿，清澈明亮。

5. 嗅香气

一手持杯，一手持盖，靠近鼻孔，半开杯盖，轻嗅或深嗅，每次持续2~3秒，反复1~2次；嗅香气应以热嗅、温嗅、冷嗅相结合进行。热嗅辨香气的纯异，温嗅辨香气的质量、高低与香型，冷嗅辨香气的持久性。香气从高到低可以描述为高鲜持久、高、尚高、纯正、平和、低、粗等。

6. 尝滋味

用茶匙从审评碗中取一浅匙吮入口中，茶汤入口在舌头上循环滚动，使茶汤与舌头各部位充分接触，并感受刺激，随后将茶汤吐入吐茶桶或咽下；茶汤温度一般在50℃左右较合评味要求，太高，舌头烫麻；太凉，敏感性差。

滋味的辨别要从茶汤的浓淡（刺激性的强弱）、厚薄（茶汤内含物的多少）、爽涩、纯异等方面去判断。从高档茶到低档茶的基本描述为浓烈、浓厚、浓纯、醇厚、醇和、纯正、粗涩、粗淡等。

7. 评叶底

叶底也是一项比较重要的因子，可用视觉和触觉来评定。毛茶的内质主要看叶底。审评叶底主要评叶底的老嫩、厚薄、色泽与均匀度。嫩度可以通过色泽和软硬以及芽的多少、叶脉的情况判断。名优茶的叶底嫩度很好，有的用单芽制成，有的用一芽一二叶初展，也有的成熟度较高。乌龙茶的叶底成熟度高，基本看不到芽。匀度是指厚薄、老嫩、大小、整碎、色泽是否一致。色泽可以参考汤色。

有经验的评茶师可以从叶底中看出茶叶的品种、栽培条件和加工技术的高低，因此，叶底的审评对于毛茶的审评非常重要。

（五）评茶结果判断及审评术语

1. 级别判定

对照一组标准样品，比较未知样品与标准样品之间某一级别在外形上和内质上的相符程度（或差距）。首先对照一组标准样品的外形，从外形的形状、嫩度、色泽、整碎和净度五个方面综合判定未知样品等于或约等于标准样品中的某一级别，即定为该未知样品的外形级别。然后从汤色、香气、滋味和叶底四个方面综合判定未知样品等于或约等于标准样中的某一级别，即定为该未知样品的内质级别。未知样品最后级别按下列公式计算：

$$未知样品的级别 =（外形级别 + 内质级别）÷2$$

2. 合格判定

以成交样或标准样相应等级的色、香、味、形等品质要求为依据，按规定的审评因子和审评方法，将未知样对照标准样或成交样逐项对比审评，判断差距按"八因子""七档制"（高，较高，稍高，相当，稍低，较低，低）判定产品的质量。

表 4-1 七档制审评方法

七档制	评分	说明
高	+3	差异大，明显好于标准样品
较高	+2	差异较大，好于标准样品
稍高	+1	仔细辨别才能区分，稍好于标准样品
相当	0	标准样品或成交样品的水平
稍低	−1	仔细辨别才能区分，稍差于标准样品
较低	−2	差异较大，差于标准样品
低	−3	差异大，明显差于标准样品

打分后将所有因子分数相加得出一个总分，审评结果判定是若任何单一审评因子中得 −3 分或 +3 分者直接判该样品为不合格。若所有因子都在 +2 或 −2 分以内，则总得分 ≤ −3 分或 ≥ +3 分者判定该样品为不合格，在这之内的都是合格的。

3. 品质评定

根据品质的高低按百分制给各因子（一般为外形、汤色、香气、滋味和叶底五因子）打分，然后乘以各因子所占的权数所得的总和。如绿茶得分 = 外形（25%）× a + 汤色（10%）× b + 香气（25%）× c + 滋味（30%）× d + 叶底（10%）× e，a、b、c、d、e 为评茶员所给的分数（百分制）。总分相同者则按"滋味→外形→香气→汤色→叶底"的次序比较单一因子分数的高低，高者居前。

4. 评茶术语

茶叶感官审评术语则按照国家标准 GB/T 14487—2017 中的标准术语来描述，每审评一项因子要及时记录评语。评语要客观、准确、简洁，反映所评茶叶的品质特征，等级评语要反映级差，上一级高于下一级，评语有褒义词，也有贬义词，有专用词，也有通用词，有只能用于一项因子的，也有可用于多项因子的，要灵活运用，熟练掌握。

四、茶之境

品茗环境是指人们在品饮香茗时所处的环境和空间条件，构成因素主要包括四个方面：一是饮茶所处的周围环境、自然景色、建筑设施、时令节气、地域风情等，涉及园林、建筑、装饰、插花、挂画、音乐、灯光等多方面的因素；二是品饮者的心理素质，无事、无我、无忧、无虑；三是冲泡茶的本身条件，茶、水、器、艺、技的完美搭配；四是人际关系，有共同情趣爱好的品饮者。四者完美结合，必然使品茗情趣上升到一个新的境界。

二维码 4-9

微课：茶之境

（一）古人论品茗环境

我国古代对品茗环境有很高的要求，对地点、礼节、环境等无不讲究协调。唐代皎然和尚认为，品茶是雅人韵事，宜伴琴韵、花香和诗草。欧阳修在其《尝新茶》诗中就强调"泉甘器洁天色好，坐中拣择客亦嘉"。饮茶的方法、环境、地点之间要有和谐的美学意境，要使饮茶从物质享受上升到精神和艺术的享受。人们特别强调品茶与周围环境间的关系，除了力求茶质优良、水质纯净、冲泡得法、茶器精美之外，还十分注重环境的选择，青山秀水、小桥亭榭、琴棋书画、幽居雅室是理想的品茗环境。

唐代品茶环境大多以清幽为主。如杜甫的"落日平台上，春风啜茗时"，钱起的"竹下忘言对紫茶，一片蝉声片影斜"，韦应物的"洁性不可污，为饮涤尘烦"。还有僧人灵一作有《与元居士青山潭饮茶》："野泉烟火白云间，坐饮香茶爱此山。"这些诗作都体现出唐人的品茗环境追求淡雅清爽、注重与大自然山水同在。

宋代对饮茶环境的要求多元化发展，宫廷、官府和上层社会追求奢侈、豪华，程式化严重，谈不上韵味。民间则注重饮茶中的交流和叙谈，茶肆、茶坊环境优雅、欢快活泼。到宋代中后期，文人墨客反对茶饮过分礼仪化，要求回归自然。

不过，对品饮环境最讲究的是明代的文人墨客。他们往往把品饮活动置于大自然中，独览山水之胜、饱尝林泉之趣，使整个品饮活动充满诗情画意，颇合天地之道。即使是在室内，也要将插花、书画、焚香与品茶结合在一起，真正使饮茶从物质享受上升到精神和艺术的享受。

朱权《茶谱》认为品饮者应该是"凡鸾俦鹤侣，骚人羽客，皆能自绝尘境、栖神物外"者，自然环境是"或会于泉石之间，或处于松竹之下，或对皓月清风，或坐明窗静牖"，才能"不伍于世流，不污于时俗"。罗廪《茶解》津津乐道的是："山堂夜坐，手烹香茗。至水火相战，俨听松涛，倾泻入杯，云光潋滟。此时幽趣，故难与俗人言矣。"明代杰出书画家、文学家徐渭强调品茶的环境必须是"凉台静室，明窗曲几，僧寮道院，松风竹月，晏坐行吟，清谈把卷"。在其《徐文长秘籍》中，他提出品茶要求环境幽雅："茶，宜精舍、云林、竹灶、幽人雅士，寒霄兀坐，松月下，花鸟间，青石旁，绿鲜苍苔，素手汲泉，红妆扫雪，船头吹火，竹里飘烟。"所以屠本畯《茗笈》说："煎茶非漫浪，要须人品与茶相得，故其法往往传于高流隐逸，有烟霞泉石磊块胸次者。"他们所论，都把品茶看成风雅而高尚的事情，认为自然环境、人员素质是品饮的基本条件，都反复强调在品茶时对茶、水、器、环境、人、心情等的要求。许次纾在《茶疏》中提出茶叶品饮时的心情环境应当是："心手闲适，披咏疲倦。意绪纷乱，听歌拍曲。歌罢曲终，杜门避事。鼓琴看画，夜深共语。明窗净几，佳客小姬。访友初归，风日晴和。轻阴微雨，小桥画舫。茂林修竹，荷亭避暑，小院焚香。酒阑人散，儿辈斋馆。清幽寺观，名泉怪石。"内容涉及品茶时所处的自然环境、人文环境和饮茶的心境。可见明代人力求在幽雅的饮茶环境中追求一种心的宁静与性灵。同时他还提出"宜辍"，即应停止品茶的情况："作字，观剧，发书束，大雨雪，长筵大席，翻阅卷帙，人事忙迫，及与上宜饮时相反事。"品饮"不宜用"的是："恶水，敝器，铜匙，铜铫、木桶，紫薪，麸炭，粗童，恶婢，不洁巾帨，各色果实香药。"品饮

"不宜近"的是："阴室，厨房，市喧，小儿啼，野性人，童奴相哄，酷热斋舍。"对于来客，也很有讲究："宾朋杂沓，止堪交错觥筹。乍会泛交，仅须常品酬酢。惟素心同调，彼此畅适，清言雄辩，脱略形骸，始可呼童篝火，酌水点汤。"

明代冯可宾在《岕茶笺》中谈到"茶宜"的十三个条件。一是"无事"，神怡务闲，心中无事，悠然自得，有品茶的工夫；二是"佳客"，人逢知己，有志同道合、审美趣味高尚的茶客；三是"幽坐"，心地安适，自得其乐，有幽雅的环境；四是"吟咏"，以诗助茶兴，以茶发诗思；五是"挥翰"，濡毫染翰，泼墨挥洒，以茶相辅，更尽清兴；六是"倘佯"，小园香径，闲庭信步，时啜佳茗，幽趣无穷；七是"睡起"，酣睡初起，大梦归来，品饮香茗，又入佳境；八是"宿醒"，宿醉难消，茶可涤除；九是"清供"，鲜清瓜果，佐茶爽口；十是"精舍"，茶室雅致，气氛沉静；十一是"会心"，心有灵犀，启迪性灵；十二是"赏鉴"，精于茶道，仔细品赏，色香味形，沁人肺腑；十三是"文僮"，僮仆文静伶俐，以供茶役。《岕茶笺》还提出"禁忌"，即不利于饮茶的七个方面：一是"不如法"，煎水瀹茶不得法；二是"恶具"，茶具粗恶不堪；三是"主客不韵"，主人、客人举止粗俗，无风流雅韵之态；四是"冠裳苛礼"，官场往来，繁文缛礼，勉强应酬，使人拘束；五是"荤肴杂陈"，腥膻大荤，与茶杂陈，莫辨茶味，有失茶清；六是"忙冗"，忙于俗务，无暇品赏；七是"壁间案头多恶趣"，环境俗不可耐，难有品茶兴致。

纵观我国古代人对品茶环境的选择，大多强调亲近自然山水，追求幽雅清静，这与我国传统的儒释道思想及隐士文化密切相关。人们在自然山水间以茶为媒对人生、对世界产生感悟，情感、心境趋向宁静、淡雅，达到"天人合一"的境界。

（二）现代品茗环境

现代品茗环境是指泡茶、奉茶、品茗的空间，除满足茶事活动所有功能需求外，还包括审美与意境上的要求。正式的茶会、茶事、茶宴等活动需要精心设计布置，个人、家人、朋友之间日常喝茶聚会则可简易布置，可放在室内，也可置于室外或亭、台、阁、榭等半开放空间。品茗环境不仅包括景、物，相关艺术的呈现和应用，还包括人和事，是指人们在品尝香茗时所选择和营造的氛围及条件，包括自然景色、人工设施、艺术呈现、茶具、饮茶对象、心情以及时令节气等诸方面因素。

1. 品茗环境的景、物等基本要素

品茗时的自然环境包括时令节气、松涛月影、云间幽径、名泉飞瀑、茂林修竹、荷风避暑、风日晴和、柳浪闻莺等，人工设施和人文环境包括亭台楼阁、园林建筑、清幽寺观、书院草堂、茶室茶馆等。人工设施与自然环境完美结合是理想的品茗环境，

因此很多品茗场所都建在风景名胜区或自然环境很好的地方。另外，有了好的自然环境，品茗场所内部也要满足一些基本要求。

（1）空气。进行茶事的环境空气必须清新，特别是室内要保持空气流通，这样才能使参与茶事的人心情愉悦、专注、轻松、愉快地泡茶、奉茶和品茶。

（2）光线。品茗环境的光线宜柔和，但要避免昏暗，可采用自然光源或人造光源（灯光），光线的应用可利用开窗技巧、光源或灯具、物件反射等因素塑造光影造型、影像等效果，营造品茗环境的气氛。

（3）气温。品茗环境的气温要配合季节调整出舒适的温度，冬暖夏凉，微风徐徐，干爽舒适，切忌闷热。

（4）声响。也就是环境噪声。品茗环境宜安静，周边不能嘈杂，即使在闹市区也最好选择闹中取静的环境，有时突如其来的声音极易影响品茗的心情，但烧水、走路、茶具操作的声音等是事茶的一部分，但也尽量要轻。

（5）绿色植物。绿色植物可使环境更贴近大自然、更有生气，也能净化空气，因此室内最好摆放一些盆栽绿植。还有水的巧妙运用，室内的水钵、水体构建会更贴近大自然，使品茗环境富有生机和灵性。

（6）茶具。好的茶具本身具有观赏性，有艺术美，各种泡茶用具搭配要和谐美观，并且与所泡的茶相协调。好茶、好水要用好的器具才能发挥出最佳的色香味形之美。

2. 品茗环境中的艺术应用

古人说茶通六艺、六艺助茶，插花、挂画、焚香、音乐等艺术与品茗关系紧密，可以塑造优雅的品茗环境。在品茗环境中，应以"茶"为主角，其他相关艺术应用为配角，切忌喧宾夺主。

插花。插花所使用的材料不只是花，还包括叶子，也可使用枯枝、果实、石头等材料，将这些材料组合成一件赏心悦目的作品，就是插花。插花的应用可以表现茶席的主题，增加品茗环境的美感。

（1）插花已经成为一门独立的艺术，但在茶席上插花仍要以"茶"为主角，品茗茶席上所插的花称"茶席之花"，简称"茶花"，目的是以花衬托品茗环境，不是以插花艺术为主题。花器可选用碗、盘、缸、筒、篮等，所用花材香气不宜太强，会干扰茶味，花的大小、颜色必须配合整体茶席的主题。总之，插花可以表达主人的心情，可以寓意季节，突出茶会主题。

（2）挂画（茶挂）。挂画是将书法、绘画等作品挂靠于茶席或品茗空间的墙上、屏风上，最好是与茶有关的诗词、对联、楹联、绘画等，与茶事活动的主题及茶席相协调，整体的风格与美感要一致，不可挂得太多，也忌悬空吊挂。挂画仅为品茗空间的

点缀，挂画能营造出高雅、古朴、宁静的品茗环境和艺术氛围。

（3）焚香。焚香也是一门生活艺术，在品茗时的应用分为"香气"和"烟景"。香气有助于塑造品茗环境的气氛，烟景配合其他视觉效果，构成立体的品茗环境语言。焚香的香气不能太强，否则会影响对茶香、茶味的欣赏。一般在品茗开始前先焚香至适当的香气浓度即停止，品茗开始时，宾客可以体会到香气的存在，既领会了所塑造的风格，又不会影响对茶香味的品赏。对于烟景，必须与茶席隔开，最好是泡茶之前先让客人欣赏，然后品茗。

（4）音乐。古代修身养性四课"琴棋书画"中琴就代表音乐，音乐可以陶冶情操、提高素养，在品茗中用音乐来营造意境，可以使人心情愉悦、身心放松，流畅的旋律、高雅的格调能够引发茶人心中隐藏的美。音乐的种类有很多，不是所有的音乐都适合品茗时播放，品茗时选择的音乐有以下几类：一是我国的古典名曲，如《春江花月夜》《空山鸟语》《流水》《幽谷清风》等反映美景、山水的音乐；二是作曲家专门为品茶所写的音乐，如《闲情听茶》《乌龙八仙》《桂花龙井》《幽兰》等；三是精心录制的大自然的声音，如山泉飞瀑声、小溪流水声、雨打芭蕉声、鸟语蝉鸣声等。

3. 品茗环境中的人和事

（1）人境。品茗与茶艺是人与人之间高层次的交流，对品茗对象与人数选择十分讲究，最早提出品茗人数的是陆羽，他在《茶经》中写道："夫珍鲜馥烈者，其碗数三。次之者，碗数五。若坐客数至五，行三碗；至七，行五碗；若六人已下，不约碗数，但阙一人而已，其隽永补所阙人。"一次煎煮的茶有3~5碗，最多六人饮用。明代张源《茶录》中说："饮茶，以客少为贵，众则喧，喧则雅趣乏矣。独啜曰幽，二客曰胜，三四曰趣，五六曰泛，七八曰施。"鲁迅在《喝茶》中说："喝茶当于瓦屋纸窗下，清泉绿茶，用素雅的陶瓷茶具，同二三人共饮，得半日之闲，可抵十年的尘梦。"纵观古今，品茗人数不能多，一人得幽、二人得趣、众人得慧，即使在大型茶会上，也要分成五六个人一桌，有个相对清净的交流空间。

独饮得幽，孤独不是寂寞，也不是无聊，而是一种心灵境界。一人独处时，其思想是自由的、高贵的，是一种圆融的状态，在幽静的环境下品茗独饮，怡然自得、宁静致远、淡泊名利，有时还能激发诗思，达到人生境界的升华。卢仝在独饮中品得《七碗茶诗》，苏东坡在独饮中品味到了放达、惬意，陆游在独饮中品味到了无奈和孤寂。独饮得幽是品茗人的内心写照，是他们对世事人情的感悟。

对饮得趣，知己对坐，品茗论道，闺蜜私语，烹煮香茗，闲聊家事人情，这样的对饮在知己好友间是极富吸引力的。古时陆羽与皎然品茶谈诗，杜耒的"寒夜客来茶当酒"，都描写了对饮的情趣。现代生活中，朋友、同事、家人得闲都可对饮，或好茶分享，或上茶馆、茶室品茗，边饮边聊，其趣无穷。

众饮得慧，三人为众，三人饮茶正合"品"字之义，饮茶自古就是一种多人一起的休闲娱乐活动，陆羽的茶具就是为多人设计的。明代张源认为多人饮茶是"趣、泛、施"。现代多人聚在一起喝茶才是国人的最爱，茶馆、茶摊、茶会、茶宴都是众人一起品茶的地方，南来北往、志同道合的人聚在一起，三五人围坐一张茶桌，品茗休闲、歇脚闲聊，或品茗赏月、吟诗作画，以期获得片刻休憩或轻松闲适的精神享受。

品茗环境要讲究人品和事体，明代徐渭《煎茶七类》开篇就说，品茶一事，第一条要看人，"一、人品。煎茶虽微清小雅，然要领其人与茶品相得，故其法每传于高流大隐、云霞泉石之辈、鱼虾麋鹿之俦"。还有"六、茶侣。翰卿墨客，缁流羽士，逸老散人或轩冕之徒，超然世味者"。人品与茶品相得，则是乐事、韵事。平时家中妻儿小酌，茗中透着亲情；友人来访，茶中含着敬意；三五知己相聚，品茗论道、志同道合；少数民族奶茶盛会，表达民族豪情与民族兄弟情谊。品茶先品人，品茶讲人品，品茶者心境要平和、矜持、不躁，只有这样才能体现传统茶德。

（2）心境。品茗时的心境是指闲适、虚静、空灵的精神状态。

茶自从开始饮用时就有静心宁神的作用，自古僧人、道士在日常修行时常用茶来保持自己心神宁静的精神状态，现代人品尝香茗一定要静下心来，心静才能品得茶的苦、涩、鲜、甜、香以及茶的味外之味。平常心是行茶最重要的，拥有一颗平常心，品茗时才能真正做到心静。静下心来品尝香茗，同样一盏茶，不同的人会品尝出不同的味道。

第三节　茶与礼仪

一、客来敬茶

客来敬茶是中国人朴素的传统待客之道，一杯融入精神内涵的茶正是我国人民崇尚友善、爱好文明的象征。从唐代开始，茶逐渐走进千家万户，成为百姓的基本生活资料，慢慢演化成一种社交方式——客来敬茶。来者是客，热情招待，以茶为先、以茶

二维码 4-10

微课：茶艺礼仪

为礼成为习俗。这种习俗与社会原有的一套礼仪相结合，不仅体现了人们的一种生活情趣，而且逐渐演变成一种约定俗成的礼节形式，流传了上千年，成为中国传统文化的一个组成部分。

（一）客来敬茶的由来及发展

《孟子》曰"冬日则饮汤，夏日则饮水"，《列子》曰"夫浆人特为食羹之货，无多余之赢"，都强调生活中需要各种饮品。东晋时，茶已作为居常饮料，而客来敬茶习俗的形成，也基本与此同步。晋代张载有诗"芳茶冠六清，溢味播九区"，说明在巴蜀地区，茶与其他饮品相比具有优势。晋代王蒙的"茶汤敬客"、陆纳的"茶果待客"、桓温的"茶果宴客"，至今仍被传为佳话。客来敬茶的习俗从这一时期开始已慢慢深入人心。宾客临门，一杯香茗，既表示了对客人的尊敬，又表示了以茶会友、谈情叙谊的至诚心情。

唐以后，客来敬茶习俗的流行地区和范围日渐扩大，江南之外的岭南地区也出现了这一习俗，正如《茶经》七之事所曰："又南方有瓜芦木，亦似茗，至苦涩，取为屑茶，饮亦可通夜不眠。煮盐人但资此饮，而交广最重，客来先设，乃加以香芼辈。"南方地区也逐渐以茶敬客。

北宋时，客来敬茶的习俗已遍行于全宋，客来设茶，送客点汤。宋代朱彧在《萍州可谈》说："茶见于唐时，味苦而转甘，晚采者为茗，今世俗，客至则啜茶……此俗遍天下。"清人俞樾所著《茶香室丛钞》中摘引了宋代无名氏《南窗纪谈》的一段话："客至则设茶，欲去则设汤，不知起于何时，然上自官府，下至闾里，莫之或废。"可见，以茶待客的礼俗，作为一种对客人的尊重和联络感情的媒介，当时已十分普遍，广为盛行。

至明代，客来敬茶已成为当时社会生活中必不可少的礼节。客来敬茶，不仅在国内是历代相袭的传统风习，而且也影响到周边国家。清人王锡祺辑《小方壶斋舆地丛钞》，载日本冈千仞《观光纪游》明治十七年（1889）五月十三日记："我邦风化皆源于中土……宾至必进茶，宾不轻饮，待将起而一啜，主见之为送宾之虞（准备）。"现在不仅日本有此风俗，而且蒙古国、朝鲜、越南等国也有客来敬茶的习惯。

唐代颜真卿的"泛花邀坐客，代饮引情言"，宋代杜耒的"寒夜客来茶当酒，竹炉汤沸火初红"，清代高鹗的"晴窗分乳后，寒夜客来时"等诗句，都表明我国历来有客来敬茶、重情好客的风俗。按中国人的习惯，客人来时，如果家里有几种好茶，会一一向客人介绍并冲泡后让客人品尝比较。茶具不论珍贵与否，一定会洗得干干净净，泡茶时不要一次将水冲得过满，以七分满为宜，这叫"七分茶、三分情"。敬茶时必须恭恭敬敬用双手奉上，主人轻轻道一声"请喝茶"，这是主人对客人表示欢迎和尊敬而常说的一句话。

现在，人们对客来敬茶已习以为常。然而，平常之中寓哲理。它是一种精神的象征，是一种崇尚文明的表现。

（二）以茶敬客的含义

我国历来就有"客来敬茶"的民俗。当今社会，客来敬茶更成为人们日常社交和家庭生活中普遍的往来礼仪。茶宴、茶会、茶艺、茶话、茶礼、茶仪等，都属于客来敬茶的范畴，少数民族的各种与茶相关的风土人情也在此列。古今对客来敬茶的意义，虽然有不尽相同的解释，因人、因事、因地而异，但总的精神是表示友爱和文明。因为茶是纯洁、中和、美味的物质，用茶敬客可以明伦理、表谦逊、少虚华、尚俭朴。庄晚芳先生认为，古往今来的客来敬茶，有以下五方面的含义：一为洗尘，二为致敬，三为叙旧，四为同乐，五为祝福。

洗尘，即为来客接风。客人到来，以茶相迎，表示了主人的诚意。客人也许一路辛苦而心烦意乱，但接过主人递上的一杯热茶，"尘"心便一洗而尽，此可谓"尘心洗尽兴难尽""泛然一啜烦襟涤"。茶本有提神消疲的自然功效，而以茶敬客更给人以精神的愉悦。

致敬，有敬爱、敬重、敬仰之意。对客人表敬意，有的用酒，有的用糖果等，但用茶敬客是人类生活的必然选择。茶的品性比酒好，既能表谦逊，又能给人以精气神儿。"一杯清茶，口齿留香"，让人神情愉悦。

叙旧，包括叙别、叙事和叙谈等。与亲朋好友叙旧事、拉家常，有茶助兴，谈兴更浓。若是初交，有茶在手，便拉近了距离，开阔了话题。宋代林逋有诗云"世间绝品人难识，闲对茶经忆故人"就是这个道理。"一杯春露暂留客，两腋清风几欲仙"，很难说是叙旧之情，还是茶情的绵延。

同乐，是指边喝茶，边叙旧，从中获得乐趣。"有朋自远方来，不亦乐乎？"好友相聚有茶相伴更添快乐。宋代梅尧臣有诗"汤嫩水清花不散，舌甘神爽味更长"。古代的客来敬茶，贯穿于烹茶全过程，主客在烹煮品饮之中得神、得趣又得味，自然增进了欢愉和乐趣。

祝福，是发自内心的问候，福、禄、寿、喜、健是人们共同的理想追求，是年轻和健康的一种象征。"茶"字的笔画结构隐喻"108"这个吉利数字，象征108岁，因此人们敬颂茶寿。开国元勋朱德元帅一生喜欢饮茶，曾吟诗云："庐山云雾茶，味浓性泼辣，若得常年饮，延年益寿法。"以茶祝福，看似没有酒辞那么丰富，实则比酒更充实、更纯洁、更美好。

（三）客来敬茶的习俗

客来敬茶作为一种礼仪，历来就有许多讲究，比如用壶口与壶柄前后相对的壶给客人斟茶，如以壶柄向客，则表示以客为尊，如以壶口向客，则表示以客为卑。《礼记·少仪》曰："尊壶者，面其鼻。"其中的"鼻"即"柄"，把壶柄朝向客人是敬客之意，因此，客来敬茶时不能以壶口对客。敬茶以沸水为上，"无意冲茶半浮沉"，用未开的水冲茶，茶一定浮在杯面，认为这是无意待客，有不够礼貌之嫌。客人接茶后用右手食指和中指并列弯曲，轻轻叩击桌面，表示感谢之意，或直接道一声"谢谢"。

另外，由于各地风俗习惯的不同，客来敬茶的形式与方法也各有差异。客家人素有好客的美称，家里来了客人，首先要沏上一壶茶，给客人倒上后，再端上几碟小点心，如冬瓜片、橘饼、花生、红薯片等，主人要陪坐在一旁，不断为客人添茶，此时客人要用双手接茶。安徽徽州人的茶礼非常讲究，民谚云"上茶三分等"，有宾客上门，主人先端上香醇的热茶，双手敬茶、茶满七分，有贵宾临门或遇上喜庆节日，讲究吃"三茶"，枣栗茶、鸡蛋茶和清茶，大年初一、正月拜年、婚礼、新娘回门都要吃三茶，又叫"利市茶"，象征大吉大利、发财如意。江西人有着丰富的客来敬茶礼仪，赣南客家地区，待客都飨以醇香美味的擂茶，修水、武宁等地敬菊花茶、什锦茶、米泡茶等，樟树等地则用白糖调水敬客。主人用双手敬茶，客人用双手接茶，并向主人致谢。斟茶时不宜过满，否则是对客人的不尊重。添茶时，主人要一手提壶，一手摁住壶盖。客人要有礼貌，不管是否口渴，都要喝一点。在主人添茶时，客人要用食指和中指轻叩桌面以示感谢。如果不想再喝，就合上杯盖。在告辞之前，要先把杯中的茶喝完，表示对茶的赞赏。江西贵溪人称喝茶为"吃茶"。客到后，主人先端上半碗白开水供客人漱口用。接着主人摆上各种茶果，如干红薯片、花生、豆子及各类菜干等。茶果上齐后，主人才将碗中的白开水倒掉，换上滚热的茶，这才是真正的"吃茶"。南宋首都临安（今杭州），每年"立夏"之日，家家各烹新茶，并配以诸色细果，馈送亲友比邻，称为"七家茶"，这种习俗，今日杭州郊区农村还保留着。嘉兴桐乡湖州一带百姓，客人进门后都敬青豆茶，用绿茶、烘青豆和笋干配制而成，青豆茶口味微咸而鲜香，茶经过3~4次冲泡后，就可将青豆食之，不软不硬，非常可口。江南一带过新年，还有以"元宝茶"敬客的，即在茶盅内放两颗青橄榄，表示新春祝福之意。江苏苏州、常熟一带，客人上门，"无茶不成礼"，茶是必不可少的接待之礼。客人坐定后，主人根据来客的年龄、性别、习惯来敬茶。一般给年老的客人敬红茶，俗称"浓茶"，给年轻的客人敬绿茶，俗称"淡茶"；给女客则敬茉莉花茶或玳玳花茶，俗称"香茶"。如果客人自己讲明喜欢饮什么茶，主人也就遵照客人的意思敬茶。敬茶也要双手捧杯，接茶亦如此。倒茶或者冲茶，在茶杯或茶壶内倒至七成即可，忌满茶或满壶，这称为

"茶七酒八"。

我国少数民族地区敬茶的礼俗也不少。如藏族同胞几乎家家户户的火盆上，都经常炖着一壶酥油茶，来了客人就要敬奉。蒙古族牧民如果有客人到，主人就会把飘香的奶茶，连同具有草原风味的炒米、奶酪、奶饼，一一摆到客人面前。云南的白族同胞，遇有客人来访，总要以具有本民族特色的"一苦二甜三回味"的"三道茶"来接待。到布朗族村寨去做客，主人会用著名的土特产——清茶、花生、烤红薯来款待。景颇族用"烤茶"敬客，东乡族用盖碗茶敬客。在湖南、广西毗邻地区的苗族或侗族山寨，主人会让你尝到难得的"打油茶"。

二、茶与婚姻

在我国历史上，茶被看作一种高尚的礼品、纯洁的化身和吉祥的象征物，是一种有灵性的物品。唐太宗贞观十五年（641），三十二世藏王松赞干布到大唐请婚，唐太宗决定把宗室养女文成公主下嫁于他。文成公主远嫁吐蕃，按照汉民族的礼节，她带去了陶器、纸、酒和茶叶等嫁妆，这是我国茶与婚礼联系的最早记载。

（一）茶与婚姻的关系

唐朝，社会上"风俗贵茶"。反映在婚礼方面，茶叶不仅成为女子出嫁时的陪嫁品，而且逐渐演变成一种茶与婚礼的特殊形式——茶礼。在北方，"茶礼"是指女子出嫁时随身携带的所有嫁妆，也称"下茶"；在南方，"茶礼"是指男子向女子求婚的聘礼，俗称"茶定"。唐宋以后，"茶礼"几乎成为婚礼的代名词，是男女确立婚姻的重要形式。女子受聘"茶礼"，俗称"吃茶"。

宋代诗人陆游在《老学庵笔记》中对湘西少数民族地区男女青年订婚的风俗有详细记载："辰、沅、靖各州之蛮，男女未嫁娶时，相聚踏唱，歌曰'小娘子，叶底花，无事出来吃盏茶'。"宋人吴自牧在《梦粱录》中也谈到了杭城婚俗："富裕之家，以珠翠、首饰、金器、销金裙褶，及缎匹、茶饼，加以双羊牵送。"

《红楼梦》中，王熙凤笑着对林黛玉说："你既吃了我们家的茶，怎么还不给我们家做媳妇？"这里说的吃茶，就是订婚行聘之事。元代张雨《竹枝词》云："临湖门外是侬家，郎若闲时来吃茶。""吃茶"含蓄婉转地表达了少女借喝茶来约心上人的淳朴民情。

茶在婚姻中的意义主要是取茶树的"坚贞""不迁"之意，男女爱情的"从一""至死不移"。明朝郎瑛在《七修类稿》中说："种茶下籽，不可移植，移植则不复生也。故女子受聘，谓之吃茶，又聘以茶为礼者，见其从一之义。"许次纾《茶疏》中也有记载："茶不移木，植必子生。古人结婚，必以茶为礼，取其不移植子之意也。今人犹名其礼曰下茶。"清曹廷栋的《种茶子歌》阐述得更清楚："百凡卉木移根种，独有茶树宜种子。茁芽安土不耐迁，天生胶固性如此。"茶树是一种四季常青的植物，在婚礼中人们馈送"茶礼"，再加上其他果品和饰物，象征着爱情之树常青、婚姻之果常甜，从茶中图个吉利，包含着对婚姻美满的良好祝愿。

（二）各地的茶与婚俗

福建、台湾以及江浙一带在婚姻礼仪中就是"三茶六礼"的习俗，"三茶"就是指订婚下彩礼时的"下茶"，结婚迎亲时的"定茶"，同房合欢见面时的"合茶"。在江浙一带，新郎新娘拜过天地、见过父母之后，凡参加婚礼者按辈分大小，一一向大家敬茶示礼，表明爱情如茶专一。洞房花烛夜，新郎新娘还须饮交杯茶，以表永结同心。杭嘉湖地区，年轻姑娘出嫁前，家中必备上等好茶，对姑娘看中的未来郎君会以最好的茶相待，称为"毛脚女婿茶"。

湖南农村的婚俗有"三茶"之说，媒人上门提亲时，以一杯糖茶相敬，表示甜言蜜语；男子上门相亲时，姑娘泡上一杯清茶，以表清纯真情；结婚入洞房前，以红枣、花生、桂圆与茶一起冲泡，拌入冰糖招待宾客，以示夫妻恩爱甜蜜，早生贵子。湖南衡州一带闹洞房有一种习俗叫"合合茶"，就是让新郎新娘面对面坐在一条板凳上，互相把左腿放在对方右腿上，新郎的左手和新娘的右手相互放在对方肩膀上，新郎的右手和新娘的左手的拇指和食指合并成一个正方形，然后有人把茶杯放在其中，亲朋好友轮流把嘴凑上去品茶。

在云南南部，新郎新娘在新婚三日内，每天要在堂屋向宾客敬茶，这就是婚俗中的"闹茶"。江苏苏州有一种特殊的职业——茶担，专门为婚庆人家烧水泡茶招待客人。茶担自带烧水泡茶工具，到婚庆现场为客人倒酒、泡茶、送洗脸巾，还会表演"跳板茶"的绝活。福建福安一带农村，凡未婚少女出门做客，不能随便喝别人家的茶水，倘若喝了，若这家人有未婚男青年，就意味着同意做这家的媳妇。

江西南康相亲叫"看妹崽子"，男女双方见面，女方若相中男方，即捧上冰糖茶，男方接了茶也表示同意，就要将"红包"放在茶盘内，作为见面礼。而后双方父母议定聘礼、嫁妆。在安徽贵池地区，男女订婚相亲之日要举行"传茶礼"，此日亲朋好友都要准备好佐茶的果品，用大红木盆装好，送到相亲的人家，而相亲的人家则把各家送来的礼物摆在桌上，款待各自的亲家，人们称此为"传茶"，有传宗接代之意。

少数民族在求婚、订婚中的茶俗更是充满民族风情。拉祜族青年求婚时，男方媒人要走三趟提亲，每趟都带大量聘礼，但其中必有茶叶，另加两个茶叶罐，女方可以通过品尝茶叶来了解男方的劳动本领和对爱情的态度。白族新女婿上门或女儿出嫁时，父母都要请他们喝"一苦二甜三回味"的三道茶,以茶喻世。撒拉族男女青年相爱后,由男方择定吉日,由媒人去女方家说亲,送"订婚茶",其中包括砖茶和其他礼品,一旦女方接受"订婚茶",表明婚姻关系已定。蒙古族姑娘在结婚后第一件事是当着婆家众多亲朋好友的面,熬煮一锅咸奶茶,表明家教有方、心灵手巧,对爱情专一。保安族订婚礼品一般为茶叶,称"拿茶",当男子看上女子后,先托媒人去说亲,女方愿意,就要准备一包茯茶或其他茶,用大红纸包封起来,与冰糖、红枣等装在红方盒子里,请媒人送到女家,称为"送茶包",送茶包后双方可以通过亲朋好友了解对方,如双方都愿意,就由男方父亲、叔伯或舅舅偕媒人到女方家送上茯砖茶两封、耳环一对、衣服几件,称为"定茶"。

相类似的订婚茶礼在南北方的少数民族中都大量存在。

(三)其他婚俗茶礼

茶与婚俗的关系中还有一些虽然不直接属于婚礼,却又与之有密切的联系。谢媒用茶是男女婚姻成功,新婚夫妇或家长要去感谢媒人之礼。在谢礼之中,茶是必不可少的。有的地方新生儿要用茶水洗头,在江苏,婴儿离开母体后三天有"洗三"的风俗,"洗三"时洗头的水一定是茶水,而且要用绿茶。湖州市的风俗则是孩子满月剃头用茶汤来洗,称为"茶浴开石"。在德清县是由剃头师傅给剃满月头的小孩脸上抹上茶水,称为"茶浴开面"。这些都寓意长命富贵,早开智能。

贵州三穗、天柱、剑河一带的侗族姑娘,可用退茶的方式来退婚。主要原因是侗族很久以来一直奉行着原始社会传下来的"姑舅表婚",侗族女青年的婚姻由父母包办,嫁于舅家。按当地风俗,若姑娘本人不愿意,可用纸包好一包茶叶,选择一个适当的机会,亲自将茶叶包送到男方家,对男方的父母讲:"舅舅、舅娘啊,我没有福分来服侍你们老人家,你们去另找一个好媳妇吧。"说完,赶紧把茶叶包放在堂屋的桌子上,转身就往回跑。

三、茶与祭祀

由于茶是人们心中高洁之物,因此,茶还常常作为祭天、祭神、敬佛、祀祖的物品,膜拜神祇、供奉佛祖、追思先人,作为祭品的茶,往往寄托着祭祀者深深的祝愿。

(一)用茶祭祀

在我国历史上,有文字记载的茶与祭祀,可以追溯到两晋南北朝时期。据梁萧子显《南齐书》记载,南朝时齐世祖武皇帝在他的遗诏里说:"我灵座上,慎勿以牲为

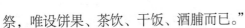

祭，唯设饼果、茶饮、干饭、酒脯而已。"

古代用茶作祭，祭祀的对象主要是祖先、天地和神鬼，其中以茶祭祖先最多见。一般有三种形式：一是在茶碗、茶盏中注以茶水；二是不煮泡，只放干茶；三是不放茶，只放置茶壶、茶盅作象征。茶叶作为祭品，无论是尊天敬地或拜佛祭奠，比一般以茶为礼要更虔诚、讲究一些。王室用于祭典的，全都是进贡的上等茶叶，就是一般寺庙中用于祭佛的，也都总是想法选留最好的茶叶。

在民间，以茶祭奠祖先的实例可谓不胜枚举。浙江余杭径山每年4月都举行较大规模的茶祖祭典活动，用径山茶祭祀径山寺开山茶祖法钦禅师，宣读祭文，感恩茶祖。中国著名的黄山毛峰茶产于黄山一带农村，农户往往在堂屋的香案上供奉着一把茶壶，相传茶壶是黄山百姓的"救命壶"。白叶茶之乡浙江安吉，在它的山谷岩壁中有一丛白（叶）茶树，从它这里培育出一个产业——安吉白茶，因此安吉人民每年都要祭拜这丛白茶之祖，感谢它为人民造福。

不少民族有用茶祭祖的风俗，云南保山的德昂族有祭家堂的风俗，祭家堂即为祭祀祖先，每年要祭两次，若修房屋要大祭一次。祭祀用品当中，要有七堆茶叶，祈祷请村中担任祭司的头人"达岗"担任，以求家神保佑全家身体安康、六畜兴旺、五谷丰登，德昂族人在祭拜天地时也用到茶。广西龙胜地区侗族也有敬茶仪式，每当"祖母"生日那天，全寨妇女都要到"萨坛"前去祭祀。由各人从家里带来黄豆、米花、糯米粑、茶叶、茶油等，集于一起合煮油茶。煮好的油茶首先敬献给"祖母"，并开始边吃油茶边日夜对歌，歌的内容都是赞颂祖母的大恩大德以及祈求她泽及后代，保佑全寨幸福安宁。贵州从江一带苗族人，有一种"拖舍歹"的茶祭祭祖活动，"舍歹"，是一种用土石混合砌成的堆，与蒙古族的"敖包"类似，"舍歹"是音译，是祖坛的称谓，"拖"为敬或祭的意思。苗族每年农历四月、九月各祭祀一次。"拖舍歹"的祭品是一碗泡有少许糯米饭的茶以及五条鱼、五竹篮糯米饭、五碗酒。另外，在每年农历六月的"尝新包谷"节日的祀祖祭品，所上供的还必须是用刚采集来的新鲜茶叶煮的茶水。

从"以茶祭祖"演变到"以茶敬神"，一般来说是在老规矩已被打破的地方，即在祖先崇拜弱化的地方。《仪礼·既夕》记载"茵著，用茶，实绥泽焉"。意思是茶可用作婚姻的聘礼和祭祀的供品。据《泰山述记》载，唐代张嘉贞等四位文人以茶宴祭祀泰山。南方吴越地区有数不清的家神，如门神、屋神、床神、篮神、火神、灶神等，几乎是物物皆有神，而所祀均须用茶。在少数民族地区，以茶祭神，更是习以为常。湘西苗族居住区，旧时流行祭茶神。祭祀分早、中、晚三次：早晨祭早茶神，中午祭日茶神，夜晚祭晚茶神，祭茶神仪式肃穆。

在我国民间，常用"清茶四果"或"三茶六酒"祭天谢地，期望能得到神灵的保佑。总之，在中国许多民族地区，都有用茶祭天祀神这种习俗，主要是期盼天下太平、五谷丰登、国泰民安。

（二）茶与丧葬

以茶作为随葬物自古有之，在湖南马王堆西汉 1 号墓和 3 号墓随葬物清册中，有就"槚"，即"苦荼"记载，表明 2100 多年前，茶已作为丧事的随葬物。这种风俗一直沿袭至今，在我国的不少地区，长辈死后，若生前爱茶，做晚辈的就用茶做随葬品，以尽孝心，慰藉长辈的在天之灵。

用茶作为殉葬品，在民间有两种说法：一种认为茶是人们生活的必需品，人虽死了，但阴魂犹在，衣食住行，如同凡间一般，饮茶仍然不可少；另一种认为茶是"洁净"之物，能吸收异味，净化空气，用茶做随葬物，有利于死者的遗体保存和减少环境污染。

在盛产茶叶的湖南中部，不但在祭奠时要设茶为供，而且在下葬时，还要在棺材内置放茶叶枕头，这是湘中古老的风俗。家中亲人死了，生者要为死者做一只茶叶枕头，枕套用白布做成，呈三角形，里面灌满干茶叶，一般都用粗茶。据说给死者用茶叶枕头，一则表示死者到阴间后要喝茶时，可随时取出来煎泡；二者将茶叶放在棺木内，可消除异味。其实，这只是最表面的一些解释，更深层的含义应该是在茶图腾神的保护下平安回老家，以茶为最终归宿之意。纳西族人在长辈即将离世时，其子女会用一个小红包，内装茶叶、碎银和米粒，放在即将去世的人口中，边放边嘱咐"你去了不必挂牵，喝的、用的、吃的都已为你准备好了"。一旦病人停止呼吸，则将红包从死者口中取出，挂在他胸前，以寄托家人的哀思。

安徽皖南黟县，报讣时，主人要摆出"饧格"（糕点），泡上两碗茶，左边一碗敬死者，右边一碗给报讣人喝，另做三个汤蛋款待报讣人，待其离去，才哭泣哀悼。湘西土家族，村里出了丧事，亲朋好友聚拢来闹他两三天，热热闹闹地把丧事办成喜事，这叫喝"抬丧茶"。老人病故后，家人先用茶水擦洗遗体，再穿寿衣，上柳床、入棺，将最好的毛尖茶放进亡者的口里，用茶叶制成绣花枕头，让其在阴间继续享用茶的清香。

孟婆汤是中国古代民间传说中一种喝了可以忘记所有烦恼记忆、爱恨情仇的茶汤。入殓时，家属祭献孟婆汤，到阴曹地府会忘记生前事，让死者早日转世投生。关于孟婆汤也有不同的说法，据《中华全国风俗志》载，浙江一些地方则认为，人死后须食孟婆汤迷其心，故临死时口衔银锭，并用甘露叶做成一菱附人，手中又放茶叶一包，以为死去有此两物，可不食孟婆汤。安徽寿春一带，也认为人死后要路过孟婆亭，喝迷魂汤。所以在入殓时，家属要准备好一包茶叶，拌入土灰，置于死者手中，认为死者有了此物便可不喝迷魂汤了。

四、茶宴茶会

（一）茶宴

茶宴就是以茶宴请宾客，三国两晋时期，吴国末帝孙皓就"密赐茶荈以代酒"宴请大臣，这可以说是我国茶宴的渊源。"茶宴"一词最早见于南北朝山谦之的《吴兴记》载"每岁吴兴（今浙江湖州）、毗陵（今江苏常州）两郡太守采茶宴会于此"。茶宴正式出现于唐代，顾况的《茶赋》则对封建帝王举行茶宴的盛况做了细致的描绘。最著名的还有唐代湖州和常州在花山"境会

二维码 4–11
微课：茶会

亭"举办的茶宴。每年茶季，两州太守和社会名流都要在两州毗邻的花山举办盛大的宴会，共同品尝和审定贡茶的质量。唐代还有很多与茶宴有关的诗，如钱起的《与赵莒茶宴》、鲍君徽的《东亭茶宴》、李嘉佑的《晚秋招隐寺东峰茶宴送内弟阎伯均归江州》等都写出了茶宴时愉悦、快乐、留恋的心情。吕温的《三月三日茶宴序》是一篇写以茶代宴聚会的序，吕氏在这篇序中写了茶宴的缘起，又写了茶宴优雅的环境，以及茶宴令人陶醉之情。

唐代，茶宴、茶会已成为一种风尚。一些文人学士相互邀请三五知己，在精致雅洁的室内或花木扶疏的庭院举行茶会宴请客人。这一时期，陆羽、白居易、卢仝、刘禹锡、韦应物等人都留下诗篇和著作。白居易的《夜闻贾常州、崔湖州茶山境会亭欢宴》描述了一次盛大欢乐的茶宴，自己因病不能参加而感到无限惆怅，诗中写道："遥闻境会茶山宴，珠翠歌钟俱绕身。盘下中分两州界，灯前合作一家春。青娥递舞应争妙，紫笋齐尝各斗新。自叹花时北窗下，蒲黄酒对病眠人。"

到了宋代，茶宴更盛，特别流行于上流社会和禅林之间，尤以宫廷茶宴为最。另外，随着茶叶生产日益扩大，"斗茶"应运而生。"斗茶"又称"茗战"，斗茶进一步充实了茶宴的内容。

宫廷茶宴是规格最高的茶宴，皇帝以茶宴赐赏大臣。蔡京的《太清楼特宴记》《保和殿曲宴记》《延福宫曲宴记》都有宋徽宗赐茶的记载，如在《延福宫曲宴记》中说："宣和二年十二月癸巳，召宰执亲王等曲宴于延福宫……上命近侍取茶具，亲手注汤击拂，少顷白乳浮盏面，如疏星淡月，顾诸臣曰，此自布茶，饮毕皆顿首谢。"这就是宋徽宗赵佶亲自烹茶赐群臣的情景。

寺院茶宴通常都在禅林寺院中进行，参加者大都为寺院高僧和地方文人学士。在

我国的名寺院中，早就有煎茶敬客的习惯，宋代最负盛名的是"径山茶宴"。杭州余杭径山寺，号称江南"五岳十刹"之首，其茶宴闻名于当时，寺中常以茶宴作为尊贵的礼仪。茶宴进行时，一般由主持人亲自调茶，然后献茶给赴宴的宾客，宾客接茶后先闻茶香、观茶色，尔后尝味，一旦茶过二巡，便开始讨论禅修，评论茶品，赞美主人，然后转入叙情誉景。宋代的《禅院清规》程式也融入茶宴，张榜、备席、击鼓、点汤、上香、入座、行盏、评赞、离席、谢客，整个过程都以品茗贯穿始终。宋开庆元年（1259），日本南浦昭明寺禅师来径山寺求学，回国时将径山茶宴仪式一并带回日本。

元、明时期文人茶宴多在知己好友间进行，选在风景秀丽、环境宜人、装饰优雅的场所，一般从相互致意开始，然后品茗尝点、论书吟诗。至于民间茶宴则不拘形式，各地区、各民族世代相传的茶食、茶点都是茶宴的产物。清代的皇宫还以茶宴款待外国使节。

到了现代，茶宴大多指的是以茶配点作宴，或以茶食、茶菜形式作宴请客人的一种方式，与古人相比，虽然形式大抵相同，但内容已经有所改善和提高，如杭州的"龙井茶宴"、上海的"秋萍茶宴"，将清新淡雅的茶菜肴呈现给世人。

（二）茶会

1. 茶话会

茶话会是通过饮茶品点达到畅叙友谊、寄托希望、交流思想、讨论问题、互庆佳节、展望未来的目的，是一种既随和又庄重的集会形式。它质朴无华，受到人民的普遍喜爱，广泛用于各种社交活动。商议国事、庆祝节日、学术交流、企业开张、喜庆良辰、联欢座谈都可举行茶话会，特别是新春佳节，党政机关、群众团体、企事业单位都喜欢用茶话会的形式来辞旧迎新，清茶一杯、畅谈抒怀。

茶话会是近代出现的名词，复合历史上茶会与茶话而来，《辞海》解释，茶会是"用茶点招待宾客的社会聚会，也称茶话会"，茶话是"饮茶清谈"。古代的茶会与茶宴有相似之处，古人曾以茶会友、以诗会友、以酒会友。唐代钱起的诗《过长孙宅与郎上人茶会》描写的是参加茶会者的神态和与会者对茶的感情。宋代的茶会已经开始具有品饮茶汤之外的社会功能。随着我国茶叶的对外传播，这种风尚也扩展到世界各国。

17世纪中叶，荷兰人把茶叶运往英国伦敦，引起了英国人的兴趣，当时英国的上层社会和青年酗酒之风很盛。1662年，葡萄牙公主凯瑟琳嫁给英王查理二世，她把饮茶之风带到英国皇室，还在皇宫举行茶会，当时的贵族人家都建茶室，以茶待客、以茶叙谊。18世纪，茶话会已盛行于伦敦的一些俱乐部，至今英国学术界仍经常采用茶话会形式，边品茶边研究学问。17—18世纪，欧洲国家饮茶成风，主妇们把品茶聚会当作一种时尚。

由于茶话会廉洁、勤俭、简单、朴实，又能起到良好的社交作用，因此被中国的机关团体、企事业单位普遍采用，国外一些国家也把茶话会作为最时尚的社交集会方式之一。

2. 无我茶会

无我茶会是一种人人泡茶、人人奉茶、人人饮茶的全体参与式茶会。

（1）无我茶会的基本形式。

1）参加茶会的人不论多少围成圆圈，人人泡茶、人人奉茶、人人喝茶。

2）抽签决定座位。

3）按同一方向奉茶（向左或向右）。

4）自备茶具、茶叶与泡茶用水。

5）事先约定泡茶杯数、泡茶次数、奉茶方法，并排定会程。

6）席间不语。

图 4-46　无我茶会

（2）无我茶会的七大精神：

第一，抽签决定座位——无尊卑之分。茶会不设贵宾席，参加茶会者的座位由抽签决定，在中心地还是边缘地，在干燥平坦处还是潮湿低洼处，不能挑选，自己奉茶给谁喝和自己喝谁奉的茶，事先不知道。因此，不论肤色国籍，不论性别年龄，不论职业职务，人人都是平等的。亲子无我茶会，小孩和父母不一定抽在一起，体现一种"老吾老以及人之老，幼吾幼以及人之幼"的大同场景。

第二，按同一方向奉茶——无报偿之心。参加茶会的每个人泡好的茶都会按同一方向奉给左边（或右边）的茶侣，而自己所品之茶却来自右边（或左边）的茶侣，最后一杯留给自己。可以连着奉茶，也可间断奉茶，人人都为他人服务，而不求对方报偿。同一方向奉茶是一种"无所为而为"的奉茶方式，是"奉茶"的核心精神。

第三，接纳、欣赏各种茶——无好恶之心。无我茶会的茶是自带的，而且茶类不拘，每人品赏到数杯不同的茶，由于茶类和沏泡技艺的差别，品味是不一的，但每位与会者都要以愉快的心情接纳每一杯茶，以客观的心情欣赏每一杯茶，从中感受到别人的长处，不能只喝自己喜欢的茶，而厌恶别的茶。无我茶会提醒人们放淡好恶之心，广结善缘。

第四，努力把茶泡好——求精进之心。自己每泡一道茶，自己都要品一杯，每杯泡得如何，与他人泡的相比有何不足，要时时检讨，使自己的茶艺精深，"泡好茶"是茶艺和茶道最基本的要求。把每一件事做好是为人最重要的修养。

第五，无需指挥和司仪——遵守公共约定。无我茶会是按照事先排定的程序和约定的做法进行，会场上没有人指挥，茶友们都按事先阅读过的公告行事，公告上约定的各个时间点不管是志愿者茶友还是泡茶茶友都要严格遵守，一个程序一个程序地往下进行，养成自觉遵守约定、守时的习惯和美德。

第六，席间不语——培养默契，体现群体律动之美。茶具观摩结束，开始泡茶时，均不说话，大家用心泡茶、奉茶、品茶，时时调整动作的快慢节奏，约束自己、配合他人，使整个茶会快慢节拍一致，并专心欣赏音乐或聆听演讲，人人心灵相通，即使几百人、上千人的茶会亦能保持会场宁静、祥和的气氛。

第七，泡茶方式不拘——无流派与地域之分。无论什么流派和哪个地域来的茶侣，都可围坐在一起用不同的方式泡不同的茶，并且相互观摩茶具，品饮不同风格的茶，交流泡好茶的经验，无门户之见，人际关系十分融洽，起到以茶会友、以茶联谊的作用。

第四节　饮茶习俗

一、汉族茶俗

汉族人饮茶以清饮为主，就是将茶直接用沸水冲泡，无须在茶汤中加入佐料，属纯茶原汁本味饮法。饮茶方式有品茶和喝茶两种：品茶重在意境，以鉴别香气、滋味，欣赏茶姿、茶汤，观

二维码 4-12
微课：汉族茶俗

察茶色、茶形为目的，自娱自乐，细啜缓咽，注重精神享受；喝茶以清凉、消暑、解渴为目的，手捧大碗急饮，或不断冲泡，连饮带咽。

由于地域、人文、气候、茶品的不同，汉族人饮茶习俗也有很大差异。

1. 江浙人喜爱品饮龙井等绿茶

江、浙、沪、皖等省盛产名优绿茶，种类繁多、品质优异，尤其是西湖龙井，是名茶之首、绿茶皇后，因此在江、浙、沪等的大中城市，人们喜爱品龙井茶。传统的龙井茶产于西湖周边的山区，"龙井"一词既是茶名，又是地名、井名、寺名和树名。乾隆皇帝六下江南，四次到过龙井茶区，封了十八棵御茶，题了《观采茶作歌》诗，历代诗人也留下许多对龙井茶的赞誉。

品龙井茶，除了观赏形如碗钉、扁平挺直的外形，还要有优美的环境、雅致的茶室，再者是好水。好茶要用好水泡，龙井茶、虎跑水是杭州双绝，用晶莹剔透、清澈洁净的虎跑水来泡龙井茶能发挥龙井茶最佳的色香味。然后是精具，一般用透明玻璃杯泡茶，也可用白瓷杯和盖碗泡，无须加盖。

冲泡龙井茶，用80℃的开水，茶水比1∶50～1∶60，杯碗容量在200毫升左右。投茶3克，冲泡时先用少量开水浸润泡、摇香，使茶叶湿润舒展，然后冲入开水至七分满。龙井茶色绿、形美、香郁、味醇，品龙井茶无疑是一种美的享受，杯中绿叶碧水，慢慢舒展，时沉时浮，婀娜多姿，送入鼻端，嫩香、清香，使人神清气爽，再细细品味，鲜爽、甘醇，满口香甜，正如清代陆次云所说："龙井茶真者，甘香如兰，幽而不洌，啜之淡然，似乎无味，饮过之后，觉有一种太和之气，弥沦于颊齿之间，此无味之味，乃至味也。"这是品龙井茶的最佳意境。

2. 北京人喝大碗茶和花茶

喝大碗茶的风俗在汉族地区随处可见，主要是解渴生津，特别是北京，人们喜欢喝大碗茶和花茶。

早年，北京的大碗茶更是名闻遐迩，北京城里旧时有专卖大碗茶的茶摊，大壶冲泡、大桶装茶、大碗畅饮，路边的大碗茶摊、茶亭摆设很粗犷，茶具是几只粗瓷大碗，加上一张桌子，几个小凳便成了。大碗茶是老北京人生活中重要的一部分，北京老舍茶馆的"老二分"就是传承了这一习俗。大碗茶贴近大众百姓生活，受到人们的喜爱，即使是生活条件不断提高的

图 4-47 北京大碗茶

今天，大碗仍然是一种主要的饮茶方式。

北京人泡茶通常叫沏茶，先放茶叶后注水为沏，先注水后放茶叶为泡，北京人则无论用茶壶还是盖碗皆用沏的方式。到北京人家里做客，一落座，主人第一件事就是上茶。老北京人爱喝花茶，喝的最多的是茉莉花茶，其次是红茶和绿茶，所以北京的茶叶店都以"红绿花茶"四字为招牌。当然，北京人也有喝龙井、珠兰花茶、普洱茶和武夷乌龙茶的。从元朝开始，北京人就饮茉莉花茶，北京水质不好，又苦又涩，茉莉花茶可以茶引花香、相得益彰。

3. 潮汕人品啜乌龙茶

在广东、福建、台湾等地，人们喜欢用小杯啜乌龙茶。啜乌龙茶最讲究的要数广东潮汕地区，潮汕人称乌龙茶为"工夫茶"，啜乌龙茶的茶具叫作"烹茶四宝"，分别是潮汕炉、玉书碨、孟臣罐、若琛瓯。

冲泡工夫茶，是一种带有科学性和礼节性的艺术表演，先用直柄长嘴玉书碨在炭火上将水烧开，烫洗茶壶、茶杯，装茶入壶，一般装壶容量的六成，装时粗细分开，细碎的茶填入壶底心。潮汕人总结出一套泡茶经："高冲低斟、刮沫淋盖、内外夹攻、关公巡城、韩信点兵、恰到好处。"具体是冲茶时提高水壶，使水有力地冲入茶壶叫"高冲"，斟茶则要缓，持壶要低，以不触及茶杯为度叫"低斟"；冲茶后有泡沫浮上，用壶盖刮去并用开水淋洗壶盖叫"刮沫淋盖"；盖好盖后再用沸水冲淋壶盖、壶身，提高壶温称"内外夹攻"；斟茶时要来回往复注茶入杯，是"关公巡城"；一壶汤正好斟完，称"恰到好处"；最后几滴茶汤均匀地滴入各杯，叫"韩信点兵"。

啜茶的方式，冲茶人不先喝，一般请客人或其他人先喝。潮汕有"茶三酒四"的俗语，饮茶三人为宜，先闻香，只觉浓香透鼻；再品味，用拇指和食指按住杯沿，中指托住杯底，先轻呷一点仔细品尝，后举杯倾茶入口，但要留一些汤底倒于茶盘中，轻轻放下杯子，汤在口中回旋品味，口中"啧！啧！"回味，满口生香。这种饮茶方式，目的并不在于解渴，而在于鉴赏乌龙茶的香味，重在精神的享受。

潮汕人把茶称为"茶米"，可见工夫茶在潮汕人日常生活中的重要地位。男女老幼都酷爱工夫茶，人们在饭后空闲、工作之余围坐在一起，细细品味工夫茶。潮汕人啜乌龙茶无须固定位置，在客厅、田野、水滨、路边、庭院、行舟中随处可品。

4. 香港人爱喝普洱茶

香港人对普洱茶情有独钟，普洱茶的销量占一半以上。普洱茶长在云南，在广东发扬光大，现已成为香港文化的一部分。著名作家蔡澜写《普洱颂》称："茶的乐趣，自小养成。……来到香港，才试普洱，初喝普洱，其淡如水，越泡越浓，但绝不伤胃，去油腻是此茶的特点，吃得太饱，灌入一二杯普洱，舒服到极点。三四个钟头之后，肚子又饿，可以再食。久而久之，喝普洱茶一定上瘾。"普洱茶消食、除腻、减肥的功效越来越受香港人的推崇。

5. 巴蜀成都的盖碗茶

汉族居住的地方大部分有尝盖碗茶的习俗，盖碗茶在我国的西南地区尤其盛行，特别是成都、重庆一带。

成都是一个非常休闲的城市，最能体现其休闲特色的就是茶馆，成都的茶馆非常生活化、平民化，茶馆内说话可以高声畅谈不顾忌他人，也可以光膀子而丝毫不会觉得不自在，成都人可以泡一碗茶在茶馆里消磨一天。茶馆的特点是八仙桌、竹背椅、盖碗茶，茶大多是茉莉花茶，喝完满口余香，无事倒碗茶，边喝边聊，一边嗑瓜子，一边摆龙门阵，天南海北，无所不言。

成都茶馆最让人叫绝的是泡茶的堂倌，现在称茶艺师。茶艺师的技艺十分高超，可谓是眼观六路，耳听八方。旧时成都锦春茶馆茶博士周麻子，他的掺（冲泡）功夫，最令人叫绝。泡茶时，他大步流星出场，右手握一把紫铜茶壶，左手卡一摞银色锡托和白瓷碗，犹如一柱荷花灯树，随即，左手一扬，哗的一声，一串茶托飞出，几经旋转，不多不少一人面前一个，接着每个茶托上已放好茶碗，动作神速，令人眼花缭乱，至于各人点什么茶，一一放入茶碗，绝对不会出错。尔后，茶博士在离桌1米外站定，挺直手臂，提起茶壶，唰唰唰，犹如蜻蜓点水，一点一碗，却无半点倒出碗外。斟毕，抢前一步，用小拇指把碗盖一挑，一个一个碗盖像活了似的跳了起来，把茶碗盖得严严实实。所以，尝盖碗茶不仅可以领略茶的风味，而且还是一种艺术享受。

巴山蜀水的茶馆，过去除了用作饮茶休憩之所，也是娱乐场所，一些较大的茶馆都有曲艺表演，如四川扬琴、评书、围鼓、竹琴等，有些川剧票友坐唱川剧，自娱自乐，场面十分热闹。俗话说"中国茶馆之多数四川，成都茶馆甲天下"。

6. 广东羊城特色早茶

广州是我国南方大港，物产丰富、交通便利，山珍海味应有尽有，有"食在广州"之美誉。广州人的生活与茶楼有密切关系，他们在工前、工余、亲朋聚会、洽谈业务，青年男女谈情说爱，假日里全家扶老携幼，都喜欢上茶楼。广州人把经常去茶楼喝茶的老茶客叫"老茶骨"。茶楼是休憩的地方，据一席位，泡一盅茶，品尝小点心，友人相对，一边品茗，一边长谈，海阔天空，无拘无束。

广州的早茶，既是饮茶，也是早餐，所以茶楼的早市座无虚席，民间流传着"清晨一杯茶，饿死卖药家"的说法。饮茶有益健康，广州人早上见面的问候语往往是"饮茶未啊"。广州人饮茶多配以精致的点心，泡上一壶茶，要上两件点心，美名"一盅两件"，鱼翅烧麦、薄皮虾饺、酥皮蛋挞、娥姐粉果、榴槤酥是最为有名的点心，还有猪油包、肠粉、萝卜糕、马蹄糕、糯米鸡等，不下二三十种。泡的茶则是红茶、水仙、寿眉、普洱、龙井等，冲泡时讲究"茶靓水滚"，茶靓是指茶的品质要上乘，水滚是指泡茶的水要滚开，高冲低泡，茶斟七分，以示有礼。在广州茶楼还有一个习俗，服务员不为客人揭茶杯盖冲水，如茶客要添开水，必须自己动手打开杯盖，表示需要加开水冲茶。

7. 随身携带大杯茶

今天，在中国城乡，随处可见人们出行带盛满各式茶水的密封茶杯。长途运输司机、干部、商人、老师，工作途中都会带上一杯茶，这说明茶作为国饮在人民生活中已十分普及。

二、北方少数民族茶俗

我国是一个多民族的大家庭，56 个民族都与茶结缘，但南北各地因历史、地理、气候、环境的关系形成不同的饮茶风俗，比较突出的是北方少数民族以加料煮饮为主，蒙、回、藏、维吾尔等民族都加料煮饮。南方少数民族则保留了较传统的吃茶习俗。吃茶源于巴蜀，南方许多少数民族仍保留至今，盐茶汤、擂茶等均为羹饮风俗的遗存。

二维码 4-13

微课：北方茶俗

1. 蒙古族的奶茶

蒙古族自古是游牧民族，一直保留着以牛、羊肉及奶制品为主，粮、菜为辅的食物结构，因此砖茶是牧民不可缺少的饮品，饮用砖茶煮成的咸奶茶是蒙古族人民传统的饮茶习俗。

蒙古族喝的咸奶茶，茶底多为青砖茶或黑砖茶，打碎放在铁锅中加水煮 5～10 分钟，掺入 1/5 左右的牛奶或羊奶，加少量盐，搅拌均匀煮开就成了。

煮好的奶茶平时放在铜制或铝制的茶壶里放在炉子上用微火暖着，随时可以饮用，牧民一般习惯于喝早、中、晚三次茶，有"三茶一饭"之称，晚上放牧回家才正式用一次餐。喝咸奶茶除了解渴外，也是补充营养的一种主要方法。每日清晨，主妇第一件事是煮好一锅奶茶供全家整天享用，蒙古族姑娘从小就练就一手煮奶茶的好手艺。蒙古族的奶茶呈咖啡色，兼有奶香、茶香，加入金黄色的炒米后更有炒米香。

蒙古族人民十分好客，注重喝茶的礼节，家中来了客人，首先让客人坐在蒙古包的正首，并在低矮的木桌上摆上炒米、糕点、奶豆腐、黄油、奶皮子、红糖等茶食，上奶茶时通常由长儿媳双手托举着带有银镶边的杏木茶碗，举过头顶，敬献给客人，再依次敬给家族长辈，客人起身双手接过奶茶饮用，也可用桌上食品随意调饮。

2.藏族的酥油茶和奶茶

西藏地处高原，藏人常年以奶、肉和青稞为食，"其腥肉之食，非茶不消，青稞之热，非茶不解"。酥油茶是在茶汤中加入酥油等佐料而成，据说这是文成公主去后形成的风俗。文成公主亲自做酥油茶，赏赐给大臣们喝，从此敬酥油茶成了敬客的隆重礼节，后传到民间。

在藏民心中，酥油茶是最珍贵的，在节日及招待宾客时才饮酥油茶，用酥油茶招待客人非常讲究礼节。奶茶则是藏民自己经常喝的茶饮。

酥油茶加工一般选用康砖或金尖，将茶打碎放入壶中加水煎煮20~30分钟，去渣，将茶汤注入长约1米、直径20厘米的打茶桶内，同时加放适量酥油（酥油是牛奶或羊奶煮沸，经搅拌冷却后凝结在表面的一层脂肪），再加入事先炒好的核桃仁、花生米、芝麻粉、松子仁等，最后放入少量盐和鸡蛋，用木杵在桶内上下抽打，当抽打时打茶筒内发出的声音由"咣当，咣当"转为"嚓、嚓"时，表明茶汤和佐料已混为一体，酥油茶才算打好了，随即可倒入茶瓶待喝。

图4-48　打酥油茶

图4-49　酥油茶原料

藏族的奶茶制法则比较简单，一般用雅安的康砖，敲碎取50克左右加2升水熬煮8分钟，滤去茶渣，再加1/4量的牛奶煮沸即可。喝时加适量盐，口感会更好。奶茶可以提神醒脑、消困解乏、生津止渴，消食除腻，受藏族同胞的欢迎。

3.维吾尔族的香茶和奶茶

维吾尔族主要分布在新疆，尤其是北疆高寒，维吾尔族食品有含油多、奶多、烤炸食物多的特点，食品中热量高且易上火，而饮茶可以清热去火、助消化、补充维生素，因此维吾尔族人爱喝加牛奶、盐巴的奶茶，其煮法与蒙古族奶茶基本相同。北疆还有炒面茶，主要在冬天，先将面粉用植物油或羊油炒熟，再加入刚煮好的茶水和少量盐拌匀即成。

南疆的维吾尔族和柯尔克孜族居民以农业为主，饮食习惯与北疆差不多，但这里的人爱喝香茶，煮茶用长颈铜茶壶，也有铝质的和其他材质的茶壶。制香茶用的茶叶与奶茶一样，主要是茯砖等砖茶，煮茶时加入姜、胡椒、桂皮等香料。

维吾尔族人一天至少喝三次茶，多的一天要喝五六次甚至七八次。他们日常生活中有"不可一日无茶""无茶则病"的说法。

4. 回族的八宝盖碗茶

回族主居于宁夏，也散居于全国其他地方，信奉伊斯兰教，回族流行着多样的饮茶方式，而有代表性的是八宝盖碗茶。烹茶所用的茶具称"三件套"，有茶碗、碗盖和碗托。茶碗盛茶，碗盖保香，碗托防烫。回族有句谚语："不管有钱没钱，先刮三晌盖碗。""早茶一盅，一天威风；午茶一盅，劳动轻松；晚茶一盅，提神去痛。一日三盅，雷打不动。"

八宝盖碗茶选用湖南的茯砖、云南的沱茶或炒青绿茶，还配有冰糖与多种干果，如苹果干、葡萄干、柿饼、桃干、红枣、桂圆干、枸杞子等，有的还要加上白菊花或芝麻，通常凑成八种，称八宝茶，用开水冲泡饮用。也有用三种料冲泡的，称"三香茶"，五种料冲泡的，称"五香茶"。

回族人啜饮盖碗茶时，还多以糕点、糖果、瓜子、焦黄喷香的油香和馓子作为茶配，饮盖碗茶时边刮边喝。他们认为"一刮甜，二刮香，三刮茶露变清汤"。饮盖碗茶的动作也十分讲究，双手配合，一小口一小口地喝，不能用嘴吹漂浮物，只能用碗盖刮，品时不能把茶汤喝光，不能发出声响，客人把碗放在茶几上时，主人马上会续满开水。

八宝盖碗茶具有很好的保健功效，其中桂圆补气，冰糖益肝，核桃能增强记忆力，枸杞生精益气、补虚安神，多饮八宝盖碗茶，能延年益寿。一年四季不同的时令节气，回族同胞也选用不同的茶和配料达到养生的目的。

盖碗茶突出了中国饮食色香味俱全的特色，配料色彩鲜明，内容丰富，香甜爽口，沁人心脾，饮后回味无穷。回民不仅爱喝茶，而且精通茶道、茶艺，民间有着"待客敬茶、三餐泡茶、馈赠送茶、聘礼包茶、斋月散茶、节日宴茶、喜庆品茶"等一套独特的茶事礼俗。

5. 西北地区的罐罐茶

罐罐茶是用茶罐在火塘边煨边饮的一种茶，流行于我国西北地区。罐罐茶醇厚绵长，鲜香隽永，味道浓烈，饮后神清气爽、荡气回肠，还有保健功效。各地的罐罐茶原料不同、制法不同、风味各异。

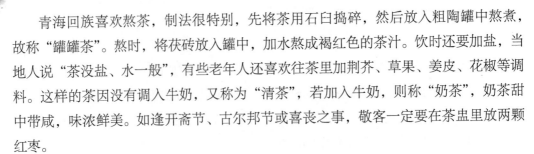

青海回族喜欢熬茶，制法很特别，先将茶用石臼捣碎，然后放入粗陶罐中熬煮，故称"罐罐茶"。熬时，将茯砖放入罐中，加水熬成褐红色的茶汁。饮时还要加盐，当地人说"茶没盐、水一般"，有些老年人还喜欢往茶里加荆芥、草果、姜皮、花椒等调料。这样的茶因没有调入牛奶，又称为"清茶"，若加入牛奶，则称"奶茶"，奶茶甜中带咸，味浓鲜美。如逢开斋节、古尔邦节或喜丧之事，敬客一定要在茶盅里放两颗红枣。

陕西的羌族爱喝面罐茶，用两只大小不一的瓦罐熬制，大罐用于熬煮面浆，小罐用于煮茶，大罐注水约三分之二，加入花椒、藿香、茴香、葱、姜、蒜等，再加少量盐，在火塘上熬煮，水沸腾片刻后，将调好的面浆兑入罐内，边兑边搅，煮熟待用。小罐内放入粗茶用文火熬煮，煮好后将茶汤倒入大罐，搅匀后分入碗内，吃时还可加核桃、花生米、油炸馓子等佐料，丰盛的再加腊肉丁、鸡蛋等，即成面罐茶。由于佐料比重不同，分别悬于面罐茶的上中下不同位置，当地人俗称"三层楼"，每一层风味都不同，具有鲜香咸辣等多种口味，回味无穷。

秦巴山区的糊油茶也是罐罐茶的一种，把茶叶和水装入两头小、中间大的陶罐中，煨在炭火上，放入各种调味品，再把炒熟的麦面或玉米面搅成糊状倒进罐中，烧开后倒在碗里，加上核桃仁、花生仁、油炸馓子等配料，就可以喝了。宁强等地还有一种油炒茶，此茶有羌族遗风，这种茶陶罐只有鹅蛋大小，每次只能喝一两盅，罐子煨在火中，放入猪油或菜油，将茶叶炒香，再加水、盐、白糖烧沸即可，当地民谣称"好喝莫过罐罐茶，火塘烤香锅塌塌，来客茶叶和油炒，熬茶的罐罐鹅蛋大"。

另外，湖南的彝族和贵州的回族也有喝罐罐茶的习惯。

6. 撒拉族"三炮台"碗子茶

撒拉族分布在青海黄河边的循化等县，他们与回族杂居，但不习惯喝茯茶，而喜欢喝"三炮台"茶。冲泡"三炮台"碗子茶时，除炒青绿茶外，还有冰糖、桂圆、枸杞、苹果干、葡萄干、红枣、芝麻、白菊等，由于"三炮台"碗子茶有刮漂浮物的过程，因此又称刮碗子茶。

冲泡"三炮台"茶时，由于各种配料浸出速度不一样，续水后每泡茶汤滋味也不一样，第一泡泡5分钟，以茶的滋味为主，清香甘醇。第二泡因糖的作用，就有浓甜透香之感。第三泡开始，茶的滋味变淡，各种果干的味道就逐渐明显，具体依所加的果干而定，一般能泡5~6次。喝"三炮台"碗子茶，次次有味，且次次不同，又能去腻生津，滋补养生。

三、南方少数民族茶俗

1. 白族的三道茶和雷响茶

云南大理白族人喜用三道茶待客，白族称它为"绍道兆"。当初白族只是用喝"一苦二甜三回味"的三道茶作为子女学艺、求学、女婿上门、女儿出嫁，以及子女成家立业的一套俗礼，现在扩大为白族人民喜庆迎宾的饮茶习俗。以前是由家中或族中长辈亲自司茶，现在也有小辈向长辈敬茶的。明代《徐霞客游记》有记载大理的饮茶风俗："注茶为玩，初清茶，中盐茶，次蜜茶。"

二维码 4-14

微课：南方茶俗

白族三道茶有两种：一种是平常待客的烤茶，制法是将小沙罐烤烫，放入沱茶或粗茶，用文火把茶叶烤至发泡呈黄色，加入沸腾的开水，此时罐内会发出"咕噜咕噜"的响声，像打雷，故又称"雷响茶"，在火边稍作停留，使茶水融合，倒入茶杯少许，兑入开水饮用，烤茶敬客一般要三杯，头品香、二品味、三解渴，谓之"三道茶"。

另一种是在隆重场合才制作的三道茶。第一道为苦茶，"清苦之茶"，寓意做人做事要先吃苦。将沱茶放在小罐中，放在火上烧烤，等茶叶焦黄并发出啪啪声后加入开水冲泡而成，然后分入茶盅。这种茶汤呈琥珀色，焦香扑鼻、滋味苦涩，通常半杯，一饮而尽。第二道为甜茶，茶汤的制作过程与第一道茶相同，只是在茶盅里加了红糖、奶。这样泡成的茶甜中带香，非常好喝，寓意人生做事先苦后甜，苦尽甘来。第三道为回味茶，在茶汤中加入核桃（或乳扇、米花）、蜂蜜、花椒、生姜等冲泡而成。饮第三道茶时边饮边摇晃茶盅，使佐料和茶汤混匀，这杯茶喝起来回味无穷，其寓意为只有经过艰苦努力，才能获得丰硕成果，才能领会到人生的意义。

2. 苗族的八宝油茶汤

苗族人大多居住在贵州，鄂、湘、渝也有，酷爱饮八宝油茶汤，"一日不喝油茶汤，满桌酒菜都不香"。八宝油茶汤其实是一种茶的菜肴，其佐料可多可少，简单的只有花椒、蒜、胡椒、茶叶、生姜、盐等，复杂的可有熟玉米、熟花生、核桃、糯米、豆干、米花、鱼、肉、葱、姜等。先将茶叶在油锅中不断翻炒，待茶叶焦黄时再放入其他佐料一起炒，然后加水煮三五分钟，快起锅时加入葱姜即成油茶汤。此汤既鲜爽又带茶香，喝到嘴里清香扑鼻、满嘴生香，鲜美无比。

3. 瑶族、侗族的油茶

瑶族、侗族分布在湘、黔、粤三省毗邻处，与壮族、苗族一样都喜欢喝油茶。油茶既可以充饥，又可以强身健体、祛邪去湿、开胃生津、预防感冒等，特别适合居住在山区的人们，瑶族、侗族招待客人、欢庆佳节都要用油茶。

做油茶又称打油茶，用茶末或新鲜嫩芽茶，配料有花生米、玉米花、黄豆、芝麻、笋干、糯粑。先将配料炒熟，分盛在碗里，然后将锅里的食油烧热，投入茶叶翻炒，发出清香时，加少许食盐、芝麻再炒几下，随即放水加盖煮3～5分钟，起锅滤掉茶渣，趁热倒入有佐料的碗里，油茶汤就打好了。喝油茶汤要用筷子相助，一般敬油茶汤要敬三碗。

4. 土家族的擂茶

擂茶又名"三生汤"，即将生米仁、生姜与生茶叶混合捣研碎，再加水烹煮而成。湘西、恩施、重庆一带的土家族生活在高寒山区，擂茶是他们防病健身的保健茶，它能祛邪祛寒、清火明目、理脾解表、去湿发汗、和胃润肺。

现经过不断改进，擂茶又加入各种佐料，有芝麻、花生、黄豆（均炒熟）再加上生姜和盐或糖（根据口味而定），将绿茶（或花茶）与上述佐料放在研罐中，加少量冷开水，擂捣成浆，再将开水冲入，并不断搅拌，制成擂茶汤，分在碗中品饮，品饮时可配以各地特色小吃，风味更佳。

5. 傣族的竹筒香茶

西双版纳的傣族人习惯饮用竹筒茶，竹筒茶在傣语里称"腊踩"，是将已晒干的青毛茶装入刚砍回来的竹筒内，放在火塘上烘烤六七分钟，使竹筒内的茶叶变软，再用木棒捣紧，加入新的茶叶，边烤边捣直至筒满为止。烤干后，削开竹筒，取出圆柱形茶叶，掰下一块，放入杯中用开水冲泡后品饮，格外清香，尤其是用云南西双版纳生长的香竹烤制，更具独特的香味。

勐海的拉祜族人也喜欢喝竹筒香茶，做法基本相同。布朗族的青竹茶是用新鲜的竹节煮水，然后放入茶叶略煮后饮用，也有将小竹筒当茶杯使用的，茶香、竹香，清醇甘冽。

6. 景颇族的腌茶

景颇族主要分布在云南德宏地区和沿怒江一带，一直保留着食用茶树鲜叶的习俗，腌茶就是一种。

腌茶其实是一道茶菜。当茶季时，将鲜叶采回，洗净沥干。腌茶时先用竹簸将鲜叶摊开，稍加搓揉，再加上辣椒、盐适量拌匀，放入罐内或竹筒内，层层用木杵椿紧，再将罐（筒）口盖紧，腌制两三个月，等茶叶变黄，再将茶叶取出晾干，然后装入瓦罐，随用随取。它既可用来泡饮，也可食用，食用时还可拌一些香油或蒜泥等佐料。

7. 佤族的苦茶

佤族自称"布饶""阿瓦"等，主要居住在云南省的沧源、西盟等地，在澜沧、孟连、耿马等地也有居住。佤族人至今一直保留着一些古老的生活习惯，苦茶就是其中之一。

佤族苦茶的泡饮方法很特别，用一块清洁的薄铁板，上面放少量茶叶，移入火塘上烘烤，为使茶叶受热均匀，还要轻轻抖动茶叶。另一边用壶将水烧开，然后将发出清香、烤成焦黄的茶叶倒入壶中煮茶，煮沸 3～5 分钟后，将茶汤分入茶盅便可饮用。这种烘烤过又煮的茶，苦中带涩，还有焦香，所以称苦茶。

8. 布依族的姑娘茶

在布依族人家中，男女老少天天都要饮茶，茶是他们生活中最普遍和必不可少的饮料。尤其是村中的老人们最喜欢饮茶。火塘上的茶壶终日热气腾腾。他们相互往来，相互敬茶，品评茶味，无拘无束，享受着天伦之乐。

姑娘茶是由布依族未出嫁的姑娘精心制作的茶叶，制好的茶叶都不拿出来出售，而只作为礼品赠送给亲朋好友，或在谈恋爱或定亲时，由姑娘作为信物送给情人，意思是用纯真精致的名茶来象征纯洁的爱情。炒制方法是每年早春采摘树枝上刚冒出来的嫩尖叶，通过炒热杀青后，把一片一片的茶叶叠整成圆锥体，然后拿出去晒干，经过一定的技术处理后，就制成一卷一卷圆锥体的"姑娘茶"了。圆锥体的"姑娘茶"每卷重 50～100 克，形状整齐优美、质量优良，是当地茶叶中的精品。

9. 纳西族的"龙虎斗"和盐茶

居住在云南丽江一带的纳西族人爱喝"龙虎斗"。"龙虎斗"的制作、品饮方法独特，先将茶在陶罐中烘烤，边烤边转，待茶色焦黄、茶叶发出焦香后，加入开水煮沸3～5 分钟，同时准备茶盅，先倒入半杯白酒，再将煮好的茶汤倒入盛有半杯白酒的杯中，并发出"啪啪"声，这时茶酒相融、香气四溢，不仅能解渴、提神，还是治疗感冒的良药。冲泡"龙虎斗"时，只能将茶水倒入白酒中，不能将白酒倒入茶水内。

纳西族人喝的盐茶是在事先准备好的茶盅内放入食盐，其余制法与"龙虎斗"相同。也有不放盐而改换成食油或糖的，分别称为油茶或糖茶。

10. 基诺族的凉拌茶和煮茶

在云南西双版纳景洪一带的基诺族有一种吃凉拌茶的习俗，他们采回鲜嫩的茶叶，用手揉捻，将茶叶汁拧在碗里，再在茶叶里放入盐、辣椒、黄果叶（柑橘叶）、酸竹笋、酸蚂蚁、蒜泥、白参（一种菌类）拌匀，吃的时候再将茶汁拌入。这样的凉拌茶清凉咸辣，既开胃又下饭，基诺族语叫"拉拔批皮"。

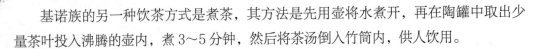

基诺族的另一种饮茶方式是煮茶，其方法是先用壶将水煮开，再在陶罐中取出少量茶叶投入沸腾的壶内，煮3~5分钟，然后将茶汤倒入竹筒内，供人饮用。

11. 畲族的二道茶和宝塔茶

畲族主要居住在浙江、福建两省。敬茶是畲族的传统习俗，每年清明采茶时节，畲族人家都要采制几斤上等的名茶，密封储藏起来招待客人。畲族人泡茶选用洁净的山泉水、半透明镂空细花薄胎瓷碗，凡有客人进门，畲家不分生熟，一边敬茶，一边唱敬茶歌表示欢迎和祝福。特别是在喜庆场合，贵宾临门，必须茶过"二道"，就是主人奉茶时，第一次谓之冲，第二次谓之泡，一冲一泡，才算向客人完成奉茶仪式。而第三道茶则主随客便。客人若冲三杯五杯，主人更高兴，显示自家的茶品质优佳，"一杯淡，二杯鲜，三杯甘又醇，四杯五杯味犹存"。

宝塔茶是福建福安畲族同胞的一种独具特色的婚嫁习俗，男方送来的礼品要一一摆在桌上展示，女方会取猪肉、禽蛋等过秤，男方一语双关地问道："亲家嫂，有称（有亲）无？"亲家嫂连声答道："有称（有亲）！有称（有亲）！"接着，女方用茶盘捧出5碗热茶，叠罗汉式叠成三层，一碗垫底，中间三碗，围成梅花状，顶上再压一碗，呈宝塔形，恭恭敬敬地献给男方宾客亲家伯品饮，而亲家伯品饮时要用牙齿咬住宝塔顶上的那碗茶，双手夹住中间那三碗茶，连同底层的那碗茶分别递给4位轿夫，自己则一口饮完咬着的那碗茶，这简直是高难度的品茶技艺。

除了以上，还有拉祜族的"烤茶"，与纳西族的"龙虎斗"相同，只是不放酒而已；佤族的"铁板烧茶"也是将茶在铁板上烤至金黄，再在水里煮；彝族人也喜欢饮用烤茶；怒族人喜欢饮用"盐巴茶"；滇西北的普米族人将茶罐烤烫后，加入动物油、一撮米、一把茶叶，用文火烧烤，待米黄后加入开水煮煨，后倒入茶杯慢饮。

1. 试述茶具的种类与泡茶的关系。

2. 泡茶用水有什么讲究？

3. 品茶与评茶有什么区别？

4. 欣赏茶艺的基本要素有哪些？

5. 我国茶礼的表现形式有哪些？

6. 我国少数民族的饮茶习俗有哪些？

茶的精神文化

第一节　茶道大观

老子《道德经》有"道生一，一生二，二生三，三生万物"和"天道运而无所积，故万成物"之说，是我国古代先贤对"道"的解释。我国许多古籍中对"道"都有详尽的解读，既可释为方法、技艺或才能，也可视为思想体系或普遍规律，也是道理、哲理和哲学。老子《道德经》称"道可道，非常道，名可名，非常名"。茶道既和技与艺相通，又与形而上的哲学有关。

什么是"茶道"？"茶道"可以是事茶的方法、技艺，可以是品茗的思想感受和心理体验，还可以是博大精深的生活哲学。2013年出版的《中国茶叶大辞典》对茶道的解释为："以吃茶为契机的综合文化活动。起自中国，传到海外，并在外域形成日本茶道、韩国茶礼等。茶道之'道'有多种含义：一指宇宙万物的本原、本体，二指事理的规律和准则，三指技艺和技术。茶道强调环境、气氛和情调，以品茶、置茶、烹茶、点茶为核心，以语言、动作、器具、装饰为体现，以饮茶过程中思想和精神追求为内涵。茶道在品茶约会的整套礼仪、排场中体现个人修养。因此，它是有关修身养性、学习礼仪和进行交际的综合文化活动……茶道基于儒家的治世机缘，倚于佛家的淡泊节操，洋溢道家的浪漫理想，借品茗倡导清和、俭约、廉洁、求真、求美的高雅精神。"

茶道是茶文化的核心价值观。"茶道的核心是茶"，"茶人精神"是茶道的体现。

一、茶道的起源

茶道属于东方文化，最早可追溯至唐代，中唐诗僧皎然的《饮茶歌诮崔石使君》中开始出现"茶道"二字，"三饮便得道，何须苦心破烦恼"。"孰知茶道全尔真，惟有丹丘得如此"诗句，描写了作者品饮剡溪香茗的感受，一饮"涤昏寐"、二饮"清我神"、三饮"便得道"，达到了饮茶的最高境界。唐封演的《封氏闻见记》中"又因鸿渐之论，广润色之，于是茶道大行，王公朝士无不饮者"。刘贞亮在"饮茶十德"中也提出"以茶可行道，以茶可雅志"。

一般认为，陆羽是中国茶道的创始人，陆羽撰写的《茶经》及由他提倡"茶道"的出现，开启了人类理性用茶的时代，具有里程碑式的意义。《茶经》从茶的源流、产地、制作、品饮系统总结了包括茶的自然属性和精神、社会功能在内的一整套有关茶的知识，基本勾画出茶文化的轮廓。陆羽茶道强调"精行俭德"的人文精神，注重烹瀹条件和方法，追求恬静舒适的雅趣。

中国茶道的形成和发展经历了三个不同的时期。唐代陆羽的《茶经》为中国茶道奠定了基础，煎茶论水、比屋之饮，又经皎然、常伯熊等人的实践、润色和完善，形成了"煎茶道"。宋代茶道更加系统化，有炙茶、碾茶、罗茶、候汤、熠盏、点茶等基本程序，追求借茶励志、淡泊宁静，宫廷茶道讲究茶叶精美、茶艺精湛、礼仪繁缛、等级鲜明，民间斗茶以争香斗味为特色、分茶则使汤纹水脉成物象，蔡襄著《茶录》、宋徽宗赵佶著《大观茶论》、沈括著《本朝茶法》，从而形成"点茶道"。明代朱元璋废除团饼茶，朱权改革传统茶道，撰写自成一家的《茶谱》，认为茶发自然之性，饮者要"清心神""参造化""通仙灵"，追求秉于灵性、回归自然的境界，张源的《茶录》讲究"造时精，藏时燥，泡时洁。精、燥、洁，茶道尽矣"，后又有许次纾的《茶疏》、冯时可的《茶录》等加以完善，标志着"泡茶道"的诞生。明清以后紫砂等茶具的兴起，茶道程序由复杂转为简单，但茶道仍追求用水、茶具、茶时俱佳，饮茶以客少为贵，客众则喧，喧则雅趣乏矣。现代茶道则体现民族的生活气息和艺术情调，追求清雅、向往和谐。

二、茶道精神

中国人不轻易言道，在中国饮食、玩乐诸活动中能升华为"道"的只有茶道。在唐以前，茶饮就作为一种修身养性之道，《神农食经》已记载"茶茗久服，令人有力、悦志"，陆羽《茶经》中说"茶之为用，味至寒，为饮，最宜精行俭德之人"。唐朝寺庙僧众念经坐禅，皆以茶为饮，清心养神。历代僧侣们以茶供佛、以茶待客、以茶馈人、以茶宴代酒宴，逐渐形成了一套庄严肃穆的茶礼，重要的佛教节和法会都会举行较大型的茶宴。后来宫廷也举行各种茶宴，还有文人墨客、士大夫等都以茶宴助兴。宫廷茶礼、寺庙茶仪、文人茶艺构建了我国古代茶道文化三足鼎立的格局。

二维码 5-1
微课：茶道精神

不同的学者对茶道精神的理解有所不同，我国古代把茶德推崇为"清、静、怡、情"。吴觉农认为茶道是把茶视为珍贵、高尚的饮料，因为喝茶是一种精神上的享受，是一种艺术，或是一种修身养性的手段。庄晚芳认为茶道是通过饮茶的方式对人民进行礼法教育、增进其道德修养的一种仪式，归纳出茶道的基本精神为"廉、美、和、敬"，他解释为"廉俭育德、美真康乐、和诚处世、敬爱为人"。陈香白认为中国茶道包含茶艺、茶德、茶礼、茶理、茶情、茶学说、茶道引导七种义理，其核心是和。林治提出"和、静、怡、真"的茶道精神，认为"和"是中国茶道的哲学核心，"静"是中国茶道修习的不二法门，"怡"是茶道实践中的心灵感受，"真"是中国茶道的终极追求。吴振铎归纳为"清、敬、怡、真"，指出"清"是清洁、清廉、清静、清寂，茶艺的真谛不仅要求事物之外之清，更需要心境清寂、宁静、明廉、知耻；"敬"是万物之本，敬乃尊重他人，对自己谨慎；"怡"是欢乐怡悦；"真"是真理之真、真知之真，饮茶的真谛在于启发智慧与良知。周作人则说得比较随意，将茶道称作忙里偷闲、苦中作乐，在不完全现实中享受一点美与和谐，在刹那间体会永久。

综合各家对茶道精神的理解，将茶道归纳为"四谛"，即"和""静""怡""真"。

"和"是中国茶道精神的核心，是儒、释、道共通的哲学思想。"和"源于《周易》的"保合大和"，是指世间万物都由阴阳两要素构成，阴阳协调，保全大和之元气以普利万物才是人间真道。陆羽《茶经》中描述他设计风炉说，风炉用铁铸从"金"，放置在地上从"土"，炉中烧的木炭从"木"，木炭焕焕燃从"火"，风炉煮的茶汤从"水"。煮茶的过程就是金木水火土相生相克并达到和谐平衡的过程。

"和"还是中和、和平、和睦、和谐，和是中庸之道、天人合一，茶道的和就是以儒治世、以佛治心、以道治身的儒、释、道三家思想的融合体现。在茶事中享受美的过程、感悟人生道理、修养身心品格，在饮茶中沟通思想、创造和谐气氛、增进友谊，在待客时表现明礼尊长者、茶浓情意浓、谦和去虚华的礼仁精神。历代茶人都以和作为一种气度、一种境界，人们都力图把深奥的哲理融入一杯淡淡的茶汤之中。

"静"是中国茶道修行的必由之径。中国茶道是修身养性，追寻自我之道。如何从小小的茶壶中去体悟宇宙的奥秘？如何从淡淡的茶汤中去品味人生？如何在茶事活动中明心见性？如何通过茶道的修习来锻炼人格，超载自我？答案就是"静"。

庄子认为："静，天地之鉴也，万物之镜。"老子说："至虚极，守静笃，万物并作，吾以观其复。"中国古代哲人的虚静观复法是人们观察自然、体悟道德、明心见性、洞察万物的有效途径之一。中国儒家思想也把静作为一种修为，认为才须学、学须静；静以修身，俭以养德；淡泊明志，宁静致远。"静"是安静、恬静、寂静、冷静、肃静、平静、静观、静听，静能悟道，静能洞察万物。所以中国儒、释、道三家都主静。"静"是内定外随，自然宁静；不以物喜，不以己悲，静心能给人以智慧和力量，所以茶道也极力求"静"。在茶事活动中以静为本、以静为美也是茶界的共识。茶须静品，宋徽宗在《大观茶论》中写道："茶之为物……冲淡闲洁，韵高致静。"因此，品茶有"一人得道，二人得趣，三人得味"之说。在茶事活动中，一定要选择安静的环境、平静的心态，稳重、恬静的语言，闲雅、安详的目光，优雅、稳重的举止。

"怡"是茶道中茶人的身心感受。"怡"是和悦、愉快之意。中国茶道基于雅俗共赏之道，王公贵族茶道生发于茶之品、重在茶之珍，体现封建思想的等级观念，由贡茶衍化而成，意在夸示高贵、炫耀权势、附庸风雅。文人雅士茶道生发于茶之韵，创立者是古代的"士"，他们托物寄怀、品茗激文、交朋结友、放飞心情，以茶培养精心感觉，将茶事雅化。饮茶不为止渴，而升华为艺术欣赏。佛家茶道生发于茶之德，旨在参禅悟道、见性成佛、提神解困，僧人饮茶有利于丛林修持。道家茶道重在茶之功，意在健康保健，品茗养生、保生延年。平民百姓的茶道重在茶之味，即口腹之欲，意在除烦去腻，解渴消食，享受人生。中国茶道的怡悦性无论什么人都可以取得，在品茗过程中可抚琴歌舞、可吟诗作画、可观月赏花、可论经对弈、可独对山水，也可潜心研读，取得生理上的快感和心理上的畅适。

"真"是中国茶道的终极追求，也是中国茶道的初心。在事茶过程中处处讲究"真"，不仅对人要真心、敬客要真情、说话要真诚，用的茶要真茶、真香、真味，环境要真山、真水、真境，器具要真陶、真瓷、真竹、真木，字画要名人真迹，事茶活动的每一个环节都要认真。

"真"贯穿于中国茶道的全过程。首先追求道之"真"，即通过茶事活动追求对"道"的真切体悟，达到修身养性、品味人生的目的。其次追求情之"真"，即通过品茗述怀，使茶友之间的真情得以发展，达到茶人之间互见真心的境界。最后追求性之"真"，即在品茗过程中，真正放松自己，在无我的境界中去放飞自己的心灵，放开自己的天性。

三、中国茶道

（一）中国茶道的演化

茶道是以茶艺为外在形式，以精神为内核的理论阐发。茶艺是茶道的具体表现形式。纵观中国饮茶的发展史，从煮饮、煎饮、点茶再到泡茶，中国的茶叶沏泡方式可以分为煮茶法和泡茶法两大类以及煮茶法、煎茶法、点茶法和泡茶法四小类。煎茶法是在煮茶法的基础上形成的，煎茶法是特殊的煮茶法。泡茶法

二维码 5-2
微课：中国茶道

是由点茶法演变而来的，点茶法是特殊的泡茶法。煎茶法和点茶法都形成于特定的历史时期，也曾广为流传，但作为沏茶的特殊形态，终归消亡，现今广泛存在的有煮茶法和泡茶法。

茶道包括两个内容：一是备茶品饮之道，即备茶技艺、规范和品饮方法；二是思想内涵，即通过饮茶陶冶情操、修身养性，把思想升华到富有哲理的境界。茶道的形

成是在饮茶普及、茶艺完善之后。唐以前虽有饮茶，但不普遍；东晋虽有茶艺的雏形，但远未完善；从晋到唐是中国茶道的酝酿期，到了中唐，饮茶成风，茶成为比屋之饮。《茶经》的诞生、达官贵人对茶的宠爱、文人墨客的介入，产生了煎茶道，两宋演化为点茶道，明清时期则过渡到泡茶道。

1. 唐宋时期——煎茶道

煎茶法始于唐前，盛于唐。煎茶是团饼茶经过炙、碾、罗等工序，变成细微粒的茶末，在二沸时投茶煮，然后分饮，依照客人多少来确定煎茶酌分碗数，一次煎茶少则三碗，多不过五碗。煎茶沏泡的过程包括备器、选水、取火、候汤、习茶五大环节。沏茶的过程有藏茶、炙茶、碾茶、罗茶、煎茶、酌茶、品茶等环节。

具体过程就是当锅内的水煮到出现鱼眼大的气泡，并微有沸水声时，是"一沸"，这时要根据水的多少加入适量的盐调味，尝尝水的味道。当水煮到锅的边缘出现连珠般的水泡往上冒的时候，是"二沸"，这时需舀出一瓢开水，用竹夹在水中搅动使之形成水涡，再用量茶小勺取适量的茶末投入水涡中心。待水面波浪翻滚时，是"三沸"，这时将原先舀出的一瓢水倒回锅内，使开水停止沸腾。此时，锅内茶汤表面即生成厚厚沫饽，但需及时将茶沫上形成的一层黑水膜去掉，因为它会影响茶汤的味道。然后再将茶汤均匀地舀入三个或者五个茶盏中，而每盏的茶沫要均匀，陆羽认为茶汤的精华就是这茶汤上面的沫饽。

《茶经》的问世标志着煎茶道的诞生，茶经所倡导的饮茶之道实际上是一种艺术性的饮茶，它包括鉴茶、赏器、品饮等一系列的程序、礼法、规则。唐代煎茶道重视饮茶环境的选择，认为饮茶活动重在自然，多选在林间石上、泉边溪畔、竹树之下清静、幽雅的自然环境，或在道观僧寮、书院会馆、厅堂书斋等室内饮茶。《茶经》讲"茶饮最宜精行俭德之人"，斐汶《茶述》称"茶其性精清，其味淡洁，其用涤烦，其功效和"。中唐以后，人们已经认识到茶的清淡品性和涤烦、致和、全真的功用，饮茶能使人养生、怡情、修性、得道。另外，卢全的《七碗茶歌》、皎然的《三饮诗》、元稹的宝塔《茶》诗等都高扬茶道精神，把饮茶从日常物质生活提升到精神文化层次。

2. 宋元时期——点茶道

点茶法源于唐末五代，盛于宋朝，至明代后期结束，历时600年。宋徽宗赵佶的《大观茶论》把点茶道推向高潮。点茶的过程有藏茶、洗茶、炙茶、碾茶、磨茶、罗茶、点茶、品茶等程序。点茶用的茶器有茶炉、汤瓶、砧椎、茶钤、茶碾、茶磨、茶罗、茶匙、茶筅、茶盏等。点茶用水更为讲究，要求清、轻、活、甘、洁。

点茶法为宋代斗茶所用，茶人自吃亦用此法。这时不再直接将茶熟煮，而是先将饼茶碾碎、磨细，置碗中待用。以釜烧水，待水微沸初漾时即冲点碗。但茶末与水同样需要交融一体。于是发明了一种工具，称为"茶筅"。茶筅有金、银、铁制，大部分用竹制，美其名曰"搅茶公子"。水冲入茶碗中，需用茶筅用力打击，这时水茶交融，渐起沫饽，潘潘然如堆云积雪。茶的优劣，以沫饽出现是否快、水纹露出是否慢来评定。沫饽洁白，水脚晚露而不散者为上。因茶水融合，水质浓稠，饮下去盏中胶着不干，称为"咬盏"。点茶特别注重茶汤表面的泡沫及其呈现的形状、颜色，由此延伸出了茶百戏。

点茶道在品饮时注重主客间的端、接、饮、叙礼仪，且礼陈再三，颇为严肃。如朱权《茶谱》载："童子捧献于前，主起举瓯奉客曰：为君以泻清臆。客起接，举瓯曰：非此不足以破孤闷。乃复坐。饮毕，童子接瓯而退。话久情长，礼陈再三。"对饮茶环境的选择与煎茶道相同，大致要求自然、幽静、清静。点茶道更强调以茶修德，认为茶"擅瓯闽之秀气，钟山川之灵禀"。祛襟涤滞，致清导和，冲淡闲洁，韵高致静，士庶率以熏陶德化。宋明茶人进一步完善了唐代茶人的饮茶修道思想，赋予了茶"清、和、淡、洁、韵、静"的品性。

3. 明清时期——泡茶道

泡茶法始于中唐，宋和明初是用末茶来泡茶，明初以后散茶兴起，开始用叶茶泡茶，变成了以沸水冲泡叶茶的瀹饮法，品饮艺术发生了划时代的变化。泡茶法有壶泡法、撮泡法、小茶壶泡法。壶泡法的程序有藏茶、浴壶、泡茶（投茶、注汤）、涤盏、酾茶、品茶；撮泡法比较简单，有涤盏、投茶、注汤、品茶；小茶壶泡法流行于福建、广东、台湾，用于泡乌龙茶。泡茶器具主要有茶炉、汤壶（茶铫）、茶壶、茶盏（杯）等。

泡茶道注重自然，不拘礼法，对环境的要求更高，瀹饮法简便异常，天趣悉备，可谓尽茶之真味矣。明代一些文士如文徵明、唐寅、徐渭皆是怀才不遇的大文人，琴棋书画无所不精，又都嗜茶，他们开创了明代文士茶的新局面。与前人相比，他们更加强调品茶时对自然环境的选择和审美情趣的营造，这在他们的作品中得到了充分的反映。在他们的画作中，文士们或于山间清泉之侧抚琴烹茶，泉声、风声、琴声与壶中汤沸之声融为一体；或于草亭之中相对品茗；或独对青山苍峦，目送江水滔滔。茶一旦置身于大自然之中，就不仅仅是一种物质产品，而成了人们契合自然、回归自然的媒介。明代的茶著有五十多部，许次纾撰《茶疏》，独精于茶理，张源的《茶录》描写长期品茶的心得、体会，陆树声的《茶寮记》反映了文士的饮茶情趣，陈继儒的《茶董补》、朱权的《茶谱》，于清饮中有独到见解。在这中间，朱权及其《茶谱》尤有重大贡献。他明确表示饮茶并非浅尝于茶本身，而是将其作为一种表达志向和修身养性的方式。朱权对废团改散后的品饮方法进行了探索，改革了传统的品饮方法和茶具，提倡从简行事，主张保持茶叶的本色，顺其自然之性。

泡茶道酝酿于元代至明代前期，正式形成于 16 世纪末的明代后期，鼎盛于明代后期至清代前中期，绵延至今。

（二）中国茶道的分类

中国茶道是雅俗共赏之道，它体现于平凡的日常生活之中，不讲形式，不拘一格，突出体现了道家"自恣以适己"的随意性。同时，不同地位、不同信仰、不同文化层次的人对茶道有不同的追求，历史上王公贵族讲茶道重在茶之珍、器之贵，炫耀权势、附庸风雅；文人雅士讲茶道重在茶之韵、意之幽，意在激扬文思，交朋结友；佛家讲茶道重在茶之德，意在驱困提神，参禅悟道，见性成佛；道家讲茶道重在茶之功，意在品茗养生，保生延年，羽化成仙；普通老百姓讲茶道则重在茶之味，意在去腥除腻，涤烦解渴，享乐人生。因此，历史上中国茶道演化为贵族茶道、雅士茶道、禅宗茶道和世俗茶道几类。

1. 贵族茶道

唐朝皇宫朝廷、达官贵人开始饮茶，随着贡茶的产生、演化而形成了贵族茶道，民间最好的茶都进贡给朝廷，皇家爱茶、玩茶，收藏各种精美茶器，收罗天下好水，追求"精茶、好水、活火、妙器"，讲究煮茶、煎茶的方法和饮茶的环境，处处求高品位，所以唐朝、宋朝的宫廷茶礼十分复杂与讲究。

贵族茶道的特点是追逐豪华富贵、彰显贵族气派，茶被装金饰银，脱尽质朴，达官贵人借茶显示等级地位，夸示皇家气派。贵族不仅讲"精茶"，也讲"真水"，乾隆等皇帝收罗天下名泉，试水品茗，贡茶的诞生大大推动了茶叶生产的发展，促进了名茶的形成，确立了茶的国饮地位，同时对茶的传播与饮用起了很大的作用，使茶逐渐大众化。源于明清的潮闽工夫茶原来也是贵族茶道，发展至今才日渐大众化。贵族茶道产生于特定的时期，有深刻的文化背景。

2. 雅士茶道

历代文人雅士在饮茶过程中创造了雅士茶道。"士"就是有文化的人、知识分子，他们都是一些风雅人士，在社会上有一定地位，有条件得到名茶，会品茶，对茶的感情非常细腻，以茶助文思，在品茶、评茶中创造作品，将茶与琴、棋、书、画、诗歌相联，慢慢形成了雅士茶道。雅士茶道对中国茶文化的影响非常深远。

雅士茶道的"雅"体现在品茗之趣、茶助诗兴、以茶会友和雅化茶事等方面。文人以茶代酒，唐代以后著名文人不嗜茶的几乎没有。他们不仅品茶，还咏诗作赋，经常举办茶会、茶宴，品茗论道，兴起了品茶文学、品水文学，还有茶文、茶诗、茶学、茶画、茶歌、茶戏等，使饮茶升华为精神享受。宋代大行其道的"文士茶"就是雅士茶道的充分体现，文士们追求"物精极、衣精极、屋精极"，茶室雅致精美，独揽山水名胜，挂画、插花、焚香、点茶，用茶、用水、用火、用炭十分讲究，都体现了文士们高雅的情趣。

3. 禅宗茶道

茶与佛教的结合产生了禅宗茶道，"茶禅一味"，赵州和尚的著名法语"喫茶去""禅茶""佛茶"等都说明了茶与禅宗的关系。僧人饮茶历史悠久，有记载的是东晋敦煌人单道开长时间坐禅诵经以茶驱睡，唐代开始僧人就普遍种茶、制茶、饮茶并研制名茶，为中国茶叶生产发展、茶学的建立和茶道的形成做出了重要贡献。同时，茶与佛教传播到日本后，与日本固有的文化相结合形成了日本茶道，因此日本茶道源自中国的禅宗茶道。

茶性符合佛教的戒律，茶能提神、补充营养、助消化，茶还可以静心、抑制人的欲望。因此"提神驱睡""营养消食""抑制欲望"被佛教认为是茶的"三德"，对佛教有着重要的意义，禅宗茶道就生发于茶之德。和尚坐禅头正背直，不动不摇、不委不倚，通常坐禅一坐就好几个月，靠茶驱睡，生津化食，茶成为佛门的首选饮料。明代乐纯的《雪庵清史》中列举的居士"清课"有"焚香、煮茗、习静、寻僧、奉佛、参禅、说法、作佛事、翻经、忏悔、放生……"，其中"煮茗"列第二，说明茶在佛教中的作用与地位。长期以来，佛教饮茶自成一套完整的程序和规则，形成了独特的禅宗茶道。

4. 世俗茶道

柴米油盐酱醋茶，自从茶进入普通百姓的生活后，与居家生活密不可分的世俗茶道便慢慢形成了。古丝绸之路将茶带到了世界各国，打开了文化、外交和贸易的局面，茶成为我国与世界沟通的桥梁与纽带。唐朝的以茶易马和茶马古道，把茶带给了边疆的少数民族百姓，茶变成了他们生活中不可缺少的部分，同时成为巩固边疆的重要经济措施。

清代官场的饮茶有特殊的程序与含义，是典型的世俗茶道。广州人的"早茶"、成都人的"盖碗茶"、老北京的"大碗茶"都是世俗茶道的体现。

四、国外茶道

（一）日本茶道

日本是我国茶道最早得到传播的国家之一，有资料记载，隋文帝开皇年间就有日本僧人到中国来学佛，回国时将中国的茶叶和饮茶方法带了回去；到了唐代，最澄、空海等大批僧人到来，回去时不仅带回茶、茶具和饮茶方式，还带回茶籽发展茶业生产；宋代荣西回国著《吃茶养生记》，介绍中国蒸青茶的制法、饮茶的方法及保健功效。随着茶在日本不断普及，日本茶道也应运而生。创立日本茶道概念的是15世纪奈良名寺的和尚——村田珠光。1442年，他开创了独特的尊崇自然、尊崇朴素的草庵茶风——"草庵茶"，将禅宗思想引入茶道，完成了茶与禅、民间茶与贵族茶的结合，提出"和、敬、清、寂"的茶道精神，把茶道由一种饮茶娱乐提高为融艺术、哲学、宗教、礼仪为一体的综合文化体系。茶道不仅仅是物质享受，通过茶会和学习茶礼还能达到陶冶性情、培养人的审美观和道德观的目的。

日本历史上真正将茶道和饮茶提高到艺术水平上的是千利休，千利休将标准茶室的四张半榻榻米缩小为三张甚至两张，并将茶室装饰简化到最小限度，使茶道精神最大限度地摆脱了物质束缚。他追求淡泊，简化茶道的规定动作，专心体会茶道的趣味。现在日本流行的茶道是千利休创立的，形成独具风格的"千家流"茶法。日本茶道流派很多，除"千家流"外，还有"表千家""里千家""宗宋""石川""组部""清水""奈良"等流派。

现代日本茶道，一般在面积大小不一的茶室中举行，标准茶室面积为四张半榻榻米，一次茶事最多容纳5个客人，茶室除了讲究室外环境幽雅，室内还要挂画、插花。客人进入茶室后，应安静、恭谨地跪坐在榻榻米上，主人也跪在榻榻米上，先打开绸巾擦茶具、茶勺，用开水温热茶碗，倒掉水，再擦干茶碗，然后用茶筅冲点末茶，或煎茶分入茶碗，献茶前先上点心，以解茶的苦涩，然后献茶。献茶的礼仪很讲究，主人跪着，轻轻将茶碗转两下，将碗上花纹图案对着客人，客人双手接过茶碗，轻轻转两圈，将碗上的花纹图案对着献茶人，并将茶碗举至额头，表示还礼，然后分三次喝完。饮毕，客人要讲一些吉利的话，赞美茶具的精美、环境的优雅，感谢主人的款待。

日本茶道的精神是"和、敬、清、寂"，是千利休继承村田珠光的茶道精神创造的，"和"是指和谐、和悦，表现为主客之间的和睦；"敬"是指尊敬、纯洁、诚实，主客间互敬、互爱，有礼仪；"清"是指纯洁、清静，表现为茶室茶具的清洁、人心的清净；"寂"就是凝神、摒弃欲望，表现为茶室气氛恬静，茶人表情庄重。

（二）韩国茶礼

中国茶文化进入朝鲜半岛有千余年的历史，长期以来，韩国在学习中国饮茶之道的同时，融禅宗文化、儒道伦理及韩国民族传统礼节于一体，形成了一整套独具特色的韩国茶礼。茶礼源于中国茶俗，新罗时期，朝廷的宗庙祭礼和佛教仪式中就运用了茶礼；高丽时期，盛行点茶法，就是把茶叶磨成茶末，此后把汤罐里烧开的水倒进茶碗，用茶匙或茶筅搅拌成乳化状后再饮用的办法。

韩国的茶礼仪式种类繁多、各具特色，主要分仪式茶礼和生活茶礼。

仪式茶礼是在各种礼仪举行中的茶礼，每年5月25日是韩国茶日，都要举行茶文化祝祭。主要内容是茶道协会的传统茶礼表演、茶人联合会的成人茶礼和高丽五行茶礼以及新罗茶礼、陆羽品茶汤法等。

生活茶礼就是日常生活中的茶礼。按名茶类型分为"末茶法""饼茶法""钱茶法""叶茶法"四种。有迎宾、温茶具、沏茶、品茗等过程。

韩国茶礼提倡"和、敬、俭、真"的根本精神，"和"要求人们心地善良、和平共处、互相尊敬、帮助别人；"敬"是要有正确的礼仪、尊重别人、以礼待人；"俭"是俭朴廉正，提倡俭朴的生活；"真"是要有真诚的心意、真诚相待，为人正派。茶礼整个过程都有严格的规范和程序，力求给人以清静、悠闲、高雅、文明之感。

第二节　茶与文学

作为具有五千年文明的古国，中国的历史弥漫着文学的芬芳。自茶被人们发现、利用后，历代文人墨客爱茶、恋茶、颂茶，创作了无数与茶相关的诗词、辞赋、散文、小说、对联、谚语，使茶负载了丰富的文化内涵。这里面，既有《茶经》的提纲挈领，又有"七碗茶歌"的潇洒飞扬；既有《红楼梦》的满纸荒唐，又有"茶人三部曲"的荡气回肠。

一、茶与诗词

中国历代茶诗词作品数量多，题材种类广泛，涉及茶的方方面面。据不完全统计，中国茶诗词至少在万首以上，其内容涵盖名茶、茶具、烹茶、品茶、种茶、采茶、制茶、泡茶用水、风俗、怀思、礼教、赞誉等多方面。

二维码 5-3

微课：茶与诗词

（一）唐代以前的茶诗词

唐代以前是茶文化的萌芽时期，这个时期写到茶的诗赋作品较少。其中最出名的就是左思的《娇女诗》。

娇女诗
左思

吾家有娇女，皎皎颇白晳。小字为纨素，口齿自清历。

其姊字惠芳，面目粲如画。轻妆喜楼边，临镜忘纺绩。

贪华风雨中，眴忽数百适。止为茶荈剧，吹嘘对鼎䥥。

脂腻漫白袖，烟熏染阿锡。……

左思，字泰冲，西晋著名文学家，其作品《三都赋》曾造成"洛阳纸贵"的奇观。

据考证，左思有两个女儿，长女名左芳，次女名左媛。在这首诗中，左思以一种半嗔半喜的口吻叙述了女孩子们的种种情感，准确形象地勾画出她们娇憨活泼的性格，字里行间闪烁着慈父忍俊不禁的笑意，笔墨间流露着家庭生活特有的情味。

诗中对两位娇女的容貌举止、性格爱好的描写细致传神，而茶对于她们的强烈诱惑及有关茶器、煮茶习俗的记述，在诗中表达为："止为茶荈据，吹嘘对鼎立。"该诗是陆羽《茶经》节录的第一首中国古代茶诗。

在晋及南北朝，还有张载的《登成都白菟楼诗》，诗中"芳茶冠六清，溢味播九区"盛赞成都的茶，以及孙楚的《出歌》写各地的出产等。

（二）唐代茶诗

唐代是我国历史上最繁盛的时代之一，国家的富强与经济的发达，促进了茶叶的发展，同时由于佛教的盛行，使得茶文化得到了迅速传播，因此涌现出一大批优秀的茶诗作品。除李白、卢仝、元稹、皎然、杜牧、刘禹锡、皮日休、陆龟蒙、杜甫的茶诗外，还有白居易的《琴茶》、袁高的《茶山诗》、齐己的《谢邕湖茶》《咏茶十二韵》、颜真卿等六人合作的《五言月夜啜茶联句》、韦应物的《喜园中茶生》等，都显示了唐代茶诗的兴盛与繁荣，唐代比较有名的茶诗有 500 多首。

1. 李白《答族侄僧中孚赠玉泉仙人掌茶》

答族侄僧中孚赠玉泉仙人掌茶
李白

常闻玉泉山，山洞多乳窟。仙鼠白如鸦，倒悬清溪月。

茗生此中石，玉泉流不歇。根柯洒芳津，采服润肌骨。

丛老卷绿叶，枝枝相接连。曝成仙人掌，似拍洪崖肩。

举世未见之，其名定谁传。宗英乃禅伯，投赠有佳篇。

清镜烛无盐，顾惭西子妍。朝坐有馀兴，长吟播诸天。

李白，字太白，号青莲居士。这首诗是我国最早记载名茶的诗。作者用雄奇豪放的诗句把仙人掌茶的出处、生长环境、加工方法、品质、功效等做了详细生动的描述，诗中"曝成仙人掌"是关于晒青绿茶的加工方法的最早记载，这首诗成为重要的茶叶历史资料和咏茶名篇。

2. 卢仝《走笔谢孟谏议寄新茶》

走笔谢孟谏议寄新茶

卢仝

……

一碗喉吻润。两碗破孤闷。三碗搜枯肠，唯有文字五千卷。

四碗发轻汗，平生不平事，尽向毛孔散。五碗肌骨清，六碗通仙灵。

七碗吃不得也，唯觉两腋习习清风生。蓬莱山，在何处？玉川子，乘此清风欲归去。

……

卢仝，自号"玉川子"，是初唐四杰卢照邻之孙。后人将他写的《走笔谢孟谏议寄新茶》称作"七碗茶歌"。相传有一天，卢仝的好友孟谏议差人为卢仝送来了新茶，卢仝大喜，于是"柴门反关无俗客，纱帽笼头自煎吃"。在饮茶的过程中，卢仝诗兴大发，写下了这首茶诗。

本诗最经典之处就在于饮茶一碗至饮茶七碗都有不同的感受，从"喉吻润"到"破孤闷"，再到"搜枯肠""发轻汗""肌骨清""通仙灵"，以至最后"吃不得也"，让我们感受到卢仝在饮茶的过程中从身体上到精神上的享受，这首诗也成为茶界的千古绝唱。

3. 元稹《茶·一字至七字诗》

茶

元稹

茶

香叶，嫩芽。

慕诗客，爱僧家。

碾雕白玉，罗织红纱。

铫煎黄蕊色，碗转曲尘花。

夜后邀陪明月，晨前独对朝霞。

洗尽古今人不倦，将知醉后岂堪夸。

元稹，唐朝著名诗人、文学家。他写的这首以茶为题的宝塔诗，构思精巧，十分有趣。宝塔诗是杂体诗的一种，因形似宝塔，故名"宝塔诗"。本诗开篇即点明主题——茶，然后描述了茶的特点，即"香叶，嫩芽"。第三行诗由倒装句组成，"慕诗客，爱僧家"意即"诗客慕，僧家爱"，说明当时的文人墨客和僧侣都十分喜欢茶。第四行的"碾雕白玉，罗织红纱"，以及第五行的"铫煎黄蕊色，碗转曲尘花"描述了煎茶所用的器具，包括白玉碾（将茶碾成粉末的工具）、红纱罗（筛茶末用的工具）、铫（煮水、煮茶的工具）以及碗（饮茶的器具）。同时用"黄蕊色"以及"曲尘花"分别描述了茶及茶汤的样子。"夜后邀陪明月，晨前独对朝霞"则表明了饮茶的时间。对于作者来说，无论是早上还是晚上，都应该饮茶。最后一句"洗尽古今人不倦，将知醉后岂堪夸"则告诉世人，饮茶好于饮酒，因为茶能洗尽疲倦、助人醒酒。

4. 皎然《饮茶歌诮崔石使君》

饮茶歌诮崔石使君

皎然

越人遗我剡溪茗，采得金牙爨金鼎。

素瓷雪色缥沫香，何似诸仙琼蕊浆。

一饮涤昏寐，情思朗爽满天地。

再饮清我神，忽如飞雨洒轻尘。

三饮便得道，何须苦心破烦恼。

此物清高世莫知，世人饮酒多自欺。

愁看毕卓瓮间夜，笑向陶潜篱下时。

崔侯啜之意不已，狂歌一曲惊人耳。

孰知茶道全尔真，唯有丹丘得如此。

皎然，唐代最有名的诗僧、茶僧，俗姓谢，字清昼。皎然与陆羽是挚友，曾作茶诗二十余首，其中以《饮茶歌诮崔石使君》最为出彩。

从题目可以发现，本诗是写给皎然的好友崔石使君的，崔石约在贞元初任湖州刺史，皎然在湖州妙喜寺隐居。皎然通过本诗调侃喝醉了的崔石，并劝他多饮茶。

在诗中，诗人先介绍了茶的来历，即越（今绍兴）人所赠剡溪所产之茶，此茶经过煎制之后，素色茶具中的茶汤漂着沫饽，散发着清香，犹如天赐的琼浆玉液。诗人三饮此茶，每次都有不同的感受，从"涤昏寐"到"清我神"再到"便得道"，层层递进，饮茶让诗人从精神上得到了升华。最后，诗人引用了"毕卓"和"陶潜"饮酒的典故，劝诫崔石少饮酒，多饮茶。

本诗的亮点在于"一饮涤昏寐，情思朗爽满天地。再饮清我神，忽如飞雨洒轻尘。三饮便得道，何须苦心破烦恼"三句。我们常说三口为品，与本诗中的"三饮"正好契合。

5. 杜牧《题茶山》

题茶山
杜牧

山实东吴秀，茶称瑞草魁。剖符虽俗吏，修贡亦仙才。

溪尽停蛮棹，旗张卓翠苔。柳村穿窈窕，松涧渡喧豗。

等级云峰峻，宽平洞府开。拂天闻笑语，特地见楼台。

泉嫩黄金涌，牙香紫璧裁。拜章期沃日，轻骑疾奔雷。

舞袖岚侵涧，歌声谷答回。磬音藏叶鸟，雪艳照潭梅。

好是全家到，兼为奉诏来。树阴香作帐，花径落成堆。

景物残三月，登临怆一杯。重游难自克，俯首入尘埃。

杜牧，唐代杰出的诗人、散文家，与李商隐并称"小李杜"，曾担任湖州刺史，在此期间写下了这首《题茶山》。这里的"茶山"指的是湖州长兴的顾渚山。此山地处太湖西岸，盛产紫笋茶，据文献记载，唐代曾在此建造贡茶院，专门造贡茶。

《题茶山》主要描写了四个方面：一是说作者因何来到茶山；二是茶山修贡时的繁华景象；三是茶山的自然风光；四是紫笋茶的入贡。这首诗写得十分雄伟壮丽，为后人所欣赏和钟爱。

6. 刘禹锡《西山兰若试茶歌》

西山兰若试茶歌
刘禹锡

山僧后檐茶数丛，春来映竹抽新茸。

宛然为客振衣起，自傍芳丛摘鹰觜。

斯须炒成满室香，便酌砌下金沙水。

骤雨松声入鼎来，白云满盏花徘徊。

悠扬喷鼻宿酲散，清峭彻骨烦襟开。

阳崖阴岭各殊气，未若竹下莓苔地。

炎帝虽尝未解煎，桐君有箓那知味。

新芽连拳半未舒，自摘至煎俄顷馀。

木兰沾露香微似，瑶草临波色不如。

僧言灵味宜幽寂，采采翘英为嘉客。

不辞缄封寄郡斋，砖井铜炉损标格。

何况蒙山顾渚春，白泥赤印走风尘。

欲知花乳清泠味，须是眠云跂石人。

刘禹锡，字梦得，洛阳人，唐代文学家、哲学家。我们常说"茶禅一味"，唐代禅宗文化盛行，茶文化的发展也与之密切相关。在本诗中，作者就描述了自己进入寺庙中，体验了庙前采茶时的"自傍芳丛摘鹰觜"、炒茶时的"斯须炒成满室香"、煮茶时的"骤雨松声入鼎来，白云满盏花徘徊"、饮茶时的"悠扬喷鼻宿醒散，清峭彻骨烦襟开"。

在一番体验之后，诗人又与僧人论茶，并在论茶的过程中表达了自己对茶的理解。他认为炎帝和桐君未能体会茶的真味，茶的真味好过"木兰""瑶草"。要想真正领略这"幽寂"之地产的好茶，就应该返璞归真。

7. 皮日休《题惠山泉》

题惠山泉

皮日休

丞相常思煮泉时，群侯催发只忧迟。

吴关去国三千里，莫笑杨妃爱荔枝。

皮日休，字袭美，晚唐诗人、文学家。杜牧曾在《过华清宫绝句三首》中写道"一骑红尘妃子笑，无人知是荔枝来"。杨贵妃因偏爱荔枝，因此皇帝便派人快马加鞭运至长安；而唐武宗时期的丞相李德裕，为了能够用好水煎茶，专门让人将惠山泉水从无锡运到长安。

这首诗中，诗人将李德裕与杨贵妃的两件事放到一起，可见诗人对此的嘲讽之意。但与此同时，我们也能够从另一方面看到唐代人对饮茶的重视。惠山泉被称作"天下第二泉"，泉水十分适合泡茶。因此才会有"丞相常思煮泉时，群侯催发只忧迟"的事情发生。

（三）宋代茶诗词

宋代是文化大发展时期，也是茶文化大发展时期，宋代斗茶和茶宴盛行，所以茶诗、茶词大多表现以茶会友、相互唱和，以及触景生情、抒怀寄兴的内容。宋代产生的以茶为题的诗词作品多于唐代，据不完全统计，宋代茶诗词作者有260余人，现存茶诗词超过1200首。范仲淹、苏轼、丁谓、欧阳修、梅尧臣、杨万里、黄庭坚、蔡襄、王安石、陆游等留下了大量优美的茶诗，其中陆游一人就写了300多首茶诗，苏东坡也有70余首。

1. 丁谓《北苑焙新茶》

北苑焙新茶

丁谓

序：天下产茶者七十郡半，每岁入贡，皆以社前、火前为名，悉无其实。惟建州出茶有焙，焙有三十六，三十六焙中惟北苑发早而味尤佳。社前十五日即采其芽，日数千工，聚而造之，逼社即入贡。工甚大，造甚精，皆载于所撰《建安茶录》，仍作诗以大其事。

<blockquote>

北苑龙茶者，甘鲜的是珍。四方惟数此，万物更无新。

才吐微茫绿，初沾少许春。散寻萦树遍，急采上山频。

宿叶寒犹在，芳芽冷未伸。茅茨溪上焙，篮笈雨中民。

长疾勾萌并，开齐分两均。带烟蒸雀舌，和露叠龙鳞。

作贡胜诸道，先尝祇一人。缄封瞻阙下，邮传渡江滨。

特旨留丹禁，殊恩赐近臣。啜为灵药助，用与上樽亲。

头进英华尽，初烹气味醇。细看胜却麝，浅色过于筠。

顾渚惭投木，宜都愧积薪。年年号供御，天产壮瓯闽。

</blockquote>

丁谓，字谓之，北宋大臣，长洲（今江苏吴县）人。曾任福建转运使，到建安县北苑（在今福建省建瓯市）督造北苑贡茶，所创制的大龙凤团茶为天下之最。这项创新与后来蔡襄创制的小龙凤团茶，促进了茶叶制作技术的发展，两人在中国贡茶史上被称为"前丁后蔡"。

从本诗"序"中我们可以得知，此诗写作的目的在于"大其事"，即彰显北苑茶事。从诗中我们可以了解到，北苑贡茶无论是从采摘还是加工上，都十分考究。要在"才吐微茫绿，初沾少许春"时采下，制作时要求"带烟蒸雀舌，和露叠龙鳞"，制作好的茶要"缄封瞻阙下，邮传渡江滨"，以最快的速度运送至皇宫，让皇帝和近臣享用。从这些诗句中，可以想见当时北苑贡茶的名贵，以至于"顾渚惭投木，宜都愧积薪。年年号供御，天产壮瓯闽"。

2. 范仲淹《和章岷从事斗茶歌》

和章岷从事斗茶歌

范仲淹

<blockquote>

年年春自东南来，建溪先暖冰微开。

溪边奇茗冠天下，武夷仙人从古栽。

新雷昨夜发何处，家家嬉笑穿云去。

露芽错落一番荣，缀玉含珠散嘉树。

终朝采撷未盈襜，惟求精粹不敢贪。

研膏焙乳有雅制，方中圭兮圆中蟾。

北苑将期献天子，林下雄豪先斗美。

鼎磨云外首山铜，瓶携江上中泠水。

</blockquote>

黄金碾畔绿尘飞，碧玉瓯中翠涛起。

斗茶味兮轻醍醐，斗茶香兮薄兰芷。

其间品第胡能欺，十目视而十手指。

胜若登仙不可攀，输同降将无穷耻。

于嗟天产石上英，论功不愧阶前蓂。

众人之浊我可清，千日之醉我可醒。

屈原试与招魂魄，刘伶却得闻雷霆。

卢仝敢不歌，陆羽须作经。

森然万象中，焉知无茶星。

商山丈人休茹芝，首阳先生休采薇。

长安酒价减百万，成都药市无光辉。

不如仙山一啜好，泠然便欲乘风飞。

君莫羡花间女郎只斗草，赢得珠玑满斗归。

范仲淹，字希文，北宋初年政治家、文学家。章岷，字伯镇，宋代诗人，天圣年间进士。斗茶，是宋代盛行的一种雅玩，又称茗战。

这是一首脍炙人口的茶诗，有人把它和卢仝的《七碗茶诗》相媲美。全诗分为三个部分，生动地再现了宋代采茶、斗茶的场景，并介绍了茶的功效和地位。本诗开篇就为我们展示了斗茶的地点——建溪以及在此地采茶的场景。随着春天的第一声雷，人们都穿云采茶而去，而在采茶的过程中，"终朝采掇未盈襜，惟求精粹不敢贪"，可见采择之精。中间部分，从"研膏焙乳有雅制"到"斗茶香兮薄兰芷"，为我们生动展现出宋代斗茶的热闹场面。这里既有精制的茶汤，也有精美的茶具，一场十分考究的"茗战"跃然纸上。结尾部分则引经据典，借用屈原、刘伶、卢仝、陆羽、商山丈人、首阳先生等人的典故，说明了茶的养生功效，劝诫世人多多饮茶。

3. 苏轼《次韵曹辅寄壑源试焙新茶》

次韵曹辅寄壑源试焙新茶

苏轼

仙山灵草湿行云，洗遍香肌粉未匀。

明月来投玉川子，清风吹破武林春。

要知玉雪心肠好，不是膏油首面新。

戏作小诗君一笑，从来佳茗似佳人。

苏轼，字子瞻、和仲，号铁冠道人、东坡居士，北宋著名文学家、书法家。曹辅，字载德，沙县人，宋元符进士。次韵，旧时古体诗词写作的一种方式。按照原诗的韵和用韵的次序来和诗。壑源，地名，在建安东（今建瓯市东峰镇境内），宋代建安民间私焙最精良的团茶贡品产地。

本诗的亮点在于"从来佳茗似佳人"，诗人把好茶比作美人，美人的美貌虽然有脂粉的装饰，但更多的是天生丽质。后人还把苏轼另一首诗中的名句"欲把西湖比西子"集成对联。因此我们看到第一句"仙山灵草湿行云，洗遍香肌粉未匀"，将茶写作被云雾湿润的"仙山灵草"，这样的茶就好像是没有将脂粉抹匀的肌肤一样；而第二句则用"明月"指代团茶，"玉川子"则是诗人以卢仝自居，诗人与团茶的相遇，如同春风把春天带给了杭州。从这首诗中我们能够看到诗人收到茶时欣喜若狂的心情。

4. 苏轼《汲江煎茶》

汲江煎茶

苏轼

活水还须活火烹，自临钓石取深清。

大瓢贮月归春瓮，小勺分江入夜瓶。

雪乳已翻煎处脚，松风忽作泻时声。

枯肠未易禁三碗，坐听荒城长短更。

自古以来，好茶都需配好水。水的品质对茶汤的质量影响十分大，因此诗人对水十分讲究。选择什么样的水呢？可以用"活水"二字来概括。要先"自临钓石取深清"，然后"大瓢贮月归春瓮"，再"小勺分江入夜瓶"。一种小心翼翼的取水方法，体现出诗人对水的重视。煮水时，要做到"雪乳已翻煎处脚，松风忽作泻时声"，结尾两句用"枯肠未易禁三碗，坐听荒城长短更"写出了饮茶后的感受。

5. 林逋《茶》

茶

林逋

石碾轻飞瑟瑟尘，乳花烹出建溪春。

世间绝品人难识，闲对茶经忆古人。

林逋，北宋著名诗人，其诗句"疏影横斜水清浅，暗香浮动月黄昏"被誉为咏梅的千古绝唱。

在本诗中，第一句"石碾轻飞瑟瑟尘"为我们展现出碾茶的场景，用石碾碾茶粉时，茶的粉末如同烟尘一样飞扬；第二句"乳花烹出建溪春"则进入点茶的过程，点茶所用的是建溪所产，点出的沫饽如同乳花一般；第三、四句"世间绝品人难识，闲对茶经忆古人"则表达出此茶乃"世间绝品"，但却很少有人能够赏识它，因此作者只能看着陆羽所写的《茶经》追思古人。

（四）元明清茶诗词

元代也有许多咏茶的诗文。著名的有耶律楚材的《西域从王君玉乞茶，因其韵七首》、洪希文的《煮土茶歌》、谢宗可的《茶筅》、谢应芳的《阳羡茶》等。元代的茶诗以反映饮茶的意境和感受的居多。明代比较著名的有黄宗羲的《余姚瀑布茶》、文徵明的《煎茶》、陈继儒的《失题》、陆容的《送茶僧》、徐渭的《某伯子惠虎丘茗谢之》等。此外，明代还有不少反映人民疾苦、讥讽时政的咏茶诗，如高启的《采茶词》。明代有120余人写过500余首茶诗，其中写作数量最多的是文徵明，有150多首。清代也有140余人写过550余首茶诗，最多的是厉鹗，有80多首，还有许多诗人如郑燮（郑板桥）、金田、陈章、曹廷栋、张日熙等写过咏茶诗。清代乾隆皇帝六下江南，曾四次为杭州西湖龙井茶作诗，其中《观采茶作歌》最为后人所传诵。

1. 文徵明《煮茶》

煮茶

文徵明

绢封阳羡月，瓦缶惠山泉。

至味心难忘，闲情手自煎。

地炉残雪后，禅榻晚风前。

为问贫陶谷，何如病玉川？

文徵明，明代画家、书法家、文学家、鉴藏家。少时与祝允明、唐寅、徐祯卿并称"吴中四才子"。

诗中首先讲到自己曾经品尝的"至味"，即"绢封阳羡月，瓦缶惠山泉"，好茶与好水的搭配，才能创造出最好的滋味。为了这一口"至味"，诗人开始亲手煎茶。煎茶的环境是在残雪后的地炉上，在晚风前的禅榻中，在这样朴素的氛围中，诗人一边喝茶，一边思考，假设将"贫陶谷"和"病玉川"进行比较，那么谁更高一筹呢？

2. 唐寅《事茗图》题诗

《事茗图》题诗

唐寅

日长何所事，茗碗自赏持。

料得南窗下，清风满鬓丝。

唐寅，字伯虎，号六如居士、桃花庵主、鲁国唐生、逃禅仙吏等，明代画家、书法家、诗人。

诗中写道，漫长的白天无所事事，诗人手中拿着一碗茶，却在不经意间发觉，南窗下的自己已经可以看得到白发。《事茗图》是诗人所画的一幅画，此画与诗互相辉映，展现了诗人夏日邀友入山林品茶的场景。

3. 袁枚《试茶》

试茶

袁枚

闽人种茶当种田，轻车而载盈万千。我来竟入茶世界，意颇狎视心迫然。
道人作色夸茶好，瓷壶袖出弹丸小。一杯啜尽一杯添，笑杀饮人如饮鸟。
云此茶种石缝生，金蕾珠蘖殊其名。雨淋日炙俱不到，几茎仙草含虚清。
采之有时焙有诀，烹之有方饮有节。譬如麦蘖本寻常，化人之酒不轻设。
我震其名愈加意，细咽欲寻味外味。杯中已竭香未消，舌上徐尝甘果至。
叹息人间至味存，但教卤莽便失真。卢仝七碗笼头吃，不是茶中解事人。

　　袁枚，清代诗人、散文家，钱塘（今浙江杭州）人。在本诗第一行中，诗人先讲到自己来到福建，感觉如同来到了"茶世界"；然后，在第二行诗中展现出福建人当时饮茶的状态，用的是"弹丸小"的"瓷壶"、"一杯啜"的饮茶方法；第三、四行则介绍了茶的生长环境与制茶工艺的特别之处；第五、六行描写了诗人饮茶的感受以及品茶的心得。

　　袁枚的这首《试茶》，是一首少有的介绍福建乌龙茶的茶诗。它带着我们从诗人的角度感受到了清代福建的乌龙茶文化。

4. 爱新觉罗·弘历《冬夜烹茶诗》

冬夜烹茶诗

爱新觉罗·弘历

清夜迢迢星耿耿，银檠明灭兰膏冷。更深何物可浇书，不用香醅用苦茗。
建城杂进土贡茶，一一有味须自领。就中武夷品最佳，气味清和兼骨鲠。
葵花玉铸旧标名，接笋峰头发新颖。灯前手擘小龙团，磊落更觉光炯炯。
水递无劳待六一，汲取阶前清渫井。阿童火候不深谙，自焚竹枝烹石鼎。
蟹眼鱼眼次第过，松风欲作还有顷。定州花瓷浸芳绿，细啜漫饮心自省。
清香至味本天然，咀嚼回甘趣愈永。坡翁品题七字工，汲黯少戆宽饶猛。
　　　　饮罢长歌逸兴豪，举首窗前月移影。

　　爱新觉罗·弘历，即清高宗乾隆皇帝。乾隆皇帝十分爱饮茶，因此留下了很多茶诗作品，本诗就是他的代表性作品之一。

　　诗中首先写到在清夜更深的时候，想喝一杯"苦茗"，就选择了"建城杂进土贡茶"，即福建建安进贡的茶饼，因为此茶"气味清和兼骨鲠"。为了烹制美味的茶汤，不惜亲自动手，"自焚竹枝烹石鼎"。煮好的茶用上好的茶具品饮，获得了"咀嚼回甘趣愈永"的感受。

（五）现代咏茶诗

现代咏茶诗也很多，如郭沫若的《初饮高桥银峰》、陈毅的《梅家坞即兴》以及朱德、赵朴初、启功、爱新觉罗·溥杰的作品等，都是值得一读的好茶诗。

1.赵朴初《吟茶诗》

吟茶诗

赵朴初

七碗受至味，一壶得真趣。

空持百千偈，不如吃茶去。

2.郭沫若《初饮高桥银峰》

初饮高桥银峰

郭沫若

芙蓉国里产新茶，九嶷香风阜万家。

肯让湖州夸紫笋，愿同双井斗红纱。

脑如冰雪心如火，舌不忘来眼不花。

协力免教天下醉，三闾无用独醒嗟。

二、茶与辞赋、散文

茶叶除了在诗词中有大量表现外，在辞赋和散文中也屡见不鲜。辞赋和散文具有表现手法灵活、语言优美的特点，更能表现茶的品性。

（一）茶与辞赋

晋代杜育的《荈赋》是现在能见到的最早专门歌吟茶事的诗词曲赋类作品，是中国历史上第一次完整地记录从茶叶的"弥谷被岗"种植规模、"结偶同旅，是采是求"的采摘场景、茶叶烹制过程中对水及茶具的选择、茶叶煎好后"焕如积雪，晔若春敷"的美妙姿态，以及"调神和内，倦解慵除"的药用价值。可以说，《荈赋》从对茶树的栽培，到茶叶的烹制、品饮、功效等，都进行了解读，陆羽就曾经在《茶经》中多次引用《荈赋》中的文字，并提及杜育其人，可见《荈赋》及其作者杜育在茶文化历史中的重要地位。

灵山惟岳，奇产所钟。瞻彼卷阿，实曰夕阳。厥生荈草，弥谷被岗。承丰壤之滋润，受甘霖之霄降。月惟初秋，农功少休；结偶同旅，是采是求。水则岷方之注，挹彼清流；器择陶简，出自东隅；酌之以匏，取式公刘。惟兹初成，沫沉华浮。焕如积雪，晔若春敷。……调神和内，倦解慵除。

唐代诗人顾况的《茶赋》则是盛赞茶之功用。

稽天地之不平兮，兰何为兮早秀，菊何为兮迟荣。皇天既孕此灵物兮，厚地复糅之而萌。惜下国之偏多，嗟上林之不至。如玕筵，展瑶席，凝藻思，间灵液，赐名臣，留上客，谷莺啭，泛浓华，漱芳津，出恒品，先众珍，君门九重，圣寿万春，此茶上达于天子也；滋饭蔬之精素，攻肉食之膻腻。发当暑之清吟，涤通宵之昏寐。杏树桃花之深洞，竹林草堂之古寺。乘槎海上来，飞赐云中至，此茶下被于幽人也。《雅》曰："不知我者，谓我何求。"可怜翠涧阴，中有碧泉流。舒铁如金之鼎，越泥似玉之瓯。轻烟细沫霭然浮，爽气淡云风雨秋。梦里还钱，怀中赠袖。虽神妙而焉求。

还有宋代吴淑的《茶赋》，历数茶之功效、典故和茶中珍品。

夫其涤烦疗渴，换骨轻身，茶荈之利，其功若神。则有渠江薄片，西山白露。云垂绿脚，香浮碧乳。挹此霜华，却兹烦暑。清文既传于杜育，精思亦闻于陆羽。若夫撷此皋卢，烹兹苦茶，桐君之录尤重，仙人之掌难逾。豫章之嘉甘露，王肃之贪酪奴。待枪旗而采摘，对鼎铛以吹嘘。则有疗彼斛瘕，困兹水厄。擢彼阴林，得于烂石。先火而造，乘雷以摘。吴主之忧韦曜，初沐殊恩。

清代文学家全望祖的《十二雷茶灶赋》，描写了浙江四明山区的茶叶盛景，其境界浪漫灿烂，气势非凡。

（二）茶与散文

苏东坡的散文《叶嘉传》以拟人手法，铺陈茶叶的历史、性状、功能，情节起伏、对话精彩，读来栩栩如生。

叶嘉，闽人也，其先处上谷，曾祖茂先，养高不仕，好游名山，至武夷，悦之，遂家焉。至嘉，少植节操。或劝之业武。曰："吾当为天下英武之精，一枪一旗，岂吾事哉！"因而游见陆先生，先生奇之，为著其行录传于时。

元代文学家杨维桢的散文《煮茶梦记》充分表现了饮茶人在茶香的熏陶中，恍惚神游的心境，如仙如道，烟霞璀璨。此外，明代周履靖的《茶德颂》、张岱的《斗茶檄》《闵老子茶》等也是散文的佳作。

现代茶事散文极其繁荣，鲁迅、周作人、梁秋实、林语堂、季羡林、冰心、秦牧、汪曾祺、叶文玲等都著有优秀的散文。茶事散文专辑有林青玄的《莲花香片》、王旭烽的《瑞草之国》、王琼的《白云流霞》。鲁迅的《喝茶》和周作人的《喝茶》都是别具一格的美文。下面引用鲁迅的《喝茶》片段：

> 喝好茶，是要用盖碗的，于是用了盖碗。果然，泡了之后，色清而味甘，微香而小苦，确是好茶叶。……有好茶喝，会喝好茶，是一种清福，不过要享这清福，首先就须有工夫，其次是练出来的特别感觉。

林青玄的《茶味》令人回味。

> 我时常一个人坐着喝茶，同一泡茶，在第一泡时苦涩，第二泡甘香，第三泡浓沉，第四泡清冽，第五泡清淡，再好的茶，过了五泡就失去味道了。这泡茶的过程令我想起人生，青涩的年少，香醇的青春，沉重的中年，回香的壮年，以及愈走愈淡、逐渐失去人生之味的老年。

三、茶与对联、谚语

（一）茶联（对联、楹联）

茶联是以茶为题材的对联，常见于我国茶馆、茶楼、茶亭、茶座等的门庭或石柱上，或茶道、茶礼、茶艺表演的厅堂内。茶联既美化了环境，增强了文化气息，也促进了品茗情趣，是一种浓缩的茶文化。

1. 宋代苏东坡的几副茶联

坐、请坐、请上坐

茶、敬茶、敬香茶

这副对联讲的是苏东坡微服私访一座小庙，方丈以貌取人，先敬衣、后敬人的势利故事。

欲把西湖比西子

从来佳茗似佳人

人们将苏轼《饮湖上初晴后雨》和《次韵曹辅寄壑源试焙新茶》两首诗中的两句组成茶联，将西湖美景和佳茗比作绝代佳人。

何须魏帝一丸药

且尽卢仝七碗茶

本联说的是饮茶有利健康，常饮茶的人，药也不用喝了。

2. 清代郑燮（郑板桥）题焦山自然庵的茶联

汲来江水烹新茗

买尽青山当画屏

一杯春露暂留客
两腋清风几欲仙

独携天上小团月
来试人间第二泉

3. 北京万和楼茶社茶联

茶亦醉人何必酒
书能香我无须花

4. 清代乾隆年间广东茶联

为人忙 为己忙 忙里偷闲 喝杯茶去
谋食苦 谋衣苦 苦中取乐 拿壶酒来

5. 清代广州著名茶楼陶陶居茶联

陶潜善饮 易牙善烹 饮烹有度
陶侃惜分 夏禹惜寸 分寸无遗

6. 杭州"茶人之家"茶联

得与天下同其乐
不可一日无此君

7. 杭州西湖龙井处"秀翠堂"茶联

泉从石出情宜冽
茶自峰生味更圆

8. 扬州富春茶社茶联

佳肴无肉亦可
雅淡离我难成

9. 绍兴驻跸岭茶亭茶联

一掬甘泉好把清凉洗热客
两头岭路须将危险话行人

10. 回文茶联

每一个字都可以放第一个读，且意思差不多。

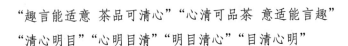

"趣言能适意　茶品可清心""心清可品茶　意适能言趣"

"清心明目""心明目清""明目清心""目清心明"

不可一日无此君

可一日无此君不

一日无此君不可

日无此君不可一

无此君不可一日

此君不可一日无

君不可一日无此

（二）谚语

谚语是流传于普通老百姓中的通俗易懂的短语，反映了劳动人民的生活智慧。它言简意赅，口语性强。茶谚语则来源于我国茶农、茶人的茶叶生产实践和饮茶实践，代表了我国悠久的茶叶历史。

"茶是草，箬是宝"——焙茶如无箬竹帮辅，茶就像草一样无用，所以箬竹是焙茶不可缺少的宝货。

"白天皮包水，晚上水包皮"——江苏扬州的一句谚语，说白天坐茶馆饮茶，肚中藏的是茶水；晚上去澡堂泡澡，用水冲泡全身，这是江南水乡饮茶生活的写照。

"开门七件事，柴米油盐酱醋茶"——茶等同于柴米油盐酱醋，是人民生活的必需品。

"插得秧来茶又老，采得茶来秧又草"——春天农忙季节，既要早稻插秧，又要采制春茶，有点忙不过来。

"千杉万松，一生不空；千茶万桐，一世不穷"——杉、松、茶、桐都属于经济作物，能够帮助农民致富。

"千茶万桑，万事兴旺"——茶、桑都属于经济作物，能够帮助农民增加收入。

"高山云雾出好茶"——高山多云雾的茶区产出的茶叶品质较好，一是因为高山地区昼夜温差大，光合作用速率大于呼吸速率，同化物积累多，新梢持嫩性强；二是因为高山云雾多、慢射光多，含氮化合物的含量明显增加；三是因为土壤肥沃、生态因子好。

"早采三天是个宝，迟采三天便是草"——茶树新梢的生长具有强烈的季节性，如果采摘及时，就能够保证茶叶的产量、质量，增加经济效益；如果采摘不及时，将严重影响茶叶的产量和品质，造成茶园的浪费。

"头茶不采，二茶不发"——鲜叶的采摘与茶树的生育有着密切的关系。采摘能够在一定程度上促进芽叶的萌发，因为通过摘去顶端芽叶，可以打破顶端优势，促进侧枝的发育；打破地上地下部分的平衡，促进芽梢的生长；削弱生殖生长，促进营养生长。

"头茶荒，二茶光"——春茶期间茶园没有进行良好的管理，杂草生长旺盛，就会消耗土壤中的养分和水分，造成茶树在后面的采摘期无茶可采。

"立夏茶，夜夜老，小满过后茶变草"——立夏是夏季的开始，立夏以后，气温升高，新梢生长的速度加快，叶片老化的速度也加快。过了小满后，茶就失去了采摘价值。

"七挖金，八挖银"——茶园耕作是提高茶叶产量的措施之一，主要是指在农历七月和八月，也就是秋季进行茶园耕作除草，具有堪比金银的价值和效果。

"向阳种好茶，背阳好插杉"——茶树的生长需要温暖的气候和适宜的光照。向阳的坡地茶园接收到的光照充足，同时能够减少冬季寒风的侵袭，因此比较适宜种茶。

"三年不挖，茶树摘花"——茶园耕作是茶园管理的重要组成部分，如果茶园常年不耕作，茶树的生长状况就会衰弱，营养生长不够旺盛，生殖生长就会增强，因此会开出更多的花。

"若要茶树好，铺草不可少"——茶园行间铺草是一项传统的茶园田间管理措施。通过铺草，既可以防止土壤暴露带来的水土流失问题，还可以有效地改善土壤内部的水、肥、气、热状况，促进茶树的生长。

四、茶与小说

小说是文学的一大类别，它以人物的塑造为中心，通过完整的故事情节和具体的环境描写，广泛地、多方面地反映社会生活。作为社会生活必需品的茶，也成为小说家在描绘生活图卷时经常提到的事物。唐代以前，小说中的茶事往往在神话志怪故事里出现，像东晋干宝《搜神记》中"夏侯恺死后饮茶"，《神异记》中的神话故事"虞洪获大茗"等。唐代则有《大唐新语》《杜阳杂编》《开元天宝遗事》等茶事小说。宋代的《唐语林》等各类话本中有与茶相关的记载。明清时期，出现了许多记述茶事的话本小说和章回小说，如《三国演义》《水浒传》《金瓶梅》《西游记》《红楼梦》《聊斋志异》"三言二拍"《老残游记》等。还有当代小说"茶人三部曲"，描写了跌宕起伏的茶人命运。沙汀的短篇小说《在其香居茶馆里》、陈学昭的长篇小说《春茶》、廖琪中的中篇小说《茶仙》、寇

二维码 5-4
微课：茶与小说

丹的中篇小说《壶里乾坤》、老舍的《茶馆》等，都是近现代以茶为题的小说作品。

（一）《红楼梦》里的茶元素

在"四大名著"中，《红楼梦》是描写茶事最多的小说，全书 120 回中，有 112 回 273 处写到茶事。曹雪芹在开卷中就说"一局输赢料不真，香销茶尽尚逡巡"，用"香销茶尽"为荣、宁两府的衰亡埋下了伏笔。

第 41 回"宝哥哥品茶栊翠庵 刘姥姥醉卧怡红院"记录茶事最为详尽，有选茶、择水、配器和尝味等。贾母吃过点心后到妙玉处，"只见妙玉亲自捧了一个海棠花式雕漆填金'云龙献寿'的小茶盘，里面放一个成窑五彩小盖盅，捧与贾母。贾母道：'我不吃六安茶。'妙玉笑说：'知道，这是老君眉。'贾母接了，又问：'是什么水？'妙玉道：'是旧年蠲的雨水。'贾母便吃了半盏，笑着递与刘姥姥说：'你尝尝这个茶。'刘姥姥便一口吃尽，笑道：'好是好，就是淡些，再熬浓些更好了。'贾母众人都笑起来……"记录的茶有六安茶、老君眉、普洱茶、龙井茶、枫露茶、女儿茶等，水有雨水、雪水等，茶具大多是古代珍玩，成窑五彩小盖盅、点犀盉、绿玉斗、整雕竹根的大盏、官窑脱胎填白盖碗等。

第 8 回"贾宝玉奇缘识金锁 薛宝钗巧合认灵通"中写道："宝玉吃了半盏茶，忽又想起早晨的茶来，因问茜雪道：'早起斟了一碗枫露茶，我说过那茶是三四次后才出色的，这会子怎么又斟上这个茶来？'茜雪道：'我原是留着的，那会子李奶奶来了，吃了去。'宝玉听了，将手中杯子顺手往地下一掷，豁琅一声，打个粉碎，泼了茜雪一裙子。"

第 25 回中，凤姐笑着对黛玉道："你既吃了我家的茶，怎么还不给我们家作媳妇儿？"描写了以茶为聘的礼仪。

第 63 回"寿怡红群芳开夜宴 死金丹独艳理亲丧"中写道林之孝家的来查夜，宝玉命袭人上茶，"林之孝家的又向袭人等笑说：'该沏些个普洱茶吃。'袭人、晴雯二人忙说：'沏了一盅子女儿茶，已经吃过两碗了。大娘也尝一碗，都是现成的。'"

第 89 回中，宝玉在晴雯旧日居室，焚香致祷："怡红主人焚付晴姐知之，酌茗清香，庶几来飨。"这是以茶为祭。

另外，荣国府还有以茶养生，吃完饭就要喝茶，喝茶时，先是漱口的茶，然后再捧上吃的茶。以茶待客，来了客人都要敬茶。还记录了吃年茶、茶泡饭等习俗。

（二）"茶人三部曲"

"茶人三部曲"是当代茶事小说的代表作，前两部荣获第五届茅盾文学奖。三部分别为《南方有嘉木》《不夜之侯》《筑草为城》。小说以生活在杭州西湖畔的杭氏家族四代人的命运为主线，展现了他们从清末一直到中华人民共和国成立后跌宕起伏的家族兴衰史。

《南方有嘉木》的故事发生在清末至 20 世纪 30 年代，正是封建王朝彻底崩溃与民国诞生的时代。书中借杭九斋、杭天醉和杭嘉和、杭嘉平三代人的命运变迁，写出了1840 年至 1927 年近百年中华民族茶业的起落与兴衰，从而发掘出与茶文化息息相关的中华民族精神风貌。

《不夜之侯》以抗日战争为背景，着力描述了以杭嘉和为代表的杭家人，在动乱的战争年代，或忍辱负重，或慷慨激昂，或卑躬屈膝，或刚正不阿。

《筑草为城》是从 20 世纪五六十年代写至世纪末，描述杭家人在经历了抗日战争的血雨腥风后又迎来了"文化大革命"这一动荡的历史时期，反映了当时的社会现实。杭家人经历各种考验，体现出前所未有的顽强生命力和追求自由的独立人格精神。

从小说中，我们可以看到中国茶产业的兴衰起落，可以看到中国茶人不屈不挠的精神。

五、茶叶专著

茶作为中国古代文人集体钟爱的一项饮品，也是被着力描绘的一个神奇的事物。秦汉时期就有茶的记载，但没有专著，陆羽《茶经》是我国第一部茶叶专著。宋徽宗赵佶开创了前无古人、后无来者的皇帝著茶书《大观茶论》。还有专门描述北苑茶的《北苑茶录》，专门写茶具的《茶具图赞》，也有专门描述煎茶用水的《煎茶水记》。中国古代的文人可以说把茶的方方面面都进行了详细的揣摩，为后人留下了很多宝贵的文化资料。根据朱自振教授的统计，自唐至清代有茶书 114 种，可惜历经年代变迁，很多茶书已散失，有的只剩残本，至今保存完整的茶书不过五六十种，除茶书外，另外记有茶事、茶法的史书有 500 多种。

二维码 5-5
微课：茶叶专著

（一）唐代陆羽《茶经》

《茶经》作为中国历史上第一部，也是世界历史上第一部茶叶专著，其地位不言而喻。其作者陆羽也因本书而被誉为"茶圣"。《茶经》虽不足万字，但其三卷、十章，将我们对茶的所有疑问都一一进行了解答。

《一之源》中描述了茶的起源、茶树的外形特征、适宜种植的环境、茶的不同写法以及茶的功效等，让我们对茶有了初步的认识。

茶的起源——"南方之嘉木""巴山峡川";

茶树的高度——"一尺、二尺,乃至数十尺";

茶树的外形——"树如瓜芦,叶如栀子,花如白蔷薇,实如栟榈,蒂如丁香,根如胡桃";

茶的不同写法——"茶、槚、蔎、茗、荈";

茶的土壤——"上者生烂石,中者生砾壤,下者生黄土";

茶树的栽种——"艺而不实,植而罕茂,法如种瓜,三岁可采"等;

茶的功效——"若热渴、凝闷、脑疼、目涩、四肢烦、百节不舒,聊四五啜,与醍醐、甘露抗衡也"。

《二之具》中详细介绍了当时采茶、制茶的工具。根据《茶经》中"采之、蒸之、捣之、拍之、焙之、穿之、封之"的记载,我们可以把这些茶具分为:

采茶工具:籝;

蒸茶工具:灶、釜、甑、箅;

捣茶工具:杵臼;

拍茶工具:规、承、檐、芘莉;

焙茶工具:焙、贯、棚;

穿茶工具:棨、扑、穿;

封茶工具:育。

《三之造》主要描述的是唐代的制茶工艺和不同类别的茶,以及唐代茶的鉴辨。里面描述的唐代的制茶工艺有七步,分别是"采之、蒸之、捣之、拍之、焙之、穿之、封之";茶有八种类别,分别是"胡人靴者""犎牛臆者""浮云出山者""轻飙拂水者""陶家之子""新治地者""竹箨者""霜荷者";茶的鉴辨要注意"若皆言佳及皆言不佳者,鉴之上也"。

《四之器》介绍了唐代煎茶、饮茶所用的器具,即现在我们常说的"茶具"。这些茶具包括风炉(含灰承)、筥、炭挝、火筴、鍑、交床、夹、纸囊、碾(拂末)、罗合、则、水方、漉水囊、瓢、竹筴、鹾簋(揭)、碗、熟盂、畚、札、涤方、滓方、巾、具列、都篮。这些器具的使用涵盖了唐代煮茶、饮茶的全过程,与当时的饮茶方式密切相关。

《五之煮》详细地描绘了唐代煮茶的方法,为我们生动地展现了唐代人的茶生活。这里包括煮茶的烤炙、炭的选用、水的选择;煮茶过程中水的烧煮、茶粉及盐的加入;茶煮好之后对茶的品饮。从对炭、水、沫饽、茶味的描述中,我们可以看到陆羽在追求茶味的过程中,将煮茶、饮茶的艺术发挥到了极致。

《六之饮》主要描述了唐代的饮茶风俗,叙述饮茶风尚的起源、传播和饮茶习俗,提出了饮茶的方式方法。其中一句"茶之为饮，发乎神农氏，闻于鲁周公"，常被后人引用。

《七之事》汇编了从三皇开始到唐代的与茶有关的典故。这些文献资料包括传说、诗词、杂文、药方等，为后人学习唐代及唐代以前的茶文化提供了重要的借鉴。

《八之出》重点描述了唐代茶叶的产区。根据这部分内容的记载，唐代全国茶叶生产区域可以划分为八大产区，分别为"山南、淮南、浙西、剑南、浙东、黔中、江南、岭南"，陆羽还将各个产区的茶叶划分成上、中、下、又下四级。

《九之略》告诉世人，之前描写的制茶工具以及煮茶工具，在某些情况下可以省略掉一部分。如到深山茶地采制茶叶，随采随制，可简化工具。文中写道："其煮器，若松间石上可坐，则具列废。用槁薪鼎㯆之属，则风炉、灰承、炭挝、火筴、交床等废；若瞰泉临涧，则水方、涤方、漉水囊废。若五人已下，茶可末而精者，则罗合废……"

《十之图》讲道，要把《茶经》的内容抄到四幅或者六幅素绢上，并陈挂在茶座旁边，那么《茶经》各个部分的内容就可以随时看到，并牢记于心。这样，《茶经》的内容就可以从头到尾完全掌握了。

《茶经》可以说是我国古代的一本茶叶百科全书，是总结了唐代及唐代以前茶事的综合性著作，也是一本介绍茶叶历史、栽培、加工、煎煮、品饮以及茶文化的综合性著作，对我国茶文化的发展起到了重要的作用。

（二）宋代赵佶《大观茶论》

宋徽宗赵佶是中国历史上的一位传奇皇帝，被称作"诸事皆能，独不能为君"。对茶十分钟爱的他，写下了中国历史上唯一一部由皇帝编撰的茶叶著作《大观茶论》。《大观茶论》原名《茶论》，因成书于大观年间，所以被后世称为《大观茶论》。《大观茶论》对宋代的茶叶产地、采摘加工、茶具、点茶技艺以及不同产地的茶叶品质进行了详细的描述，为我们展现了宋代茶文化发展的盛况。全书共20篇，包含：地产、天时、采择、蒸压、制造、鉴辨、白茶、罗碾、盏、筅、瓶、杓、水、点、味、香、色、藏焙、品名、外焙。

在本书的"序"中，作者借宋代茶文化的兴盛，暗喻了宋代经济文化的高度发达，所以才能做到"至治之世，岂惟人得以尽其材，而草木之灵者，亦得以尽其用矣"。

第一篇"地产"，介绍了适宜茶树生长的环境，即"崖必阳，圃必阴"，要做到"阴阳相济，则茶之滋长得其宜"。

第二至第五篇的"天时""采择""蒸压""制造"则描写了茶叶采制的过程及要求。其中，采茶的时间以惊蛰为好，因为这个时候茶叶原料好，温度适宜，茶叶制作时间充裕；采茶时，要求"见日则止""用爪断芽"，采下的茶芽要"投诸水"，且不能采摘有"白合""乌蒂"的茶；蒸压要做到"蒸芽欲及熟而香，压黄欲膏尽急止"，制造要做到"涤芽惟洁，濯器惟净，蒸压惟其宜，研膏惟熟，焙火惟良"。

第六、七篇分别介绍了宋代茶叶的"鉴辨"方法和一种特殊茶——"白茶"。值得注意的是，《大观茶论》中的"白茶"，并不是我们现在所说的六大茶类中的"白茶"，而是一种特殊的茶树种类，按照当时的茶叶加工工艺制作而成。

第八至第十二篇，概括了宋代点茶所用的几种主要的茶具，包括碾茶粉和筛茶粉用的"罗碾"、点茶的容器"盏"、用来击打茶汤的"筅"、盛水用的"瓶"和舀取茶的"杓"。

第十三篇"水"，描写了点茶用水的要求，以"清轻甘洁为美"。

第十四篇"点"详细描述了宋代点茶的基本步骤，被后人总结为"七汤点茶法"。

第十五至第十七篇的"味""香""色"分别从茶的滋味、香气、茶汤颜色三个层面描述了宋代人对于茶汤的要求。其中，茶汤的滋味要求"香甘重滑"，茶汤的香气要求有"真香"，茶汤的颜色以"纯白为上，真青白为次，灰白次之，黄白又次之"。

第十八篇的"藏焙"详细描述了茶叶加工中烘焙这一过程的要求，可见宋人对茶叶的烘焙十分重视。

第十九篇的"品名"为我们介绍了诸多宋代名茶，包括"耕""刚""思纯""屿""五崇柞""坚""辉""师复""师贶""椿""懋"。

第二十篇"外焙"，让我们了解到在宋代，有不同的焙所，包括"正焙""浅焙"与"外焙"，其中以"正焙"所产之茶品质最佳，因此有用"浅焙"与"外焙"之茶冒充"正焙"茶售卖的现象。

从《大观茶论》中，我们仿佛看到了一位痴迷茶的文人皇帝，在目不转睛地研究茶具、茶汤。《大观茶论》反映了宋代茶产业的高度发达，也为我们学习宋代茶道艺术提供了珍贵的文献资料。

（三）宋代审安老人《茶具图赞》

《茶具图赞》是南宋审安老人（真名董真卿）所作。在书中，作者用白描的手法将宋代斗茶的茶具用图画的形式展现出来，让我们十分直观地看到宋代茶具的真实样貌，为我们还原宋代茶具提供了十分清晰的借鉴。同时，作者将十二种茶具比作"十二先生"，每一种茶具都像人一样，有名、字、号，同时还冠以宋代的官职，十分生动。

这十二种茶具分别为：

韦鸿胪：名"文鼎"，字"景阳"，号"四窗闲叟"，即茶焙笼；

木待制：名"利济"，字"忘机"，号"隔竹居人"，即砧椎；

金法曹：名"研古""轹古"，字"元锴""仲鏗"，号"雍之旧民""和琴先生"，即茶碾；

　　石转运：名"凿齿"，字"遄行"，号"香屋隐居"，即茶磨；

　　胡员外：名"惟一"，字"宗许"，号"贮月仙翁"，即水杓；

　　罗枢密：名"若药"，字"传师"，号"思隐寮长"，即茶罗；

　　宗从事：名"子弗"，字"不遗"，号"扫云溪友"，即茶帚；

　　漆雕秘阁：名"承之"，字"易持"，号"古台老人"，即盏托；

　　陶宝文：名"去越"，字"自厚"，号"兔园上客"，即茶盏；

　　汤提点：名"发新"，字"一鸣"，号"温谷遗老"，即汤瓶；

　　竺副帅：名"善调"，字"希点"，号"雪涛公子"，即茶筅；

　　司职方：名"成式"，字"如素"，号"洁斋居士"，即茶巾。

表 5-1　唐代至清代茶书一览表

朝代	书名	作者
唐	茶经（三卷）	陆羽
唐	茶记（三卷）（佚）	陆羽
唐	顾渚山记（二卷）（佚）	陆羽
唐	煎茶水记	张又新
唐	采茶录（佚）	温庭筠
唐	十六汤品（一卷）	苏廙
唐	茶述	裴汶
唐	茶酒论	王敷
五代	茶谱（一卷）（佚）	毛文锡
宋	荈茗录（一卷）	陶谷
宋	北苑茶录（三卷）（佚）	丁谓
宋	补茶经（一卷）（佚）	周绛
宋	述煮茶泉品	叶清臣
宋	大明水记	欧阳修
宋	北苑拾遗（一卷）（佚）	刘异
宋	茶录（一卷）	蔡襄
宋	品茶要录（一卷）	黄儒
宋	建安茶记（一卷）（佚）	吕惠卿
宋	本朝茶法	沈括
宋	大观茶论	赵佶
宋	斗茶记	唐庚
宋	宣和北苑贡茶录（一卷）	熊蕃

朝代	书名	作者
宋	茶山节对（一卷）	蔡宗颜
宋	茶谱遗事（一卷）（佚）	蔡宗颜
宋	茶苑总录（十二卷）（佚）	曾伉
宋	北苑煎茶法（一卷）（佚）	佚名
宋	茶杂文（一卷）	佚名
宋	北苑别录	赵汝砺
宋	茶具图赞（一卷）	审安老人
宋	壑源茶录（一卷）（佚）	章炳文
宋	茶苑杂录（一卷）（佚）	佚名
宋	茹芝续茶谱	桑庄
宋	茶法易览（十卷）（佚）	沈立
宋	东溪试茶录（一卷）	宋子安
宋	邛州先茶记	魏了翁
宋	建茶论	罗大经
元	煮茶梦记	杨维桢
元	勿斋集·北苑茶焙记	熊禾
明	茶谱	朱权
明	茶谱	钱椿年、顾元庆
明	茶经外集	真清、孙大绶
明	茶马志	谭宣
明	茶马志（四卷）	陈讲
明	泉评茶辨（佚）	佚名
明	茶事汇辑（四卷）（佚）	朱日藩、盛时泰
明	茶马类考（六卷）	胡彦
明	煮泉小品（一卷）	田艺蘅
明	水品（二卷）	徐献忠
明	茶寮记（一卷）	陆树声
明	茶经（一卷）	徐渭
明	煎茶七类	徐渭
明	茶经水辨	孙大绶
明	茶说	屠隆
明	茶谱	程荣
明	茶考	陈师
明	茶录（一卷）	张源

朝代	书名	作者
明	茶话（一卷）	陈继儒
明	续茶经（一卷）	张谦德
明	茶集（一卷）	胡文焕
明	茶疏（一卷）	许次纾
明	茶录（一卷）	程国宾
明	茶录（四卷）	程用宾
明	罗岕茶记	熊明遇
明	茶解（一卷）	罗廪
明	茶录	冯时可
明	茗笈	屠本畯
明	茶品集录（一卷）（佚）	佚名
明	茶董（二卷）	夏树芳
明	茶董补（二卷）	陈继儒
明	蒙史（二卷）	龙膺
明	蔡端明别记	徐𤊹
明	茗谭（一卷）	徐𤊹
明	茶集（二卷）	喻政
明	茶书全集	喻政
明	茶约（一卷）	何彬然
明	茶乘（四卷）	高元濬
明	茗林（一卷）	陈克勤
明	茶荚（一卷）	郭三辰
明	茶说（一卷）	黄龙德
明	茶笺	闻龙
明	茗史（二卷）	万邦宁
明	茶经	黄钦
明	茶镗三昧（一卷）	王启茂
明	洞山岕茶系（一卷）	周高起
明	阳羡茗壶系	周高起
明	岕茶笺	冯可宾
明	茶酒争奇（二卷）	邓志谟
明	品茶要录补（一卷）（佚）	程伯二
明	历朝茶马奏议（四卷）	徐彦登
明	茶谱（十二卷）	朱祐槟

朝代	书名	作者
明	水辨	吴旦
明	茶谱续编（一卷）	赵之履
明	八笺茶谱	高濂
明	茶略	顾起元
明	运泉约	李日华
明	茶谱	曹学佺
明	茶苑	黄履道
明	品茶八要	华淑、张玮
明	岕茶别论	周庆叔
明	茗说	吴从先
明	六茶纪事	王毗
清	茶马政要（七卷）（佚）	鲍承荫
清	虎丘茶经注补（一卷）	陈鉴
清	茶史（二卷）	刘源长
清	茶史补（一卷）	余怀
清	历代茶榷志（一卷）	蔡方炳
清	岕茶汇抄	冒襄
清	茶社便览	程作舟
清	闽小记	周亮工
清	续茶经（三卷）	陆廷灿
清	续茶经（二十卷）	潘思齐
清	枕山楼茶略（一卷）	陈元辅
清	茶务佥载	胡秉枢
清	整饬皖茶文牍（一卷）	程雨亭
清	湘皋茶说	顾蘅
清	阳羡名陶录	吴骞
清	煎茶诀	叶隽
清	茶谱	朱濂
清	茶说	震钧
清	红茶制法说略	康特璋、王实父
清	松寮茗政	卜万祺
清	茶说	王梓
清	茶说	王复礼

第三节 茶与艺术

一、茶与书画

"酒壮英雄胆，茶助文人思"，茶能触发文人创作的激情，提高创作效果，如果把酒与诗比作孪生兄弟，那么，茶与书画就是如影相随的同胞姐妹。

二维码 5-6
微课：茶与书画

（一）茶与书法

中国书法艺术，讲究的是在简单的线条中求得丰富的思想内涵，就像茶与水在简明的色调对比中求得五彩缤纷的效果。它不求外表的俏丽，更注重内在的生命感，从朴实中表现出韵味。对书家来说，要以静寂的心态进入创作，去除一切杂念，意守胸中之气。书法对人的品格要求也极为严格，如柳公权就以"心正则笔正"来进谏皇上。

"茶"字的写法有点渊源。"茶圣"陆羽在《茶经》中将"荼"字去掉一划，写成茶，一直通用到现在。元赵孟頫临汉史《急就章》中的茶字写法还是"荼"。

1.唐代的茶与书法

唐代是书法艺术盛行时期，也是茶叶生产的发展时期。书法中有关茶的记载也逐渐增多，其中比较有代表性的是唐代著名的狂草书法家怀素和尚的《苦笋帖》和王敷的《茶酒论》。

（1）《苦笋帖》。

唐代僧人怀素所书。怀素（725—785），字藏真，湖南长沙人，俗家姓钱，幼年出家做了和尚。怀素以书法而闻名，尤擅狂草，在中国书法史上有突出的地位。

原文：苦笋及茗异常佳，乃可径来。怀素上。

译文：苦笋和茗茶两种物品异常佳美，那就请直接送来吧。怀素敬上。

两行十四字，字虽不多，但技巧娴熟，精练流逸，在钩连拗铁、简洁捷速和惊绝的笔画中，不仅让人感受到跳动流淌的旋律、非凡的气势，还读到了书家知茶、爱茗之情。

长25.1厘米，宽12厘米，清时曾珍藏于内府，现藏于上海博物馆。

图 5-1 《苦笋帖》

（2）《茶酒论》。

王敷是一名乡贡进士，他的《茶酒论》久已不传，自敦煌变文及其他唐人手写古籍被发现后，才得以被人们重新认识。

图 5-2 《茶酒论》（局部）

《茶酒论》以对话的方式和拟人手法写成，广征博引，内容为茶、酒各述已之长，攻击彼短，意在承功，压倒对方。不相上下之际，水遂出面劝解，结束了茶与酒双方的争斗，指出"茶不得水，作何形貌？酒不得水，作甚形容？米曲干吃，损人肠胃，茶片干吃，只粝破喉咙。只有相互合作、相辅相成，才能'酒店发富，茶坊不穷'，更好地发挥效果"。

《茶酒论》辩诘十分幽默有趣，茶与酒的争论使人明白两者的长与短。茶酒相比，茶更宁静、淡泊，酒更热烈、豪放，二者体现了人们不同的品格性情和价值追求。

2. 宋代的茶与书法

宋代在中国茶业和书法史上是一个极为重要的时代，茶人迭出，书家群起。茶叶饮用由实用走向艺术化，书法从重法走向尚意。不少茶叶专家同时也是书法名家，比较有代表性的是"宋四家"——苏轼、黄庭坚、米芾和蔡襄。

蔡襄一生好茶，作书必以茶为伴。蔡襄的书法浑厚端庄，淳淡婉美，妍丽温雅，自成一体，主要代表作品有《致通理当世屯田尺牍》《精茶帖》等。

（1）《致通理当世屯田尺牍》。

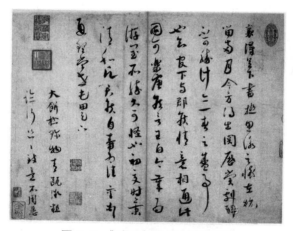

图5-3 《致通理当世屯田尺牍》

此尺牍为皇祐三年（1051）初夏四月蔡襄离开杭州当日写给冯京的信札，又名《思咏帖》。释文："襄得足下书，极思咏之怀。在杭留两月，今方得出关。历赏剧醉，不可胜计，亦一春之盛事也。知官下与郡侯情意相通，此固可乐。唐侯言：王白今岁为游闰所胜，大可怪也。初夏时景清和，愿君侯自寿为佳。襄顿首。通理当世屯田足下。大饼极珍物，青瓯微粗，临行匆匆致意，不周悉。"临行道别信之外，并附赠一大龙团茶和越窑青瓷茶瓯，两件礼物在当时都极为名贵。

（2）《精茶帖》。

《精茶帖》也称《暑热帖》《致公谨帖》，是蔡襄写给朋友李端愿的行书手札。

第五章 茶的精神文化

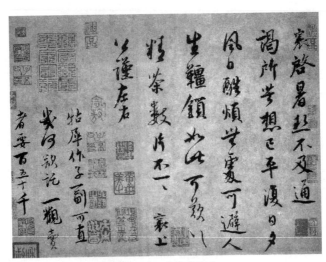

图 5-4 《精茶帖》

此作品楷、行、草兼备，用笔精到，温文尔雅。释文："襄启：暑热，不及通谒，所苦想已平复。日夕风日酷烦，无处可避，人生缰锁如此，可叹可叹！精茶数片，不一一。襄上，公谨左右。牯犀作子一副，可直几何？欲托一观，卖者要百五十千。"

大意是说天气太热，来不及通报请求谒见，心中苦恼的事情已经想通了。天气酷热烦闷，无处可避，感慨人生中的束缚也是如此。给你带了精茶数片，就不详细说了。犀牛角做的棋子一副，不知道能值多少钱，想带给你看一看，卖家说要百五十千。

（3）《一夜帖》。

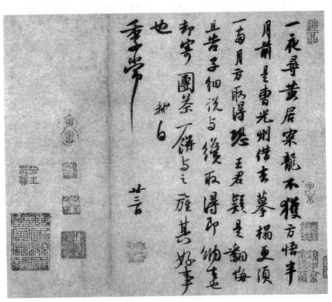

图 5-5 《一夜帖》

《一夜帖》又名《季常帖》。此幅书法作品遒劲茂丽，神采动人，为苏轼小品佳作。

该帖是苏轼谪居黄州时写给好友陈季常的信札。释文："一夜寻黄居寀龙不获,方悟半月前是曹光州借去摹搨,更须一两月方取得,恐王君疑是翻悔,且告子细说与。纔取得,即纳去也,却寄团茶一饼与之。旌其好事也。轼白。季常。廿三日。"苏轼随信附寄"团茶一饼",请季常转赠"王君",以"旌其好事也"。此帖表现了苏轼恪守诚信的美德。

推测文意,事情始末大致如此:王君有一幅黄居画的龙,被陈季常借来欣赏,苏轼又从季常手中借得,转而又被曹光州从苏轼手中借去摹搨。现在王君找季常索要此画,季常马上写信催苏东坡归还,苏轼找了一夜没找到,才想起是被友人曹光州借走了。苏轼怕辗转外借的事被王君知道了要翻悔急索,只好给季常出主意,让他细说与王君——怎么刚借出就要收回呢?又搭上一饼名贵的好茶龙团凤饼,让季常送给王君表示感谢。实为希望王君过些日子再要回画幅。

3. 明清的茶与书法

唐宋以后,茶与书法的关系更为密切,有茶叶内容的作品也日益增多。流传至今的佳品有明代徐渭的草书《煎茶七类卷》、文徵明的《行书七言诗》、金农的《玉川子嗜茶帖》等。其中有的作品是在品茶之际创作出来的。

(1)《煎茶七类卷》。

徐渭(1521—1593),山阴(今浙江绍兴)人,明代杰出的书画家和文学家。徐渭一生狂放不羁,孤傲淡泊,于茶事颇有贡献,草书《煎茶七类卷》是其书艺与茶道理想结合的杰作。

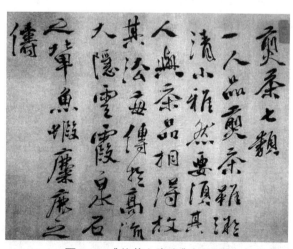

图 5-6 《煎茶七类卷》(局部)

释文:"一、人品。煎茶虽微清小雅,然要领其人与茶品相得,故其法每传于高流大隐、云霞泉石之辈、鱼虾麋鹿之俦。二、品泉。山水为上,江水次之,井水又次之。并贵汲多,又贵旋汲,汲多水活,味倍清新,汲久贮陈,味减鲜冽。三、烹点。烹用活火，候汤眼鳞鳞起，沫饽鼓泛，投茗器中，初入汤少许，候汤茗相浃却复满注。顷间，云脚渐开，浮花浮面，味奏全功矣。盖古茶用碾屑团饼，味则易出，今叶茶是尚，骤则味亏，过熟则味昏底滞。四、尝茶。先涤漱，既乃徐啜，甘津潮舌，孤清自萦，设杂以他果，香、味俱夺。五、茶宜。凉台静室，明窗曲几，僧寮、道院，松风竹月，晏坐行吟，清谭把卷。六、茶侣。翰卿墨客，缁流羽士，逸老散人或轩冕之徒，超然世味也。七、茶勋。除烦雪滞，涤醒破疾，谭渴书倦，此际策勋，不减凌烟。是七类乃卢仝作也，中伙甚疾，余忙书，稍改定之。时壬辰秋仲，青藤道士徐渭书于石帆山下朱氏三宜园。

《煎茶七类卷》的笔体挺劲而腴润，布局潇洒而又不失严谨。文中着重论述了"人品"与"茶品"的关系，认为茶是清高之物，唯有文人雅士、超凡脱俗的隐逸高僧及云游之士，在松风竹月、僧寮道院中品茗啜饮，才算是人品同茶品相得，才能体悟茶道之真趣。

（2）《行书七言诗》。

文徵明（1470—1559），长洲（江苏苏州）人，号"衡山居士"。释文："故人踏雪到山家，解带高堂玩物华。偃蹇青松埋短绿，依稀明月浸寒沙。朱帘卷玉天开画，石鼎烹阮晚试茶。莫笑野人贫活计，一痕生意在梅花。"这篇行书为七言律诗，法度谨严而意态生动，笔法多用中锋，线条苍劲有力，结体张弛有致，带有黄庭坚的笔法。

（3）《玉川子嗜茶帖》。

金农（1687—1763），"扬州八怪"的核心人物，在诗、书、画、印以及琴曲、鉴赏、收藏方面都称得上是大家。金农从小研习书文，但天性散淡，其书法作品较"扬州八怪"中的其他人可谓数量非常少。

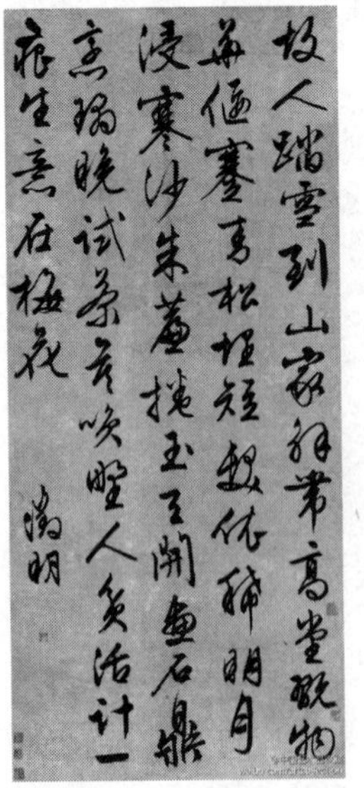

图5-7 《行书七言诗》 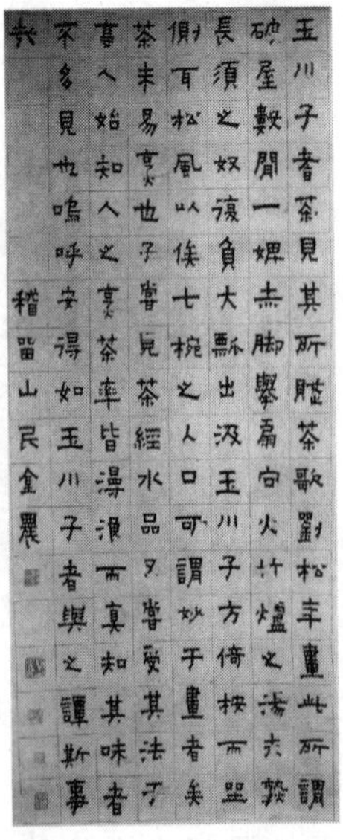　　图5-8 《玉川子嗜茶帖》

从此幅隶书中堂中可见其对茶的见解："玉川子嗜茶，见其所赋茶歌，刘松年画此，所谓破屋数间，一婢赤脚举扇向火。竹炉之汤未熟，长须之奴复负大瓢出汲。玉川子方倚案而坐，侧耳松风，以俟七碗之入口，可谓妙于画者矣。茶未易烹也，予尝见《茶经》《水品》，又尝受其法于高人，始知人之烹茶率皆漫浪，而真知其味者不多见也。呜呼，安得如玉川子者与之谈斯事哉！稽留山民金农。"

历代书迹中有茶事，历代茶事中有书家。"酒壮英雄胆，茶引学士思"，茶能触发文人创作的激情，提高创作效率。但是，茶与书法的联系，更本质的在于两者有着共同的审美理想、审美趣味和艺术特性，两者以不同的形式表现了共同的民族文化精神。正是这种精神将两者永远地联结了起来。

（二）茶与绘画

历代以茶事活动为题材的绘画作品数不胜数，茶文化与中国传统绘画——国画的联系密不可分。历代茶画的内容多以描绘煮茶、奉茶、品茶、采茶、以茶会友、饮茶用具等为主。将这些茶画作品汇集在一起，不失为一部中国几千年茶文化历史图录。

1. 唐代的茶与绘画

唐代饮茶风靡全国，宫廷、寺院、民间莫不以品茶为乐，涌现出大批著名画家，表现茶事活动的绘画作品不断出现，其中以表现宫廷贵族饮茶生活和士大夫品茗的作品居多。主要的传世之作有《萧翼赚兰亭图》《宫乐图》《调琴啜茗图》等。

（1）《萧翼赚兰亭图》。

图 5-9 《萧翼赚兰亭图》

此画作者为唐朝著名画家阎立本（601—673）。画面中有五个人，中间所坐者即辨才和尚，对面为萧翼，左有二人煮茶。老仆人蹲在风炉旁，炉上置釜，釜中水已煮沸，茶末刚刚放入，老仆人手持茶夹子欲搅动茶汤；另旁有一童子，手持茶盏托，小心翼翼地准备分茶。矮几上，放置着茶盏、茶罐等用具。这幅画是迄今所见最早的表现饮茶的绘画作品。它不仅记载了唐代僧人以茶待客的史实，而且再现了唐代烹茶、饮茶所用的茶器、茶具以及烹茶的方法和过程，为今人研究当时的饮茶方式提供了重要参照。

（2）《宫乐图》。

图 5-10 《宫乐图》(局部)

此画作者不详。此画面中央是一张大方桌，后宫嫔妃、侍女十余人围坐或侍立于方桌四周，团扇轻摇，品茗听乐，意态悠然。方桌中央放置着一只很大的茶釜（即茶锅），画幅右侧中间一名女子手执长柄茶勺，正将茶汤分入茶盏里。她身旁的那名宫人手持茶盏，似乎听乐曲入了神，暂时忘记了饮茶。对面的一名宫人则正在细啜茶汤。

据专家考证，《宫乐图》完成于晚唐，正值饮茶之风昌盛之时。从《宫乐图》中可以看出，茶汤是煮好后放到桌上的，之前备茶、炙茶、碾茶、煎水、投茶、煮茶等程序应该由侍女们在另外的场所完成。饮茶时用长柄茶勺将茶汤从茶釜中盛出，舀入茶盏中饮用。茶盏为碗状，有圈足，便于把持。可以说这是典型的"煎茶法"部分场景的重现，也是晚唐宫廷中茶事昌盛的佐证之一。

（3）《调琴啜茗图》。

图 5-11 《调琴啜茗图》

周昉（生卒年不详），字景玄，又字仲朗，京兆（今陕西西安市）人。周昉出身于贵族家庭，好属文，能书法，尤工仕女画，作品以描绘唐代宫廷女子、贵族妇女生活为主，在当时享有很高声誉。

《调琴啜茗图》以工笔手法，细致描绘了唐代宫廷女子品茗调琴的场景。抚琴品茗是千古风雅之事，这幅画是唐代贵族妇女饮茶、抚琴的真实生活写照。

画面分左右两部分，共计五人。左侧三人，一青衣襦裙的宫中贵妇人半坐于一方山石上，膝头横放一张仲尼式古琴，左手拨弦校音，右手转动轸子调弦，神情专注，她身后站立一名侍女。手捧托盘，盘中放置茶盏，等候奉茶。西面居中侧坐红衣披帛女子，正在倾听学音。右侧二人，一素衣披帛的宫中贵妇端坐在绣墩上，双手合抄，意态娴雅，她身旁也站立着一名奉茶侍女。整个画面人物或立或坐，或三或两，疏密有致，富于变化。画中人物体态优雅，衣着华丽，调琴和啜茗的贵妇肩上的披纱滑落，表现了贵妇慵懒寂寞的生活状态。另外，画中贵妇听琴品茗的姿态也反映了唐代贵族生活的悠闲。

2. 宋代的茶与绘画

宋代是我国绘画全面发展的时期，人物、山水、花鸟各科都涌现出新的流派，名家高手璨若星辰。同时由于皇室宫廷的大力倡导和文人雅士身体力行，茶文化变得更富审美情趣和艺术性，如宋徽宗赵佶甚至经常在宫廷茶宴上亲手煮汤击拂、赏赐群臣。茶事活动的内容在宋徽宗的《文会图》、刘松年的《撵茶图》等国画作品中体现得淋漓尽致。

（1）《文会图》。

图 5-12 《文会图》

此图为宋徽宗赵佶所绘。此图描绘了宋代文人雅集的盛大场面——曲水流觞，树影婆娑，在一个豪华庭院中设一大方桌，文士环桌而坐，桌上有各种精美茶具、酒皿和珍馐异果，九文士围坐桌旁，神态各异。侍者们有的端捧杯盘，往来其间；有的在炭火桌边忙于温酒、备茶。图上烹茶场景，三童子备茶，其中一人于茶桌旁，左手持黑漆茶托，上托建窑茶盏，右手执匙正从罐内舀茶末，准备点茶；另一童子则侧立于茶炉旁，炉火正炽，上置二茶瓶，茶炉前方另置都篮等茶器，都篮分上下两层，内藏茶盏等。此图是目前展示宋代茶器最多的画作。

（2）《撵茶图》。

刘松年（约1155—1218），钱塘（今杭州）人，此画为工笔画法，描绘的场景为小型文人雅集，也描绘了宋代从磨茶到烹点的过程和场面。

画中两人，一人跨坐凳上推磨磨茶，磨出的茶末呈玉白色，当是头纲芽茶，桌上尚有罗茶用的茶罗、茶盒等；另一人伫立桌边，提着汤瓶点茶，左手边地上放煮水的炉、壶，桌上有茶巾，右手边立一大瓮；桌上放置茶筅、青瓷茶盏、朱漆盏托、玳瑁茶末盒、水盂等茶器。画中桌前的风炉炉火正炽，上置提梁茶铫烧煮沸水；桌后的大荷叶盖瓮放置于一镂空的座架上，罐内所盛的应是点茶用的泉水。画中一切都显得安静有序，是贵族官宦之家品茶的幕后备茶场面，反映出宋代茶事的精细和奢华。

图 5-13 《撵茶图》

3. 元代的茶与绘画

元代饮茶风延续了宋代的习俗，斗茶之风虽减，品茗之习仍盛行。反映茶事活动的绘画作品内容丰富，表现形式多样，有表现民间斗茶的，有表现烹茶的，有展示采茶情景的，也有描写侍茶待客的。传世的主要作品有赵孟頫的《斗茶图》、钱选的《卢仝煮茶图》等。

（1）《斗茶图》。

赵孟頫（1254—1322），元代书画家、文学家，字子昂，号松雪道人、水精宫道人，吴兴（今浙江湖州）人。赵孟頫的《斗茶图》是一幅充满生活气息的风俗画。画面上有四人，人人身边备有茶炉、茶壶、茶碗和茶盏等饮茶用具，轻便的挑担有圆有方，随时随地可烹茶比试。四位斗茶手分成两组，每组二人，左前一人，足穿草鞋，一手持茶杯，一手提茶桶，袒胸露臂，昂首望对方，似在夸耀自己的茶味香美；身后一人双

图 5-14 《斗茶图》

袖卷起，一手持杯，一手提壶，两手拉开距离，正将茶水注入杯中；右侧站立两人，双目凝视对面的人，似在倾听对方介绍茶的特色，右手持茶杯正在品尝茶香，准备回击。画中人物生动，布局严谨。人物像走街串巷的货郎，说明当时斗茶习俗已深入民间。

（2）《卢仝煮茶图》。

钱选（1239—1299），吴兴（今浙江湖州）人，字舜举，号玉潭。著名花鸟画家，善画人物、山水、花鸟。

这幅《卢仝煮茶图》选取的正是卢仝刚刚收到孟谏议遣人送来的阳羡名茶，迫不及待地烹点品评的典型场景。画中的玉川子白衣长髯，在一片山坡上席地而坐，后有芭蕉浓荫、怪石嶙峋。身左有书画，身右为茶盏。旁立一人，前方一仆人正在烹茶。画中三个人物的目光集中在那个茶炉上，自然地形成了视觉焦点。整个画面构图简洁，格调高古，把卢仝置于山野崖畔，深刻体现了卢仝"恃才能深藏而不市"的超逸襟怀。

图5-15 《卢仝煮茶图》

3. 明代的茶与绘画

明代以茶为题材的绘画作品比元代的更丰富。如沈周的《虎丘对茶坐图》《醉茶图》、文徵明的《松下品茗图》《品茶图》《惠山茶会图》、唐寅的《事茗图》《陆羽烹茶图》、仇英的《为皇煮茗图》《松庭试泉图》、丁云鹏的《玉川煮茶图》、陈老莲的《高逸品茗图》等都是传世佳作。

（1）《品茶图》。

图5-16 《品茶图》

文徵明出身文人世家，生活优裕，悠游山水，追求自然。他一生嗜茶，曾自谓："吾生不饮酒，亦自得茗醉。"他以茶入画，《品茶图》即为其代表性茶画。此画描绘其与友人于林中茶舍品饮雨前茶的场景。草堂环境幽雅，苍松高耸，茶舍轩敞，二人对坐品茗清谈。几上置茶具若干，堂外一人正过桥向草堂走来；一旁茶寮内炉火正炽，一童子扇火煮茶，准备茶事，童子身后几上亦有茶具若干。一场小型文人茶会即将开始。图中文徵明所绘的草堂，是他常与好友聚会品茗之所，林茂松清，景色幽致。

（2）《事茗图》。

图 5-17 《事茗图》

唐寅（1470—1523），吴县（今江苏苏州）人，明宪宗成化六年（庚寅年）寅月寅日寅时生，故名唐寅。字伯虎，一字子畏，号六如居士、桃花庵主等。

此画纸本设色，描绘了文人学士优游林下，夏日相邀品茶的情景，青山环抱，林木苍翠，舍外有溪流环绕，参天古树下，有茅屋数椽，屋内一人正持杯端坐，若有所待。左边侧屋一人在静心候火。屋右小桥上一老叟手持拐杖，缓缓走来，随后跟一抱琴小童，似应约而来。画幅后有自题诗一首，明白道出了作画时的心绪，诗曰："日长何所事，茗碗自赉持。料得南窗下，清风满鬓丝。"

4. 清代的茶与绘画

清代皇帝康熙、乾隆等都酷爱品茶，因此上层社会饮茶风习日盛，且茶文化精神开始转向民间，深入市井，走向世俗，茶礼、茶俗更为成熟，无论礼神祭祖还是居家待客，茶成为必尽的礼仪。这一时期的绘画作品中，茶也以更加世俗、更加生活化的面貌出现。

（1）《品泉图》。

金廷标（生卒年不详），字士揆，乌程人。善画山水、人物、佛像，尤工白描。1757 年入宫供职，成为宫廷画家。

图 5-18 《品泉图》

图中月下林泉，文士坐于溪岸边品茶，神态悠闲自得。一童子在溪边汲水，一童子在竹炉烹茶。画面上明月高挂，清风月影，品茗赏景，十分清静自在。画上茶具有竹炉、茶壶、都篮、水罐、水勺、茶碗等，方形斑竹茶炉有提带，四层都篮内可容烹茶需要的器具物品，所以这套茶器应是野外煮茶所用。

（2）《煮茗图》。

图 5-19 《煮茗图》

吴昌硕（1844—1927），名俊卿，字昌硕、仓石，别号缶庐、苦铁等，浙江安吉人，近代艺术大师，以诗、书、画、印"四绝"称誉艺坛。吴昌硕爱梅也爱茶，常以茶与梅为题材。在这幅图中，一丛梅枝斜出，生动有致；作为画面主角的茶壶、茶杯则以淡墨出之，充满拙趣，与梅花相映照，更显古朴雅致。所题"梅梢春雪活火煎，山中人兮仙乎仙"，表达了作者希望摆脱人间尘杂，与二三子品茗赏梅、谈诗论艺的内心世界。此图为吴昌硕 74 岁时所作。

5. 近现代的茶与绘画

近现代茶事绘画作品更加丰富,融合了传统绘画和西方绘画风格,反映了现代社会的茶情茶意。如比较著名的有齐白石赠毛泽东的《茶具梅花图》等。

图 5-20 《茶具梅花图》

齐白石(1864—1957),名璜,字渭清,号兰亭、濒生,别号白石山人,以"齐白石"之名行世,湖南湘潭人,20 世纪中国画艺术大师,世界文化名人。

齐白石与毛泽东是同乡,此图为齐白石 92 岁时为感谢毛主席邀请他到中南海品茶赏花、畅叙同乡之谊而创作。画面寥寥数笔,以简练的笔法绘出壶一把、瓷盅两只,一枝吐香正盛的红梅,清新之气扑面而来。此画以素墨淡写茶具,以浓墨劲写梅花,形成鲜明的对比,清淡的茶香似乎跃然纸上,与梅香相映成趣,体现了画家高洁、淡泊的性情和高超的审美情趣。

二、茶与歌舞

茶歌和茶舞也是茶叶生产、饮用发展到一定阶段衍生出来的一种茶文化现象。

(一)茶歌

从现存茶史资料来看,茶叶成为歌咏的内容,最早见于西晋孙楚的《出歌》,其称"姜桂茶荈出巴蜀",这里所说的"茶荈",就都是指茶。

二维码 5-7
微课:茶与歌舞

皮日休《茶中杂咏序》曰"昔晋杜育有荈赋，季疵有茶歌"，只可惜这首茶歌早已散佚。

茶歌的来源主要有三种：

一是由诗变为歌，即由文人的作品变成民间歌词。在我国古时，如《尔雅》所说"声比于琴瑟曰歌"；《韩诗章句》称"有章曲曰歌"，认为诗词只要配以章曲，声音如琴瑟，则其诗也就是歌了。到了宋代，王观国《学林》、王十朋《会稽风俗赋》等作品中，就称卢仝《走笔谢孟谏议寄新茶》为"卢仝茶歌"或"卢仝谢孟谏议茶歌"了，这表明至少在宋代，这首诗就配以章曲、器乐而唱了。宋代由茶叶诗词而传为茶歌的情况较多，如熊蕃在十首《御苑采茶歌》的序文中称："先朝漕司封修睦，自号退士，尝作《御苑茶歌》十首，传在人口……蕃谨抚故事，亦赋十首献漕使。"这里所谓的"传在人口"就是歌唱在人民中间。

二是由民谣变为茶歌。民谣经文人的整理配曲再返回民间，如明清时杭州富阳一带流传的《贡茶鲥鱼歌》。这首歌是正德九年（1514）按察佥事韩邦奇根据《富阳谣》改编为歌的。其歌词曰："富阳山之茶，富阳江之鱼，茶香破我家，鱼肥卖我儿。采茶妇，捕鱼夫，官府拷掠无完肤，皇天本圣仁，此地一何辜？鱼兮不出别县，茶兮不出别都，富阳山何日摧？富阳江何日枯？山摧茶已死，江枯鱼亦无，山不摧江不枯，吾民何以苏？"歌词通过一连串的问句，唱出了富阳地区采办贡茶和捕捉贡鱼，百姓遭受的侵扰和痛苦。

三是茶农和茶工自己创作的民歌或山歌，这也是茶歌的主要来源。如清代流传在江西每年到武夷山采制茶叶的劳工中的歌：

> 清明过了谷雨边，背起包袱走福建。
> 想起福建无走头，三更半夜爬上楼。
> 三捆稻草搭张铺，两根杉木做枕头。
> 想起崇安真可怜，半碗腌菜半碗盐。
> 茶叶下山出江西，吃碗青茶赛过鸡。
> 采茶可怜真可怜，三夜没有两夜眠。
> 茶树底下冷饭吃，灯火旁边算工钱。
> 武夷山上九条龙，十个包头九个穷。
> 年轻穷了靠双手，老来穷了背竹筒。

清代，李调元的《粤东笔记》有记载："粤俗岁之正月，饰儿童为彩女，每队十二人，持花篮，篮中燃宝灯，罩一绛纱，以为大园，缘之踏歌，歌十二月采茶。有曰：二月采茶茶发芽，姊妹双双去采茶，大姐采多妹采少，不论多少早还家。"

在我国有些地区，未婚青年男女以对茶歌的方式娱乐，对茶歌也是男女恋爱择偶的手段，称为"踏歌"。如湘西一带的少数民族，未婚男女以"踏茶歌"的形式举行订婚仪式。通常在夜半时分，小伙子和姑娘来到山间对歌传情，歌曰："小娘子叶底花，无事出来吃碗茶。"这时，姑娘便会根据自己的心意编出茶歌与小伙子对答，相互试探或传递情意，歌声此起彼伏，甚至通宵达旦。如果经过对歌情投意合便进一步"下茶"，女家一接受"茶礼"便被认为是合乎道德的婚姻了。

福建安溪的《日头歌》："日头出来红绸绸，一片茶园水溜溜。满园茶丛乌加幼，春夏秋冬好丰收。"

云南凤庆的茶歌："口唱山歌手采茶，一心二用心不花。一芽二叶都下树，一首山歌一篮茶。"

湖南古丈的《古丈茶歌》："绿水青山映彩霞，彩云深处是我家。家家户户小背篓，背上蓝天来采茶。采串茶歌天上撒，好像天女在撒花。"

江西、福建、浙江、湖南、湖北、四川各省的方志中，都有不少茶歌的记载。这些茶歌开始未形成统一的曲调，后来则孕育出了专门的"采茶调"，以致采茶调和山歌、盘歌、五更调、川江号子等并列，逐渐发展成我国南方的一种传统民歌形式。

采茶歌（调）不仅是我国汉族的民歌，在我国西南的一些少数民族中也演化产生了不少诸如"打茶调""敬茶调""献茶调"等曲调。采茶调变成民歌的一种格调后，其歌唱的内容，就不一定限于茶事或与茶事有关的范围了。如居住在金沙江西岸的彝族支系白依人，旧时结婚第三天祭过门神开始正式宴请宾客时，吹唢呐的人，按照待客顺序，依次吹"迎宾调""敬茶调"等，说明我国有些少数民族和汉族一样，不仅有茶歌，也有若干与茶有关的固定乐曲。

现代出现的一些以茶为内容的流行歌曲，则大都是以茶为引子或衬托来表达某种情调或情谊。当代茶歌创作踊跃，涌现出许多脍炙人口的精彩茶歌，如《采茶灯》《采茶舞曲》《请茶歌》等。

《采茶灯》的曲调来自闽西地区的民间小调，是一首享誉国内外的歌舞曲，旋律活泼、明快，适宜边唱边舞，以轻松愉快的歌声，表达了采茶姑娘对茶叶丰收的喜悦。

《采茶灯》歌词为：

百花开放好春光，采茶姑娘满山岗。手提篮儿将茶采，片片采来片片香。

采到东来采到西，采茶姑娘笑眯眯。过去采茶为别人，如今采茶为自己。

茶树发芽青又青，一棵嫩芽一颗心。轻轻摘来轻轻采，片片采来片片新。

采满一筐又一筐，山前山后歌声响。今年茶山好收成，家家户户喜洋洋。

《请茶歌》歌词为：

同志哥，

请喝一杯茶呀请喝一杯茶，井冈山的茶叶甜又香啊，甜又香啊。

当年领袖毛委员啊，带领红军上井冈啊。

茶叶本是红军种，风里生来雨里长。

茶树林中战歌响啊，军民同心打豺狼哕。

喝了红色故乡茶，同志哥，革命传统你永不忘啊，前人开路后人走啊。

前人栽茶后人尝啊，革命种子发新芽，年年生来处处长。

井冈茶香飘四海啊，棵棵茶树向太阳，向太阳啰。

喝了红色故乡茶，革命意志坚如钢啊，革命意志坚如钢。

我国著名的茶歌还有《龙井谣》《江西婺源茶歌》《武夷茶歌》《安溪采茶歌》《采茶情歌》《想念乌龙茶》《大碗茶之歌》《前门情思大碗茶》等。

（二）茶舞

以茶事为内容的舞蹈，可能发轫甚早，但元代和明清期间是我国舞蹈的一个中衰阶段，所以史籍中有关我国茶叶舞蹈的具体记载很少。现在已知的只是流行于我国南方各省的"茶灯"或"采茶灯"。

茶灯和马灯、霸王鞭等，是过去汉族比较常见的一种民间舞蹈形式。茶灯在福建、广西、江西和安徽是"采茶灯"的简称。它在江西，还有"茶篮灯"和"灯歌"的称法；在湖南、湖北，则称为"采茶"和"茶歌"；在广西又称为"壮采茶"和"唱采舞"。这一舞蹈不仅各地名字不一，跳法也有不同，但是基本上是由一男一女或一男二女（也可有三人以上）参加表演。舞者腰系绸带，男的持一钱尺（鞭）作为扁担、锄头等，女的左手提茶篮，右手拿扇，边歌边舞，主要表现姑娘们在茶园的劳动生活。

除汉族和壮族的《茶灯》民间舞蹈外，我国有些民族盛行的盘舞、打歌，往往也以敬茶和饮茶的茶事为内容，从一定的角度来看，也可以说是一种茶叶舞蹈。如彝族打歌时，客人坐下后，主办打歌的村子或家庭，老老少少，恭恭敬敬地在大锣和唢呐的伴奏下，手端茶盘或酒盘，边舞边走，把茶、酒一一献给每位客人，然后再边舞边退。云南洱源白族打歌，也和彝族上述情况极其相像，人们手中端着茶或酒，在领歌者（歌目）的带领下，唱着白语调，弯着膝，绕着火塘转圈圈，边转边舞动上身，以歌纵舞，以舞狂歌。壮族也有这种舞蹈形式，称"壮采茶"或"唱采茶"。

在当代，广大的文艺工作者深入茶乡生活，创造出一批旋律优美、风格清新的茶歌茶舞。如众所周知的由周大风作词编曲的《采茶舞曲》就是人们普遍喜爱的代表作，它让茶歌、茶舞走向舞台、走向银幕。

三、茶与戏剧

茶与戏剧的渊源很深。以茶为题材，或者情节与茶有关的戏剧很多。唐代陆羽就著有《谑谈》三篇，是滑稽戏，明代著名戏剧家汤显祖《牡丹亭》、戏剧与电影《沙家浜》、昆剧《西园记》、老舍的话剧《茶馆》等、现代京剧《茶山七仙女》、电视剧《几度夕阳红》等都是与茶有关的戏剧。

茶与戏剧的密切联系体现在：（1）我国最早的营业性的戏剧演出场所统称为"茶园"或"茶楼"。（2）茶对社会生产、文化的影响，使之成为戏曲创作的背景和题材。（3）我国在清代就产生了在茶歌和茶舞基础上发展起来的采茶戏。（4）茶叶文化浸染剧作家、演员，产生出与茶有联系的艺术流派。

采茶戏是戏曲的一种类别，流行于江西、湖北、湖南、安徽、福建、广东、广西等省（区）。采茶戏均由民间歌舞采茶调、采茶歌、采茶灯、花灯等发展而来，主要曲调和唱腔有"茶灯调""茶调""茶插"，曲牌有"九龙山摘茶"等。

采茶戏以江西最为著名，流传最广，支派也最多，有南昌采茶戏、武宁采茶戏、景德镇采茶戏、赣东采茶戏、高安采茶戏、吉安采茶戏、宁都采茶戏、赣南采茶戏、抚州采茶戏。此外，还有湖北黄梅采茶戏、通山采茶戏、阳新采茶戏，广东粤北采茶戏，广西采茶戏等。最具代表性的是赣南采茶戏，它不仅活跃于赣南，而且流行于粤北、闽西一带。它起源于江西安远县发龙山一带，是清朝嘉庆末年《九龙山摘茶》这出戏传到赣县以后发展而来的。它在原来单纯反映茶家劳动过程的基础上，增加了茶商朝奉告别妻子前往九龙山收购春茶途中落店、闹五更、上山看茶、赏茶、议价、送茶下山、搭船回程、团圆等情节。剧中人物由原来六人（四个茶女、一个茶童、一个茶娘）增添至更多人物。曲牌和吹打音乐更丰富，形成了固定唱腔，戏曲工作者根据其来源、风格、弦路、调式、使用情况等将其分成"茶腔""灯腔""路腔""杂调"四大类，俗称"三腔一调"。

还有一些有代表性茶事的戏剧节目。《水浒记·借茶》是《水浒传》里面的一个情节。《玉簪记·茶叙》是明代高濂编剧，以清茶叙谊，倾注离别情怀。《凤鸣记·吃茶》是明王世贞编剧，以奉茶、吃茶之机，借题发挥。《四婵娟·斗茗》是清代洪昇编剧，写的是李清照与丈夫斗茶的故事。《茶馆》是老舍编剧，写了清末民初北京茶馆里的各种人和事。《茶童戏主》是高宣兰挖掘整理，叙述了江西赣州茶山上的故事。《中国茶谣》是王旭烽编剧的大型茶文化艺术舞台剧，十个场次为头道茶到十道茶，分别是喊茶、采茶、佛茶、下茶、仙茶、施茶、会茶、讲茶、礼茶、祝茶。

第四节　茶与掌故

一、茶的传说

我国产茶的历史悠久，名茶众多，因此关于茶的传说自然不少，几乎每个名茶都有一段美丽的传说，其融合了各地的人物、地理、古迹及自然风光等。

二维码 5-8
茶的传说与典故

（一）神农尝百草

很早以前，我国就有"神农尝百草，日遇七十二毒，得茶而解之"的传说。说的是神农有一个水晶般透明的肚子，吃下什么东西，人们都可以从他的胃肠里看得清清楚楚。那时候的人，吃东西都是生吞活剥的，因此经常得病。神农为了解除人们的疾苦，验证不同草木的药理功能，必采而嚼之，亲身体验一下哪些草木不能采食，哪些草木采集时需要小心。有一天，神农在采集奇花野草时，因中毒而头晕目眩，于是他放下草药袋，背靠一棵大树斜躺休息。一阵风过，他似乎闻到一种清鲜的香气，但不知这清香从何而来。他抬头一看，只见树上有几片叶子飘然落下，这叶子绿油油的。他心中好奇，遂信手拾起一片放入口中慢慢咀嚼，感到味虽苦涩，但有清香回甘之味，索性嚼而食之。食后更觉气味清香，舌底生津，精神振奋，且头晕目眩减轻，口干舌麻渐消，好生奇怪。于是他又拾了几片叶子，采了些芽叶、花果而归。以后，神农将这种树定名为"茶"，这就是茶的最早发现。后人为了崇敬、纪念农业和医学发明者的功绩，就世代传颂着这个神农尝百草的故事。

（二）西湖龙井的传说

西湖龙井产于浙江杭州市西湖的狮峰、龙井、五云山、虎跑一带，历史上曾分为"狮、龙、云、虎、梅"五个字号，其中多认为以产于狮峰的品质为最佳。

在美丽的杭州西子湖畔群山之中，有一座狮峰山，山下的胡公庙前，有用栏杆围起来的"十八棵御茶"。在当地茶农的精心培育下，这些树长得枝繁叶茂，年年月月吸引着众多游客。

相传在清乾隆时代，五谷丰登、国泰民安，乾隆皇帝南巡到了杭州。根据安排，乾隆要在庙里休憩喝茶。第二天，乾隆来到胡公庙，老和尚恭恭敬敬地献上最好的香茗，乾隆品了茶感觉回味甘甜，两颊留芳，便问和尚："此茶何名？如何栽制？"和尚奏道："此乃西湖龙井茶中珍品狮峰龙井，是用狮峰山上茶园中采摘的嫩芽炒制而成。"接着就陪乾隆观看了茶叶的采制情况，乾隆为龙井茶采制之芳、技巧之精所感动，作茶歌赞曰："慢炒细焙有次第，辛苦功夫殊不少。"乾隆将茶敬献给太后，太后饮后见有平肝火之效，誉为灵丹妙药，于是乾隆封胡公庙前茶树为御茶树，派专人看管，年年岁岁采制送京，专供太后享用。因胡公庙前一共有十八棵茶树，从此就称为"十八棵御茶"。

（三）虎跑泉的传说

龙井茶、虎跑泉素称"杭州双绝"。虎跑泉又是怎样来的呢？据说很早以前有大虎和二虎兄弟二人。二人力大过人，有一年二人来到杭州，想在虎跑的小寺院里安家。和尚告诉他俩，这里吃水困难，要翻几道岭去挑水，兄弟俩说，只要能住，挑水的事我们包了，于是和尚收留了兄弟俩。有一年夏天，天旱无雨，小溪也干涸了，吃水更困难了。一天，兄弟俩想起南岳衡山的"童子泉"，如能将童子泉移来杭州就好了。兄弟俩决定去衡山移童子泉，一路奔波，到衡山脚下时都昏倒了，此时狂风暴雨来袭。风停雨住后，他俩醒来，只见眼前站着一位手拿柳枝的小孩，这是管"童子泉"的小仙人。小仙人听了他俩的诉说后用柳枝一指，水洒在他俩身上，霎时，兄弟二人变成两只斑斓猛虎，小孩跃上虎背。老虎仰天长啸一声，带着"童子泉"直奔杭州而去。老和尚和村民们夜里做了一个梦，梦见大虎、二虎变成两只猛虎，把"童子泉"移到了杭州。第二天，天空霞光万朵，两只猛虎从天而降，猛虎在寺院旁的竹园里，前爪刨地，不一会儿就刨了一个深坑，只见深坑里涌出一股清泉，大家明白了，是大虎和二虎给他们带来了泉水。为了纪念大虎和二虎，他们给泉水起名为"虎刨泉"，后来为了顺口就称为"虎跑泉"。

（四）洞庭山碧螺春的传说

传说在很早以前，东洞庭山莫厘峰上有一种奇异的香气，人们误认为有妖精作祟，不敢上山。一天，有位胆大勇敢、个性倔强的姑娘去莫厘峰砍柴，刚走到半山腰，就闻到一股清香，她感到惊奇，就朝山顶观看，看来看去也没发现什么奇异怪物。为好奇心所驱，她冒着危险，爬上悬崖，来到山峰顶上，只见在石缝里长着几棵绿油油的茶树，一阵阵香味好像是从树上散发出来的。她走近茶树，采摘了一些芽叶揣在怀里，就下山来，谁知一路走，怀里的茶叶一路散发出浓郁的香气，而且越走这股香气越浓，这异香熏得她有些昏昏沉沉。回到家里，姑娘感到又累又渴，就从怀里取出茶叶，顿觉满屋芬芳，姑娘一边大叫"吓煞人哉，吓煞人哉"，一边撮些芽叶泡了一杯喝起来。碗到嘴边，香沁心脾，一口下咽，满口芳香；二口下咽，喉润头清；三口下咽，疲劳消除。姑娘喜出望外，决心把宝贝茶树移回家来栽种。第二天，她带上锄头，把小茶树挖来，移植在西洞庭山的石山脚下，加以精心培育。几年以后，茶树长得枝繁叶茂，散发出来的香气吸引了远近乡邻，姑娘用采下来的芽叶泡茶招待大家，但见这芽叶满身茸毛，香浓味爽，大家赞不绝口，因问这是何茶，姑娘随口答曰："吓煞人香。"从此，"吓煞人香"茶渐渐被引种繁殖，遍布了整个洞庭西山和东山，采制加工技术也逐步提高，逐渐形成现今"一嫩三鲜"（即芽叶嫩，色、香、味鲜）的特点。至于"吓煞人香"怎么改名为碧螺春，据说是康熙皇帝下江南时，品尝此茶，见其香气芬芳、味醇回甘、碧绿清澈、爱不释手，因"吓煞人香"茶名太俗，才赐名为"碧萝春"，后因其形如卷螺，就称"碧螺春"了。

（五）白毫银针的传说

相传很早以前，有一年政和一带久旱不雨，瘟疫四起，病者、死者无数。在东方云遮雾挡的洞宫山上有一口龙井，龙井旁长着几株仙草，揉出草汁能治百病，草汁滴在河里、田里，就能涌出水来，因此要救众乡亲，一定要采得仙草来。当时有很多勇敢的小伙子纷纷去寻找仙草，但都有去无回。有一户人家，家中有兄妹三人，大哥名志刚，二哥名志诚，三妹名志玉。三人商定先由大哥去找仙草，如不见人回，再由二哥去找，假如也不见回，则由三妹去寻找。这一天，大哥志刚出发前把祖传的鸳鸯剑拿了出来，对弟弟和妹妹说："如果发现剑上生锈，便是大哥不在人世了。"接着就朝东方出发了。走了三十六天，终于到了洞宫山下，这时路旁走出一位白发银须的老爷爷，问他是否要上山采仙草，志刚答是，老爷爷说仙草就在山上龙井旁，可上山时只能向前千万不能回头，否则就采不到仙草。志刚一口气爬到半山腰，只见满山乱石，阴森恐怖，身后传来喊叫声，他不予理睬，只管向前，但忽听一声大喊"你敢往上闯"，志刚大惊，一回头，立刻变成了这乱石岗上的一块新石头。这一天志诚兄妹在家中发现剑已生锈，知道大哥已不在人世了。于是志诚拿出铁镞箭对志玉说，我去采仙草了，如果发现箭镞生锈，你就接着去找仙草。志诚走了四十九天，也来到了洞宫山下，遇见白发老爷爷，老爷爷同样告诉他上山时千万不能回头。当他走到乱石岗时，忽听身后志刚大喊"志诚弟，快来救我"，他猛一回头，也变成了一块巨石。志玉在家中发现箭镞生锈，知道找仙草的重任还是落到了自己的身上。她出发后，途中也遇见白发老爷爷，同样告诉她千万不能回头，且送给她一块烤糍粑。志玉谢过老爷爷后背着弓箭继续往前，来到乱石岗，奇怪声音四起，她急中生智，用糍粑塞住耳朵，坚决不回头，终于爬上山顶来到龙井旁，拿出弓箭射死了黑龙，采下仙草上的芽叶，并用井水浇灌仙草。仙草立即开花结籽,志玉采下种子,立即下山。过乱石岗时,她按老爷爷的吩咐,将仙草芽叶的汁水滴在每一块石头上,石头立即变成了人,志刚和志诚也复活了。兄妹三人回乡后将种子种满山坡。这种仙草便是茶树,于是这一带年年采摘茶树芽叶,晾晒收藏,广为流传,这便是白毫银针的来历。

(六)君山银针的传说

君山银针产于湖南省洞庭湖的君山,其茶芽细嫩,满披茸毛,冲泡后,三起三落,雀舌含珠,刀丛林立,具有很高的欣赏价值。

据说君山茶的第1颗种子还是4000多年前娥皇、女英播下的。从五代时起,银针就被作为贡茶,年年向皇帝进贡。后唐的第二个皇帝唐明宗李嗣源,第一回上朝的时候,侍臣为他捧杯沏茶,开水向杯里一倒,马上看到一团白雾腾空而起,慢慢地出现了一只白鹤。这只白鹤对唐明宗点了三下头,便朝蓝天翩翩飞去了。再往杯子里看,杯中的茶叶都齐崭崭地悬空竖了起来,就像一群破土而出的春笋。过了一会儿,又慢慢下沉,就像是雪花坠落般。唐明宗感到很奇怪,就问侍臣是什么原因。侍臣回答说:"这是君山的白鹤泉(即柳毅井)水,泡黄翎毛(即银针茶)的缘故。白鹤点头飞入青天,是表示万岁洪福齐天;翎毛竖起,是表示对万岁的敬仰;黄翎缓坠,是表示对万岁的诚服。"唐明宗听了心里十分高兴,立即下旨把君山银针定为贡茶。

(七)大红袍的传说

"大红袍"的来历传说很多,话说古时有一个穷秀才上京赶考,路过武夷山时,病倒在路上,幸被天心庙老方丈看见。老方丈泡了一碗茶给他喝,果然病就好了。后来秀才金榜题名,中了状元,还被招为东床驸马。一个春日,状元来到武夷山谢恩,在老方丈的陪同下,前呼后拥,到了九龙窠,但见峭壁上长着三株高大的茶树,枝叶繁茂,吐着一簇簇嫩芽,在阳光下闪着紫红色的光泽,煞是可爱。老方丈说,去年你犯鼓胀病,就是用这种茶叶泡茶治好的。状元听了要求采制一盒进贡皇上。第二天,庙内烧香点烛、击鼓鸣钟,招来大小和尚,向九龙窠进发。众人来到茶树下焚香礼拜,齐声高喊"茶发芽",然后采下芽叶,精工制作,装入锡盒。状元带茶进京后,正遇皇后肚疼鼓胀,卧床不起。状元立即献茶让皇后服下,果然茶到病除。皇上大喜,将一件大红袍交给状元,让他代表自己去武夷山封赏。路上礼炮轰响,火烛通明,到了九龙窠,状元命一樵夫爬上半山腰,将皇上赐的大红袍披在茶树上,以示皇恩。说也奇怪,等掀开大红袍时,三株茶树的芽叶在阳光下闪出红光,众人说这是大红袍染红的。后来,人们就把这三株茶树称为"大红袍",有人还在石壁上刻了"大红袍"三个大字,从此"大红袍"就成了年年岁岁的贡茶。

（八）冻顶乌龙的传说

冻顶乌龙是台湾出产的乌龙茶珍品，与包种茶合称姐妹茶。制法近似青心乌龙，但味更醇厚，喉韵强劲，高香尤浓。因产于冻顶山上，故名冻顶乌龙。

冻顶山是台湾凤凰山的一个支脉，海拔700多米，月平均气温在20℃左右，所以冻顶乌龙其实不是因为严寒冰冻气候所致，那为什么叫"冻顶"呢？据说因为这山脉迷雾多雨，山陡路险、崎岖难走，上山去的人都要绷紧足趾才能上山（台湾俗语称为"冻脚尖"），因此称之为"冻顶山"。相传在100多年前，台湾南投县鹿谷乡中，住着一位勤奋好学的青年，名叫林凤池，他学识广博、体健志壮，而且非常热爱自己的祖国。有一年，他听说福建省要举行科举考试，就很想去试试，可是家境贫寒、缺少路费、不能成行。乡亲们得知他想去福建赴考，纷纷慷慨解囊，给林凤池凑足了路费。不久，林凤池果然金榜题名，考上了举人并在县衙内就职。一天，林凤池决定回台湾探亲，在回台湾前邀同僚一起到武夷山一游。上得山来，只见"武夷山水天下奇，千峰万壑皆美景"，山上岩间长着许多茶树，于是向当地茶农购得茶苗36棵，精心带土包好，带到了台湾南投县，种植在附近最高的冻顶山上，并派专人精心管理。人们按照林凤池介绍的方法，采摘芽叶，加工成清香可口、醇和回甘的乌龙茶。

（九）庐山云雾茶的传说

传说孙悟空在花果山当猴王的时候，常吃仙桃、瓜果、美酒。有一天他忽然想要尝尝玉皇大帝和王母娘娘喝过的仙茶，于是一个跟头上了天，驾着祥云向下一望，见九州南国一片碧绿，仔细看时，竟是一片茶树。此时正值金秋，茶树已结籽，可是孙悟空却不知如何采种。这时，天边飞来一群多情鸟，见到猴王便问他要干什么，孙悟空说："我那花果山虽好，但没茶树，想采一些茶籽去，但不知如何采得。"众鸟听后说："我们来帮你采吧。"于是展开双翅，来到南国茶园里，一个个衔了茶籽，往花果山飞去。多情鸟嘴里衔着茶籽，穿过云层，越过高山，飞过大河。谁知当飞到庐山上空时，巍巍庐山胜景把它们深深吸引住了，领头鸟竟情不自禁地唱起歌来。领头鸟一唱，其他鸟也跟着唱和。茶籽便从它们嘴里掉了下来，直掉进庐山群峰的岩隙之中。从此云雾缭绕的庐山便长出一棵棵茶树，产出清香袭人的云雾茶。

（十）松罗茶的传说

关于松罗茶的来历，传说是明太祖洪武年间，松罗山的让福寺门口摆有两口大水缸，引起了一位香客的注意。水缸因年代久远，里面长满绿萍，香客来到店堂对老方

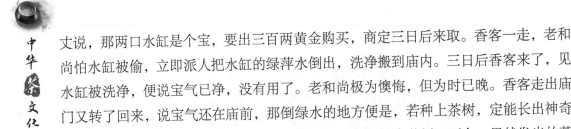

丈说，那两口水缸是个宝，要出三百两黄金购买，商定三日后来取。香客一走，老和尚怕水缸被偷，立即派人把水缸的绿萍水倒出，洗净搬到庙内。三日后香客来了，见水缸被洗净，便说宝气已净，没有用了。老和尚极为懊悔，但为时已晚。香客走出庙门又转了回来，说宝气还在庙前，那倒绿水的地方便是，若种上茶树，定能长出神奇的茶叶来，这种茶三盏能解千杯醉。老和尚照此指点种上茶树，不久，果然发出的茶芽清香扑鼻，便起名"松罗茶"。两百年后，到了明神宗时，休宁一带流行伤寒痢疾，人们纷纷来让福寺烧香拜佛，祈求菩萨保佑。方丈便给来者每人一包松罗茶，并面授"普济方"：病轻者沸水冲泡频饮，两三日即愈；病重者，用此茶与生姜、食盐、粳米炒至焦黄煮服，或研碎吞服，两三日也愈。果然，服后疗效显著，制止了瘟疫流行。从此松罗茶成了灵丹妙药，名声大噪，蜚声天下。

二、饮茶典故

（一）吃茶去

禅林法语"吃茶去"据《广群芳谱·茶谱》引《指月录》道："有僧到赵州，从谂禅师问：'新近曾到此间么？'曰：'曾到。'师曰：'吃茶去。'又问僧，僧曰：'不曾到。'师曰：'吃茶去。'后院主问曰：'为甚么曾到也云吃茶去，不曾到也云吃茶去？'师召院主，主应喏，师曰：'吃茶去。'"古人认为茶有"三德"，即：坐禅时可以提神，通夜不眠；满腹时，可以助消化，轻神气；心烦时，可以去除杂念，平和相处，因而为禅林所提倡。唐代赵州观音寺高僧从谂禅师，总以"吃茶去"开示，认为吃茶能悟道。自此以后，"吃茶去"就成了禅林法语。对"吃茶去"这三个字历来也是见仁见智的，这三字禅有着直指人心的力量，也奠定了赵州柏林禅寺是"禅茶一味"的故乡的基础。

（二）以茶代酒

晋代陈寿的《三国志》中的《吴志·韦曜传》记载了这样一件事。三国时期，吴国孙权的孙子，也是吴国最后一位皇帝——孙皓在景侯死后继为国君。孙皓喜爱喝酒，一喝就是一整天。而且还要参加宴会者，必须喝满七升酒，不喝就强行灌入口中。韦曜不善饮酒，孙皓却让内侍给他送上茶水，代替酒水，这是什么原因呢？原来孙皓除了喜欢喝酒，也喜欢喝茶。从他坐上皇位开始，对喝茶也开始讲究起来了。宫里的茶虽好，但是总不能合他胃口。孙皓也曾派出很多人去四处采茶，但总是不合他的心意。为了这件事，已经有好多人被治罪问斩。

韦曜是吴郡云阳人，博学多才，深受孙皓器重。有一次韦曜被举荐去采茶，他知道后静下心来研究《茶经》。在清明时节，韦曜一行人来到了永安（今浙江省德清西南）。韦曜在此处驻扎了半个多月，采好了茶叶，回到了建邺，当即就献给了皇帝。孙皓喝了茶后赞不绝口，立马下旨："韦曜采茶有功，官升一级。"

某日，孙皓又宴请群臣。酒宴开始，大家都在为喝不下七升酒发愁。可是不喜欢喝酒的韦曜却一点也不犯愁，这是为什么呢？朝廷的一位官员借着酒劲来到韦曜面前，笑眯眯地向韦曜敬酒。他有意识地碰了一下韦曜的酒盅，衣袖不小心掉到酒盅里。敬完酒后回到座位，他对着自己的衣袖深吸了几口气，这哪是什么酒水，分明就是茶水。

原来，韦曜以茶代酒，是孙皓恩准的，不然谁敢在皇帝面前弄虚作假，这可是欺君大罪。韦曜不胜酒力，他就想到了一个推脱的方法，说自己能采到最好的茶，是因为自己的鼻子和舌头敏感又异常，可以分辨茶叶的好坏。酒水等一些刺激性的东西，他不能入口。孙皓看韦曜采茶有功，就恩准韦曜在宴席上以茶代酒，保护他的舌头。"以茶代酒"直到今天仍被人们广为应用，并称得上是一件大方之举、文雅之事。

（三）陆纳"清茶一杯"待贵客

据《晋书》记载，西晋南北朝时，帝王贵族聚敛成风，奢侈盛行，有的每天饮食费高达一万钱（相当于一个普通百姓家两三年的费用）。但有个叫陆纳的吴兴太守，秉性俭朴，为官清正廉明，品德端庄。一天，原有功于国家的骠骑将军谢安，退居后途经吴兴，登门拜访友人陆纳。朋友久别重逢，很是高兴。陆纳叫管家按惯例"清茶一杯"招待谢安。管家陆俶深知老爷与谢安的关系非同一般，觉得"清茶一杯"太寒酸，便自作主张办了一桌丰盛的酒宴。谢安感到意外，在宴后说："我当大将军、大司徒时，到贵府你都是'清茶一杯'，时过境迁，老兄怎么也学了官场上的客套了？"陆纳尴尬地说："惭愧！惭愧！这虽不是我的本意，却是我家教不严之过。"送走谢安，陆纳即刻召集家人，当众怒斥陆俶自作主张，违反规定，玷污他一贯清廉的名声，毫不留情地责打陆俶四十大板，以儆效尤。

陆纳的高风亮节被传为千古佳话。此后，"以茶代酒""以茶养廉"一直作为明智人士的廉政优良传统，使茶进入社会的精神领域，又使茶文化上升到了一个高度，更显茶的高雅与风格。

（四）饮茶助学

宋代著名词人李清照在《金石录后序》中，记有她与丈夫赵明诚回青州故第闲居时的一件生活趣事："每获一书，即同共勘校，整集签题，得书、画、彝、鼎，亦摩玩舒卷，指摘疵病，夜尽一烛为率。故能纸札精致，字画完整，冠诸收书家。余性偶强记，每饭罢，坐归来堂烹茶，指堆积书史，言某事在某书、某卷第几页、第几行，以中否角胜负，为饮茶先后。中即举杯大笑，至茶倾覆怀中，反不得饮而起。"李清照、赵明诚夫妇边饮茶，边考记忆力，给后人留下了"饮茶助学"的佳话，亦为茶事增添了风韵。

（五）奶茶和酥油茶的由来

唐时，文成公主和亲吐蕃，从此边疆安定，历史上传为美谈。当时饮茶之风很盛，人们崇尚饮茶。文成公主远嫁吐蕃，嫁妆自然丰厚，除金银首饰、珍珠玛瑙、绫罗绸缎等之外，还有各种名茶，因为文成公主平生爱茶，养成了喝茶的习惯，而且喜欢以茶敬客。文成公主初到吐蕃，饮食很不习惯，于是她想出了一个办法，先喝半杯奶，然后再喝半杯茶，果觉胃舒服了些。以后她干脆把茶汁掺入奶中一起喝，无意之中发觉茶奶混合，其味比单一的奶或茶更好，这就是最初的奶茶。

以后文成公主常以茶赐群臣、待亲朋，饮后齿颊留芳、肠胃清爽、解渴提神、身心轻快，人们竞相传说、争相效仿，饮茶之风不胫而走，迅速传向吐蕃各地。同时文成公主想到京城一带有用葱、芝麻、炒米等佐料泡茶吃的，于是试着在煮茶时加入酥油和松子仁，吃起来很香，如果不加糖，而加些许珍贵的盐巴，咸滋滋、香喷喷，其味更佳。因此，"酥油茶"就逐渐成为藏族赏赐、敬客的最隆重礼节。

三、茶与名人

中国是茶叶的故乡，茶文化源远流长。茶作为一种文化现象，与我国人民生活关系密切。从古至今，有许多名人与茶结缘，留下不少与茶事相关的趣事逸闻。

二维码 5-9
茶与名人

（一）"茶圣"陆羽

图 5-21　陆羽画像

陆羽（733—804），字鸿渐、季疵，一名疾，号竟陵子、桑苧翁、东冈子。唐复州竟陵（今湖北天门）人。陆羽精于茶道，因著世界第一部茶叶专著《茶经》而闻名于世，也因此被后人称为"茶圣"。陆羽原来是个被遗弃的孤儿，后来被竟陵龙盖寺住持智积禅师抱回寺中抚养成人。陆羽二十多岁时，出游到河南的义阳和巴山峡川，耳闻目睹了蜀地彭州、绵州、蜀州、邛州、雅州、泸州、汉州、眉州的茶叶生产情况，后来又转道宜昌，品尝了峡州茶和蛤蟆泉水。755 年夏天，陆羽回到竟陵，定居在东冈村。756 年，由于安史之乱，关中难民蜂拥南下，陆羽也随之过江。在此后的生活中，他采集了不少长江中下游和淮河流域各地的茶叶资料。760 年，陆羽来到浙江湖州与茶僧皎然同住在杼山妙喜寺，结成忘年之交。同时又结识了灵澈、李冶、孟郊、张志和、刘长卿等高僧名士。此间，他一面交游，一面著述，对以往收集到的茶叶历史和生产资料进行汇集和研究。765 年，陆羽终于写成了世界上第一部茶叶专著——《茶经》。

陆羽不仅在总结前人的经验上做出了巨大贡献，而且身体力行，善于发现好茶，善于精鉴水品。如浙江长兴顾渚紫笋茶，经陆羽品评为上品而成为贡茶，名重京华；又如宜兴的阳羡茶，他品饮后认为其芳香甘洌，冠于他境，并直接推荐为贡茶。陆羽又能辨水，同一江中之水，他能区分出不同水段的品质，还对所经之处的江河泉水排列高下，分为二十等，对后世影响也很大。

陆羽逝世后不久，他在茶业界的地位就渐渐突显起来。除了在生产、品鉴等方面，在茶叶贸易中，人们也把陆羽奉为神明。凡做茶叶生意的人，多用陶瓷做成陆羽像，供在家里，认为这有利于茶叶贸易。

陆羽开创的茶叶学术研究，历经千年，研究的门类更加齐全，研究的手段更加先进，研究的成果也更加丰盛。陆羽的贡献也日益被中国和世界认识。

（二）茶僧皎然

皎然（704—785），俗姓谢，字清昼，浙江湖州人。唐代著名诗僧，早年信仰佛教，天宝后期在杭州灵隐寺受戒出家，后来徙居湖州乌程杼山山麓妙喜寺，与武丘山元浩、会稽灵澈为道友。品茶是皎然生活中不可或缺的一种嗜好。《对陆迅饮天目山茶，因寄元居士晟》云："喜见幽人会，初开野客茶。日成东井叶，露采北山芽。文火香偏胜，寒泉味转嘉。投铛涌作沫，著碗聚生花。稍与禅经近，聊将睡网赊。知君在天目，此意日无涯。"友人元晟送来天目山茶，皎然高兴地赋诗致谢，叙述了他与陆迅等友人分享天目山茶的乐趣。

他所作的《顾渚行寄裴方舟》一诗中详细地记下了茶树生长的环境、采收季节和方法、茶叶品质与气候的关系等，是研究当时湖州茶事的史料。

皎然还有一首著名的茶诗——《饮茶歌诮崔石使君》，这首诗首次提到"茶道"二字。皎然与陆羽交往笃深，如果说陆羽发扬了茶文化，那么皎然则拓展了茶文化，于茶中领会禅意，喧嚣皆能归于平静。他们在湖州所倡导的崇尚节俭的品茗习俗对唐代后期茶文化的影响甚巨。

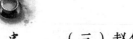

（三）赵佶与茶

赵佶，即宋徽宗，宋神宗赵顼的第十一子。赵佶在位期间，治国无方，朝廷一派腐朽黑暗。但他自己却通晓音律、善于书画，甚至对茶艺也颇为精通。他著《大观茶论》，原名《茶论》，又称《圣宋茶论》。在中国历史上以皇帝的身份撰写茶叶专著，他恐怕是空前绝后的。赵佶的《大观茶论》包括地产、天时、采择、蒸压、制造、鉴辨、白茶、罗碾、盏、筅、瓶、杓、水、点、味、香、色、藏焙、品名和外焙二十目，比较全面地论述了当时茶事的各个方面。从茶叶栽培、茶叶采制，到茶的烹试、鉴评都有记述，至今尚有借鉴和研究价值。赵佶在《大观茶论》中对当时的贡茶及由此引发的斗茶活动，以及斗茶用具、用茶要求，花了不少的笔墨。这反映了宋代皇室的一种时尚，同时也为历史保留了宋代茶文化的一个精彩片段。

《中国茶叶大辞典》对赵佶的介绍是："赵佶（1082—1135）……以皇帝之尊，于大观元年（1107）编著《茶论》（后《说郛》中收此书，称之为《大观茶论》）。共二十目，从茶叶栽培、茶叶采制，直到茶的烹试、鉴评都有记述，至今尚有借鉴和研究价值。赵佶自己嗜茶，还擅斗茶和分茶之道，提倡百姓普遍饮茶。宋代斗茶之风盛行，制茶之工益精，贡茶之品繁多，与赵佶的爱茶关系密切。"

（四）苏东坡与茶

苏东坡是宋代杰出的文学家、书法家，对品茶、烹茶、茶史等都有较深的研究，在他的诗文中，有许多脍炙人口的咏茶佳作流传下来。他创作的散文《叶嘉传》，以拟人的手法，形象地称颂了茶的历史、功效、品质和制作等各方面的特色。苏东坡一生，因任职或遭贬谪，到过许多地方，每到一处，凡有名茶佳泉，他都留下诗词。如元丰元年（1078），苏东坡任徐州太守时作有《浣溪沙》一词："酒困路长惟欲睡，日高人渴漫思茶，敲门试问野人家。"形象地再现了他思茶解渴的神情。"千金买断顾渚春，似与越人降日注"是称颂湖州的"顾渚紫笋"。

苏东坡烹茶有自己独特的方法，他认为好茶还须好水配。熙宁五年（1072），他在杭州任通判时，作《求焦千之惠山泉诗》，其中就有"精品厌凡泉，愿子致一斛"的佳句，记述了自己与当时的无锡知县焦千之索要惠山泉的事情。另一首《汲江煎茶》有"活水还须活火烹""自临钓石取深清"。苏轼烹茶的水，还是亲自在钓石边汲来的，并用活火煮沸。他还在《试院煎茶》诗中，对烹茶用水的温度做了形象的描述。他说"蟹眼已过鱼眼生，飕飕欲作松风鸣"，以沸水的气泡形态和声音来判断水的沸腾程度。苏东坡对烹茶用具也很讲究，他认为"铜腥铁涩不宜泉"，而最好用石器烧水。据说，苏轼在宜兴时，还亲自设计了一种提梁式紫砂壶。后人为了纪念他，把这种壶式命名为"东坡壶"。苏东坡对茶的功效也颇有研究。熙宁六年（1073）他在杭州任通判时，一天，因病告假，独游湖上净慈、南屏诸寺，晚上又到孤山拜惠勤禅师，一日之中，饮浓茶数碗，不觉病已痊愈，便在禅师粉壁上题了七绝一首："示病维摩元不病，在家灵运已忘家。何须魏帝一丸药，且尽卢仝七碗茶。"苏轼还在《仇池笔记》中介绍了一种以茶护齿的妙法："除烦去腻，不可缺茶，然暗中损人不少。吾有一法，每食已，以浓茶漱口，烦腻既出而脾胃不知。肉在齿间，消缩脱去，不烦挑刺，而齿性便若缘此坚密。率皆用中下茶，其上者亦不常有，数日一啜不为害也。此大有理。"苏轼在饮茶品茗之际，常把茶农之辛苦悬于心头，并直言"我愿天公怜赤子，莫生尤物为疮痏"，充分表现出他对茶农的同情。可见，苏东坡在中国茶文化发展史上的贡献是多方面的。

（五）朱元璋与茶

朱元璋（1328—1398），明代开国皇帝。本名重八，又名兴宗，字国瑞，濠州钟离（今安徽凤阳）人，平民出身。洪武三年（1370），三月初一，朱元璋第三次到灵山寺，和尚们拿出灵山一枪一旗的灵山茶，这茶是朱元璋未曾见过，更没喝过的。当汝宁府派来的巧厨师精心地用九龙潭中的泉水沏泡好灵山茶送到朱元璋面前时，朱元璋打开茶杯盖，一股沁人心脾的清香直扑口鼻，未曾入口，便产生了一种飘飘欲仙之感，一口茶进去，舌尖首先有一种浓郁的醇厚之味。一杯茶没喝完他便对随从说："这杯茶是哪位官员沏泡的，给他连升三级。"随从忙说："那是汝宁府派来的厨师沏泡的。"意思是他不是什么官员，无法升官。朱元璋也听出了随从的意思。但这杯清香甘甜的茶水使他兴奋得无法克制，再次传旨："他是厨师也要升三级官。"那位随从只好一边照办，一边嘟哝着发牢骚："十年寒窗苦，何如一盏茶。"朱元璋一听这位随从的嘟哝，知其因为没有给他这位有才者连升过三级官有意见，便对他说："你刚才像是吟诗，只吟了前半部分，我来给你续上后半部分：'他才不如你，你命不如他。'"就这样，那位厨师连升了三级官。朱元璋命州县在灵山一带大种茶叶，每年上贡必须是一枪一旗的灵山茶。从那以后，灵山周围大种其茶，当地不少山因种茶改为茶山（彭新）、茶沟（李家寨）、茶坡等。明代灵山茶在淮南独占鳌头，与朱元璋的提倡不无关系。

洪武二十四年（1391）九月，朱元璋有感于茶农的不堪重负和团饼贡茶制作、品饮的烦琐，因此下了一道诏书，诏曰："洪武二十四年九月，诏建宁岁贡上供茶，罢造龙团，听茶户惟采芽以进，有司勿与。天下茶额惟建宁为上，其品有四：探春、先春、次春、紫笋，置茶户五百，免其役。上闻有司遣人督迫纳贿，故有是命。"此后，明代贡茶正式革除团饼，采用散茶。

（六）乾隆皇帝与茶

乾隆是清代一位有作为的君主，他多次南巡，有四次到西湖茶区，并为龙井茶作了四首诗。乾隆十六年（1751）他第一次南巡到杭州，去天竺观看了茶叶的采制，作了《观采茶作歌》诗，诗中对炒茶的"火功"做了很详细的描述，其中"火前嫩，火后老，惟有骑火品最好""地炉文火续续添，干釜柔风旋旋炒，慢炒细焙有次第，辛苦工夫殊不少"几句，十分贴切准确。皇帝能够在观察中体知茶农的辛苦与制茶的不易，也算是难能可贵。到了乾隆二十二年（1757），乾隆第二次来到杭州，他到了云栖，又作《观采茶作歌》诗一首，对茶农的艰辛有较多的关注。诗中吟道："前日采茶我不喜，率缘供览官经理。今日采茶我爱观，吴民生计勤自然……雨前价贵雨后贱，民艰触目陈鸣镳。由来贵诚不贵伪，嗟哉老幼赴时意。敝衣粝食曾不敷，龙团凤饼真无味。"五年以后，即乾隆二十七年（1762），乾隆第三次南巡，这次来到了龙井，品尝了龙井泉水烹煎的龙井茶后，欣然成诗一首，名为《坐龙井上烹茶偶成》，诗曰："龙井新茶龙井泉，一家风味称烹煎。寸芽出自烂石上，时节焙成谷雨前。何必凤团夸御茗，聊因雀舌润心莲。呼之欲出辩才在，笑我依然文字禅。"品尝龙井茶之后，乾隆意犹未尽，时隔三年，即第四次南巡时，他又来到龙井，再次品饮香茗，也再次留下了诗作《再游龙井》。

乾隆皇帝决定让出皇位给十五子时（即后来的嘉庆皇帝），一位老臣不无惋惜地劝谏道："国不可一日无君啊！"一生好品茶的乾隆帝却端起御案上的一杯茶，说："君不可一日无茶。"足见其对茶的喜爱。他品尝洞庭湖中产的君山银针后赞誉不绝，令当地每年进贡十八斤。他还赐福建安溪茶名为"铁观音"，从此安溪茶声名大振，至今不衰。

乾隆皇帝还善于品水，他有一个特制的银斗，用以量取全国名泉的轻重，以此来评定优劣。乾隆年高退位后，对茶更是钟爱，他在北海镜清斋内专设"焙茶坞"，用以品鉴茶水。他饮茶养身，享年88岁，是历代帝王中的高寿者。

（七）毛主席与茶

毛主席生前也非常喜欢茶。他爱喝绿茶，尤喜龙井，且要浓、要热，身边工作人员每年都要代他向杭州订购西湖龙井茶叶，他每月喝掉三四斤茶叶是常事。毛主席是把茶作为"药"来看待的，他曾对他的保健医生徐涛这样说："我的生活里有四味药：吃饭、睡觉、喝茶、大小便。能睡、能吃、能喝、大小便顺利，比什么别的药都好。"他还引经据典："茶可以益思、明目、少卧、轻身，这些可是你们的药学祖师爷李时珍说的。"吃茶叶是毛主席的一个习惯，每天不论换几次茶叶，残茶必然吃掉，他认为茶叶像青菜一样有营养，全吃下去是理所当然的事。毛主席喝茶还有一个习惯，就是睡前喝的那杯茶不倒掉，起床后加点开水再喝。毛主席一生喜爱喝茶，也留下了很多值得令人品味的故事。

1926 年，毛泽东和柳亚子在广州会见后，共商革命大事。其间，他们也曾在粤海品茶，谈诗论道。后来，毛泽东于 1949 年 4 月 29 日写了以粤海品茶为开篇的旷代诗作《七律·和柳亚子先生》，为中华民族茶文化增添了绚丽的光彩。

毛主席曾先后到过杭州 40 余次。刘庄历史上曾盛产龙井茶叶，1963 年春，毛主席在刘庄起草《农村工作若干问题决定（草案）》，工作之余，他曾亲自在此采茶。在品尝亲手采摘下来的茶叶时，毛主席说："茶叶是个宝。龙井茶、虎跑水，天下一绝。"

（八）老舍与茶

老舍（1899—1966），北京人，原名舒庆春，字舍予，老舍是他最常用的笔名，另有絜青、鸿来、絜予、非我等笔名。著有《茶馆》。饮茶是老舍一生的嗜好，他认为"喝茶本身是一门艺术"。他在《多鼠斋杂谈》中写道："我是地道中国人，咖啡、可可、啤酒、皆非所喜，而独喜茶。""有一杯好茶，我便能万物静观皆自得。"

老舍生前有一个习惯，就是边饮茶边写作。无论是在重庆还是北京，他写作时饮茶的习惯一直没有改变过。创作与饮茶成为老舍密不可分的一种生活方式。茶与文人确有难解之缘，茶似乎又专为文人所生。茶助文人的诗兴笔思，有启迪文思的特殊功效。饮茶作为一门艺术、一种美，自古以来就为文人的创作提供了良好的环境条件。

茶在老舍的文学创作活动中起到了绝妙的作用。老舍先生出国或外出体验生活时，总是随身携带茶叶。一次他到莫斯科开会，苏联人知道老舍先生爱喝茶，便特意给他准备了一个热水瓶。可是老舍先生刚沏好一杯茶，还没喝几口，一转身服务员就给倒掉了，惹得老舍先生神情激愤地说："他不知道中国人喝茶是一天喝到晚的！"这也难怪，喝茶从早喝到晚，也许只有中国人才如此。西方人也爱喝茶，可他们是论"顿"的，有时间观念，如晨茶、上午茶、下午茶、晚茶。莫斯科宾馆里的服务员看到半杯剩茶放在那里，以为老舍先生喝剩不要了，就把它倒掉。这是个误会，是中西方茶文化的一次碰撞。北京人最喜欢喝的是花茶，他们认为只有花茶才算茶。老舍先生作为"老北京"自然也不例外，他酷爱花茶，自备有上品花茶。汪曾祺在他的散文《寻常茶话》里说："我不大喜欢花茶，但好的花茶例外，比如老舍先生家的花茶。"虽说老舍先生喜饮花茶，但不像"老北京"一味偏爱。他喜好茶中上品，无论绿茶、红茶或其他茶类都爱品尝，兼容并蓄。我国各地名茶，诸如"西湖龙井""黄山毛峰""祁门红茶""重庆砣茶"……老舍无不品尝。他茶瘾大，称得上茶中瘾君子，一日三换，早、中、晚各执一壶。他还有个习惯，爱喝浓茶。在他的自传体小说《正红旗下》写到他家里穷，在他"满月"那天，请不起满月酒，只好以"清茶"恭候宾客。"用小砂壶沏的茶叶末儿，老放在炉口旁边保暖，茶叶很浓，有时候也有点香味"，老舍先生后来喜饮浓茶，可能还有点家缘。当然，饮浓茶易于精神振奋，能激发创作灵感。

老舍好客、喜结交。他移居云南时，一次朋友来聚会，请客吃饭没钱，便烤几罐土茶，围着炭盆品茗叙旧，来个"寒夜客来茶当酒"，品茗清谈，属于真正的文人雅士风度。老舍与冰心友谊情深，老舍常登门拜访，每逢去冰心家做客，一进门便大声问："客人来了，茶泡好了没有？"冰心总是不负老舍茶兴，以她家乡福建盛产的茉莉香片款待老舍。浓浓的馥郁花香，老舍闻香品味，啧啧称好。他们茶情之深、茶谊之浓，老舍后来写过一首七律赠给冰心夫妇，开头首联是"中年喜到故人家，挥汗频频索好茶"，怀念他们抗战时在重庆艰苦岁月中结下的茶谊。回到北京后，老舍每次外出，见到喜爱的茶叶，总要捎上一些带回北京，分送给冰心和他的朋友们。

老舍创作《茶馆》有深厚的生活基础。他对北京茶馆有一种特殊的亲近感。有人问道为什么写《茶馆》，老舍回答道："茶馆是三教九流会面之处，可以容纳各色人物。一个大茶馆就是一个小社会。"这出戏虽只三幕，可是写了五十来年的变迁。剧本通过裕泰茶馆的盛衰，表现了自清末到民国近五十年间，中国社会的变革。"茶馆"是旧中国社会的一个缩影，同时也反映了旧北京茶馆的习俗，《茶馆》也展示了中国茶馆文化的一个侧面。

（九）"当代茶圣"吴觉农

吴觉农（1897—1989），浙江省上虞市人。著名农学家、茶叶家，爱国民主人士，中国农学会名誉会长、中国茶叶学会名誉理事长。1919年考取赴日官费留学生，在日本农林水产省茶叶试验场和精制工厂学习，收集了不少世界各国有关茶叶生产、制造和贸易方面的资料，提写了《中国茶叶改革方准》《茶叶

图5-22 吴觉农

原产地考》等。《茶叶原产地考》一文驳斥了茶树是公元517年才输入中国的谬论，证实了早在先秦时，中国已饮用茶，还中国是茶叶原产地的名誉。1922年回国后，吴觉农先去安徽芜湖省立第二农业学校任教，后到上海任中华农学会司库、总干事，主编《新农业季刊》；1940年秋，他促成复旦大学农学院茶叶系和茶叶专修科的建立，成为中国第一个高等院校茶叶专业系，1941年，他又在福建崇安设立我国第一个茶叶研究机构——中国茶叶研究所，任所长；抗日战争胜利后，他在1946年与友人共同创办了上海兴华制茶公司，任总经理；1947年又创办了之江机械制茶厂，任董事长；中华人民共和国成立后，吴觉农被任命为中央人民政府农业部副部长兼中国茶业公司总经理，

并先后担任中国农学会副理事长、名誉会长，中国茶叶学会副理事长、名誉理事长。他在经营中国茶叶公司期间，在全国建立了较完整的茶叶产销体系，积极开展对外贸易，在各主要产茶区建立了各种类型的机制茶厂，同时组织、建立和扩大茶叶教学、科研机构，以提高产制和运销技术，培养专业人才。他几十年如一日地从事茶叶史料的收集和研究，发表了大量精湛的茶叶论著。他在90岁高龄时还主编了最后一部著作《茶经述评》，他的著作丰富了祖国茶叶的历史文库。在70多年岁月里，他为振兴祖国茶叶事业做出了重要贡献，被誉为"当代茶圣"。吴觉农生前情系故土，十分关心绍兴人民的生活与茶业生产的发展，曾多次回乡视察，在上虞和嵊州创办茶场，引进良种，培养人才，极大地促进了绍兴茶业的发展。

1. 什么是茶道？茶道精神是什么？

2. 试述我国茶道的历史演变和分类。

3. 儒释道是如何与茶结缘的？

4. 茶与文学、艺术的表现形式有哪些？

5. 我国古代茶诗的作者主要有哪些？列举你熟悉的茶诗。

6. 古今有哪些代表性的茶事小说、散文、绘画和书法作品？

7. 列举你熟悉的茶对联、谚语。

8. 茶的传说、典故中如何体现百姓的智慧和对茶的情感？

9. 历代名人爱茶、崇茶的原因是什么？

第六章
茶的经济文化

第一节 茶的税制文化

　　唐朝是一个封建盛世，也是我国茶叶生产和发展的重要历史时期，茶的商品化在当时的农产品中表现得非常典型，茶税制度就是在这个时代开始形成的。茶税制度实际上是封建历代王朝，为加强对茶业的管理，增加财政收入，维护国家治安而颁布和制定的一系列规定、制度、法令和政策的总称，其中影响最为深远的主要有茶税、贡茶、榷茶、茶马互市等制度。

一、茶税

（一）唐代茶业

　　从唐高宗永徽元年（650）到唐玄宗天宝末年（755），历经高宗、武后、中宗、睿宗、玄宗的统治，是中国封建社会历史上的重大发展时期，农业、手工业、商业贸易有显著的进步，社会生产力有一定的提高。茶叶作为农业生产的一个重要组成部分，开始迅速发展。唐代是我国封建社会的鼎盛时期，对各种思想、各族文化采取了兼容并蓄的方针，儒、释、道都比较发达，一致赏识茶性高洁清雅，赞茶为"瑞草魁""琼蕊浆"，认为品茗有助于修身养性、陶冶情操、增添乐趣，甚至羽化成仙。唐代大兴宗教，广建寺院，僧侣深居山林，自然环境优越，广种茶树，出产名茶。除满足自身供佛、坐禅、赠施主、待香客外，还投入市场，为寺院积累资金，宗教人士为饮茶习俗的传播与普及起到了积极的作用。唐代宫廷倡导饮茶，王公朝士无不饮者，宫廷常设茶宴并以茶赐近臣，中央机关饮茶也很盛行，"御史台三院……兵察常主院中茶，茶必市蜀之佳者"。王建也有"天子下廉亲考试，官人手里过茶汤"的诗句。唐代地方官吏也教民种茶，据《新唐书·韦丹传》载，宪宗时韦丹任容州（今广西北流县）刺史，"教民耕织，止惰游，兴学校，屯田二十四所，教种茶麦，仁化大行"。政府从政策上鼓励种茶。唐中后期，由于安史之乱，人们背井离乡，田园荒芜，生产下降。唐肃宗乾元元年（758），因限制沽酒，对酒课以重税，一斗酒价约三百文，可买六斤茶，诗人杜甫有诗云："街头酒价常苦贵"，于是嗜酒者转向饮茶，文人墨客大兴以茶代酒之风，把初唐盛行的酒宴革新为俭朴典雅的茶宴、茶会，形成了一种新的社会风气，在各阶层中广为流传。茶的社会销量日益增大，刺激了生产的发展。安史之乱后，北方遭到严重破坏，全国经济重心南移，气候温和，雨量充沛，土壤肥沃的南方各地得到开发。在垦荒造田的同时，茶树种植面积逐步扩大，成为山区主要的经济作物。

茶叶生产的发展，对茶生产技术、经验的累积，促成了第一部茶叶专著——《茶经》的诞生。陆羽的《茶经》是对种茶、采茶、造茶、煮茶、饮茶、品茶、茶效、茶道精神的一次大总结，并提出了一整套科学理论和方法，奠定了我国茶学的基础，使"天下益知饮茶矣"，促进了茶知识的普及与推广。

（二）历代茶税制度

茶税，即以茶叶作为税收增课的对象。茶叶课税始于唐德宗李适时期。唐代中期以前，茶叶经营没有赋税，但是，随着茶叶产销规模的扩大，茶叶经营的利益开始凸显出来，封建统治阶层便开始插手茶叶的经营，制定税茶制度，此后茶叶税赋便成为历代朝廷财政收入的重要来源之一。

安史之乱以后，国库支绌，唐德宗建中三年（782），朝廷以筹措常平仓本钱为由，采纳户部侍郎赵赞的建议，诏征天下茶税，十取其一，此为茶税之始。兴元元年（784），唐德宗因朱泚之乱，诏罢商货税，停征茶税。德宗贞元九年（793），盐铁使张滂以水灾两岁不登为由，重新恢复征收茶税，每十税一，并自此把茶税作为一种定制，与盐、铁并列为主要税种之一，同时设立"盐茶道""盐铁使"等官职来管理茶税的收取工作。从张滂的奏折中可以看出，贞元九年朝廷决定征收茶税的起因是"去岁水灾"，倘后"赋税不办"，所以要征收茶税"以此代之"，目的在"供储"。税率定位较低，约征10%，但从此"税无虚税"，以法律的形式把茶税固定下来，成为封建国家的专利，我国茶税法规正式宣告成立。

唐宪宗元和十二年（817），"盐铁使程异奏，应诸州府先请置茶盐店收税……昨兵罢，自合便停"。宪宗时期，先后平定刘辟、李锜、吴元济等藩镇叛变，其他藩镇也表示归附，形式上获得了全国的统一，但未根除藩镇势力。又提倡屯田、营田，重视农业生产，对维持残破的北方生产局势有积极作用，使大唐帝国曾一度出现中兴时期。可能是由于时局的安定，财政情况好转，将原先"置茶盐店收税"的措施罢除，但不久又恢复。

晚唐是唐政权由衰落趋向瓦解的历史时期，宦官专权，藩镇割据，皇权低落，甚至皇帝的废立、生死亦为宦官所掌握。据《唐书·食货志》载："穆宗长庆元年（821）七月，成德、魏博两节度使又判乱反唐，穆宗发兵十五万讨伐，以致两镇用兵，帑藏空虚，禁中起百尺楼，费不可胜计，盐铁使王播图宠以自幸，乃增天下茶税率，百钱增五十……天下茶加斤至二十两，播又揍加取焉。"大幅度地提高了茶税。唐武宗会昌

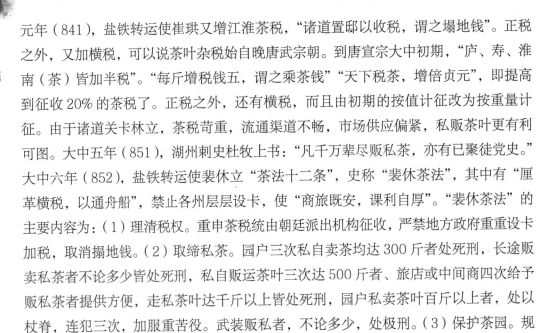

元年（841），盐铁转运使崔珙又增江淮茶税，"诸道置邸以收税，谓之塌地钱"。正税之外，又加横税，可以说茶叶杂税始自晚唐武宗朝。到唐宣宗大中初期，"庐、寿、淮南（茶）皆加半税"。"每斤增税钱五，谓之乘茶钱""天下税茶，增倍贞元"，即提高到征收20%的茶税了。正税之外，还有横税，而且由初期的按值计征改为按重量计征。由于诸道关卡林立，茶税苛重，流通渠道不畅，市场供应偏紧，私贩茶叶更有利可图。大中五年（851），湖州刺史杜牧上书："凡千万辈尽贩私茶，亦有已聚徒党史。"大中六年（852），盐铁转运使裴休立"茶法十二条"，史称"裴休茶法"，其中有"厘革横税，以通舟船"，禁止各州层层设卡，使"商旅既安，课利自厚"。"裴休茶法"的主要内容为：（1）理清税权。重申茶税统由朝廷派出机构征收，严禁地方政府重重设卡加税，取消塌地钱。（2）取缔私茶。园户三次私自卖茶均达300斤者处死刑，长途贩卖私茶者不论多少皆处死刑，私自贩运茶叶三次达500斤者、旅店或中间商四次给予贩私茶者提供方便，走私茶叶达千斤以上皆处死刑，园户私卖茶叶百斤以上者，处以杖脊，连犯三次，加服重苦役。武装贩私者，不论多少，处极刑。（3）保护茶园。规定茶农有私自毁茶者，当地县令刺史将以等同于纵容私盐罪承担连带责任。（4）减税。规定庐州、寿州、淮南一带的茶税减半征缴。"裴休茶法"得到了官、商、民三方面的支持，私茶大大减少，朝廷茶税大增，至此唐代茶叶的税法趋于稳定。

唐代实行茶税制的结果，极大地充实了国库。茶税的滚滚巨利，也使以后的历代统治者趋之若鹜，从而使茶税一直沿用不断。唐末五代时期，藩镇割据，茶法大乱，茶税既繁且重。如后唐明宗李亶时，省司及诸府皆置税茶场院，"自湖南至京，六七处纳税，以至商旅不通"。自北宋初年起，逐步推出了茶叶官营官卖的榷茶制度和边茶的茶马互市两项制度。实行榷茶以后，不再专设茶税。其间宋朝茶法有过多次变更，推行过所谓三税法、四税法、贴射法、见钱法等，但坚持国家专卖制度的本质未变。北宋崇宁以后，南宋、元、明、清各个时代，虽有过短期实行过税茶或其他榷制，但基本上都仿效和沿用了北宋榷茶制度，直至清代咸丰以后才予废止。

宋代主要实行榷茶制度以征税，采用的是茶引法，榷货务管理粮食、盐茶等贸易。茶引法是宋代茶叶专卖法的一种，一直沿用到清代。茶引法是茶商到官场买茶，缴纳引税后，发给茶叶引票，茶商凭引票贩运茶叶。宋乾德二年（964），官买制正式确立，"初令京师、建安、汉阳、蕲口置场榷茶"，设立管理机构，对江南所产的茶叶实行专买，收取税收。同年宋朝还制定贩卖私茶的惩罚令，据《续资治通鉴长编》卷五载："民敢藏匿不送官及私贩鬻者，没入之。计其值百钱以上者杖七十，八贯加役流。主吏以官茶贸易者，计其钱值五百钱，流二千里，一贯五百及持仗贩易私茶为官司擒捕者，皆死。"商人或官吏私藏私贩茶都将受到惩罚。太平兴国二年（977），岁课作税输租，余则官悉市之，其售于官者，皆先受钱而后入茶，谓之"本钱"，输税愿折茶者，谓之

"折税茶"，岁税 865 万余斤。先交税再贩茶。

景德三年（1006）三司使丁谓尝论"三说法"，就是商人到西北边防输送粮草或钱货，取得交引，持交引诸京师榷货务取得一定的报酬，这报酬谓之"三说法"，即根据入边粮草的价格，折而为三，"一分支现钱，一分折犀象、杂货，一分折茶"。这项茶法主要是"以十分茶价，四分给香药，三分犀象，三分茶引。景德六年，又改为六分香药、犀象，四分茶引"。天圣元年（1023）废除"三说法"改"贴射法"，罢官给本钱，使商人与园户自相交易，一切定为中估，而官收其息，官府一方面向园户征收实物，另一方面向茶商收息钱。嘉祐四年（1059），官茶所在陈积，县官获利无几，取消榷茶法，改行"通商法"，官府向园户收租钱，以 3 倍旧税为率。崇宁元年（1102）恢复贴射法。到徽宗政和二年（1112），权相蔡京对茶法进行改革，推行的是合同场法，采用的是引榷茶的方式，茶引分长、短两种，茶引的印造和发卖权州县不得参与，统一收归中央，据《宋会要辑稿》载："长、短引令大府寺以厚纸立式，印造书押，当职官置合同簿，注籍讫，每三百道并籍送都茶场务。"表明都茶场务是唯一的卖引机构，统一收税。

南宋时，东南茶法继承了政和合同场法模式，但茶引分长、短、小三种，方法有变，长引允许隔路通商，立限一年缴引，短引仅限本路州军流转，立限半年，表明南宋实行的茶税法是政府不直接参与买卖，而是通过卖引收取税收和对商人的严格控制达到茶叶专卖的目的。

元代因蒙古有足够战马，茶马互市中止，元潭州路总管张庭瑞于元世祖中统二年（1261）变更引法，废除了榷茶制，茶税统一改为引票制，每引纳 2 缗，茶叶自由买卖。至元十三年（1276）茶税以三分取一，以后茶税不断增加，至元二十一年（1284）正税每引增 1 两 5 钱，仁宗延祐五年（1318）每引增税为 12 两 5 钱。自至元十三年至皇庆二年，茶税增加了 240 倍，茶价不断提高，茶商、茶农损失惨重，饮用者无力购买，茶叶产销遭到极大的破坏。

明代茶政以榷茶易马为主，收税为辅，明初朱元璋在全国实行两种茶税制度，在四川、陕西实行官买官卖垄断制，茶农赋税交实物，余茶官买，茶叶全部控制在官府手里，以利于与西蕃进行茶马互市，控制蒙古。而江南地区实行商买商卖折征制，以增加国家财政收入，官吏对茶农需索苛刻，茶农苦不堪言，周工亮《闽小记》载："武夷产茶甚多，黄冠（农民衣服）既获茶利，遂遍种之，一时松栝樵苏都尽，后百年为茶所困，复尽刈之。""黄冠苦于追乎，尽斫所种武夷真茶。"据《明会典》载："凡引茶一道，纳铜钱一千文，照茶一百斤。茶由一道，纳铜钱六百文，照茶六十斤。"并定有严厉的惩罚措施。

清初榷茶引税并行，康熙七年（1668）裁撤茶马司御史，归甘肃巡抚兼理，《清会

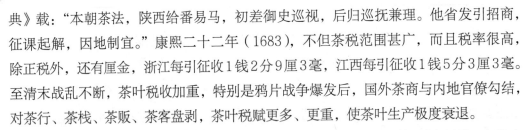

典》载："本朝茶法，陕西给番易马，初差御史巡视，后归巡抚兼理。他省发引招商，征课起解，因地制宜。"康熙二十二年（1683），不但茶税范围甚广，而且税率很高，除正税外，还有厘金，浙江每引征收1钱2分9厘3毫，江西每引征收1钱5分3厘3毫。至清末战乱不断，茶叶税收加重，特别是鸦片战争爆发后，国外茶商与内地官僚勾结，对茶行、茶栈、茶贩、茶客盘剥，茶叶税赋更多、更重，使茶叶生产极度衰退。

茶税是经济发展阶段的产物，历朝历代的茶税都是国库收入的重要来源。中华人民共和国成立后，茶叶划为二类物资，实行统购统销。1983年开始，为了平衡农村各种作物的税收负担，国家对茶叶等经济作物开征农林特产税，2000年下调了特产税税率，2004年7月停止征收特产税，2006年2月农林特产税被废止，从此，茶税成了历史的记忆。

二、贡茶

贡赋是中国古代社会重要的国家制度之一，"贡"，献也。古代常指把物品进献给国君或天子。《辞海》引《周礼·天官·太宰》："五曰赋贡。"陆德明释文："赋，上之所求于下；贡，下之所纳于上。"《尚书》孔颖达注："贡"最初是"从下献上之称"，与赋税有所区别，"赋"者"自上税下之名"。也就是说，赋税是国家有目的、有计划地向地方征收，是法定的任务，而这种"土贡"是地方向中央政权主动进献物品的活动，可以说贡赋无一定

二维码 6-1
微课：贡茶

数量、品种的规定。在中国古代，有"九贡"之制，九贡即"祀贡、嫔贡、器贡、币贡、材贡、货贡、服贡、游贡、物贡"。其中的"物贡"一类，专指地方向中央进献的土产实物。茶叶作为重要的地方特产，一直都是"物贡"中重要的一类。

（一）贡茶起源

我国古代贡茶有两种形式：一种是由地方官员自下而上选送，称为土贡；另一种是由朝廷指定生产茶叶的"贡焙"。关于贡茶的起源，现今见于确切文字记载的是晋代学者常璩的《华阳国志·巴志》，周武王灭商后，巴蜀部落"鱼铁盐铜，丹漆茶蜜……皆纳贡之……园有芳蒻香茗"。这里的"香茗"即茶叶，但这仅仅是贡茶的萌芽而已，既未形成制度，也未被历朝代沿袭。自西周而下的春秋战国，凡千百余年，至秦统一六国前，一直是战火纷飞，岁无宁日。《晋四王起事》载有有关贡茶的资料："惠帝蒙尘，还洛阳、黄门以瓦盂盛茶上至尊。"这是皇帝饮茶最早的文字直接记载，贡茶旧制仍在继续延续，茶叶贡品仍然是当时宫廷十分时尚的饮料和祭天拜祖弥足珍贵的"嘉

叶"。时到西汉，饮茶的事迹始逐步明朗化。如王褒《僮约》有"武阳买茶""烹茶尽具"之句，反映了上层社会的饮茶和茶叶商品化的情况。长沙马王堆西汉墓中出土的"槚笥"，反映了茶在贵族生活中的地位。到了南北朝，贡茶同御茶已作为王朝君臣普遍享用的饮料珍品，同时，也成为朝野内外祭祀鬼神的祭品。齐国永明十一年（493），世祖武帝肖赜，为了振兴国计民生，提倡"宜俭莫奢"的祭祀新风。曾号召天下臣民，自皇宫太庙乃至民间祠宇，凡一年四时祭祀，一律改用茶叶来取代"三牲福礼"的祭祀用品。三国时期，吴国皇帝孙皓，每为食宴"无不竟日，坐席无能否，率以七升为限，虽不悉入口，皆浇灌取尽。曜素饮酒不过二升，初见礼异时，常为裁减，或密赐茶荈以当酒"。《三国志·吴志》这些用茶无疑属于贡品。福建南安莲花山还有晋太元元年（376）摩崖的"莲花茶襟"，这片受保护的茶园，是福建最早的茶叶保护贡茶产地。由此反映出贡茶已经随着茶叶生产的发展，逐渐受到上层阶级的重视。晋代宫廷的饮茶还可从温峤上表贡茶的记录得以印证，"又晋温峤上表，贡茶千斤，茗三百斤"，数量相当庞大。吴国景帝永安年间，吴兴郡乌程县温山有御茶园，这是最早植茶的地方，出产御苑茶。于是，东吴的贡茶与御茶，比翼齐飞。而民间的茶园逐年扩大，产量品质也日益提高，茶叶就成为朝野臣民共同享用的饮品。

（二）历代贡茶

中唐以后，茶作为一种税制和宫中固定的特需物资，供奉日趋浩繁，贡茶实际上成为一种定额实物税。据《新唐书》记载，唐代后期贡茶的地区有五道十七郡之多，几乎当时有名的产茶区均以茶进贡，且数量巨大。除此之外，唐代贡茶，以早为贵。唐贞元五年（789），朝廷限令贡茶必须清明前到京，顾渚贡茶也因此被称为"急程茶"。唐代诗人李郢在其《茶山贡焙歌》中写道："凌烟触露不停采，官家赤印连贴催。十日王程路四千，到时须及清明宴。"可见当时百姓生产贡茶之苦。建中二年（781），唐代大臣袁高被贬为湖州刺史，并亲自督造贡茶。袁高目睹茶农为赶制"急程茶"的艰辛和疾苦，愤而写下《茶山诗》，随贡茶一起呈现给当时的统治者唐德宗。在诗中，袁高备述茶农制造贡焙的艰辛和疾苦，并痛斥奸佞之人为求个人升官发财而残酷压迫百姓的事实。《茶山诗》引起了唐德宗的重视，贡茶限制遂有所减缓，但贡茶定制，贡额大小实际上并未因此而有所改变。贡茶由民间进入上层社会后，形成了统治政权干预茶业的重要契机，特别是自唐代开始设立官焙后，贡茶对中国茶叶生产和文化的影响与日俱增。

宋代贡茶，比唐尤甚。不但求早求量，而且更重品质，且花样翻新，名目繁多。据《元丰九域志》记载，宋神宗时，贡茶来源已遍布全国各地产茶区，宋代帝王嗜茶，也堪称历代帝王之首，宋徽宗赵佶便是其中最为出名的一个。宋代贡焙，除保留唐代的顾渚贡茶外，在当今福建省的建瓯市设立了北苑御焙，其规模之大，动用劳工之浩，远非顾渚贡茶能比。北苑贡茶因其名目繁多，且多有雅致祥和之意，深得皇帝欢心。太平兴国初年，北苑贡茶的贡额为五十斤。至哲宗元符年间，贡额达到一万八千斤，而到了宋徽宗宣和年间，贡茶的税额则达到了四万七千余斤，老百姓负担沉重。

元代贡茶，基本沿袭旧制。除了重新恢复湖州、常州等地的贡茶园之外，一度非常重视武夷贡茶。元大德三年（1299），元代统治者在武夷山设立御茶园，焙工数以千计，老百姓的压力并未因改朝换代而有所改变。

至明代时，明太祖朱元璋于洪武二十四年（1391）下诏，废除官焙和龙团凤饼，改贡芽茶，并且贡茶数量有所减少，曾一度减轻了劳动人民的负担，但是此后的明代统治者又开始逐渐增加贡茶的数量。《明史·食货志》中有记载道，明太祖时，建宁贡茶一千六百余斤，到隆庆初年，已增至二千三百余斤，其他地方的贡茶甚至比宋代还多，如江苏宜兴地区，最早贡茶数额为一百斤，至明宣德年间增至二十九万斤。明代贡茶增加之多、增加之快，有相当一部分是督造官吏层层加码造成的，茶农苦不堪言。甚至有诗写道"鱼肥卖我子，茶香破我家"，对统治者的暴行进行了深刻的揭露。

至清代时，贡茶产地进一步扩大，有些贡茶的茶名甚至由皇帝钦定。如康熙皇帝赐名的碧螺春茶，岁必采办进贡。乾隆皇帝游江南时，在杭州西湖龙井村指定了十八棵御茶树，西湖龙井茶因此而名声大噪，岁贡更多，加重了劳动人民的生活负担。清代诗人陈章在其《采茶歌》歌中写道："焙成粒粒比莲心，谁知侬比莲心苦。"对茶农采制龙井茶的艰辛给予了深切的同情。

历代贡茶制度，给劳动人民造成了沉重的生活负担，但另一方面，为了制造出品质优良的贡茶，各地在制茶过程中极尽精工巧制之能事，客观上又促进了我国古代茶叶加工技术的发展。

三、榷茶

（一）榷茶起源

"榷"的本意是渡水的横木，即独木桥，引申为专利、专卖的意思。汉代以前把垄断经济的行为称为"榷"，唐代以后把专卖的行为称为"榷"。《辞源》中对榷茶的解释是："专卖茶叶，也泛指征茶税或管制茶叶取得的措施。"榷茶实际上就是一种茶叶税制。

二维码 6-2
微课：榷茶

二维码 6-2
微课：榷茶

唐代时就已经提出榷茶和茶马互市，但未能有效施行，榷茶形成定制是在宋代，此后便成为历代朝廷控制茶叶生产和从中获利的基本制度。唐德宗建中三年（782），初形茶税，嗣后唐节度使郑注首倡榷茶，令"江湖百姓茶园，官自造作"。但当时的朝廷并没有采纳他的建议。唐文宗大和九年（835）九月，宰相王涯向唐文宗提出茶叶官营官卖的榷茶制度，建议"徙民茶树于官场，悔其旧积"，由朝廷来垄断茶叶生产和经营，并提高茶税。唐文宗采纳了王涯的建议，并令王涯兼任榷茶使，在全国执行榷茶制。因榷茶制度不允许百姓自己种茶和卖茶且高额征税，有悖民意，一时间怨声四起。唐文宗大和九年（835）十一月，"甘露之变"发生，宰相王涯受到株连，为宦官仇士良所杀。王涯被杀之后榷茶也就不了了之，榷茶制度实行了不到两个月就宣告破产，后来唐代翰林学士令狐楚继任榷茶使，鉴于宰相王涯的下场，便不再推行榷茶，而是恢复了税茶的旧法。

（二）历代榷茶

宋代榷茶，始于宋太祖乾德二年（964）。据宋代科学家沈括在《梦溪笔谈》中记载道，"乾德二年，始诏在京、建州、蕲各置榷货务，五年，始禁私卖茶"。按照榷茶制的规定，朝廷在各主要茶叶集散地设立管理机构，称为"榷货务"，主管茶叶生产、收购和茶税征收。宋代以前，榷货务和山场不断变更，至宋太宗太平兴国年间相对稳定为六务十三场。6个榷货务，即江陵府（今湖北江陵县一带）、真州（今江苏仪征县一带）、海州（今江苏连云港市一带）、汉阳郡（今湖北武汉一带）、无为郡（今安徽无为县一带）、蕲州（今湖北蕲春县一带）的蕲口。13个山场，即蕲州的洗马场、王祺场、石桥场，黄州（今湖北黄冈一带）的麻城场，庐州（今安徽合肥一带）的王同场，舒州（今安徽舒城县一带）的太湖场、罗源场，寿州（安徽寿县一带）的霍山场、麻步场、开顺场，光州（今河南潢川一带）的光山场、商城场、子安场。除了以上6个榷货务之外，在京城里也设有一个榷货务——京师榷货务，是全国茶盐贸易的总管理机构。大批发商按官定的茶叶价格向京师榷货务付款，领取茶引或茶券，然后大批发商凭引或券向指定的榷货务提取茶叶，再转卖给小批发商，小批发商卖给零售商，零售商卖给消费者。山场向园户买茶，买茶前山场先按茶叶的官价预付茶款给园户，买茶时收回，然后将买进的茶叶运到指定的榷货务交货，榷货务按规定价格付给山场茶款。园户即茶农，他们在生产前先收取山场的预付茶款，交茶时，预付茶款要加息20%归还（在交茶中扣除），园户还得交土地税，这种税可以折成茶叶上交，故称"折税茶"。此外，每卖100斤茶，尚须另交损耗茶20～35斤。又规定园户不能私售茶叶。这时，除四川、陕西、广东等地外，其他广大茶区都实行政府专卖的榷茶制。

宋代茶法历经多次反复变化，项目繁杂混乱，其中实行过所谓的三税法、四税法、贴射法、见钱法等多种改革。这几种茶法在太宗雍熙年间先后开始实行，到仁宗至景祐二年（1035）才停止。三税法：对于运粮草到边疆的商人和士人给予十分优厚的报酬，这种报酬写在文券上，但是商人和士人最后拿到的是三部分，一部分给现钱，一部分给香药、犀象（犀牛角和象牙），一部分给茶叶，这就是三税法。贴射法：商人欲购十三场茶叶的，可在京师榷货务付钱领取茶券，商人持券到指定的山场向园户直接提取茶叶，园户原向山场领取茶叶预付款（本钱）亦转由商人给付。

　　榷茶法实行了80多年，于仁宗嘉祐四年（1059）下诏废止，改行通商法。宋仁宗嘉祐四年（1059）至宋徽宗靖国元年（1101），施行过一段时间的通商法。通商法规定，园户和茶商可以自由买卖茶叶，但政府不再预付本钱，不再经办收购，园户生产的茶叶，须先向政府缴纳租金后才准出售，茶农被剥削的程度丝毫不亚于榷茶制度，通商法因存在诸多弊端，宋徽宗崇宁元年（1102），统治者予以废止，又重新恢复了榷茶制度。宋徽宗崇宁元年（1102），宰相蔡京上奏推行茶引法。崇宁四年（1105），蔡京进一步改革茶法，完善了茶引法，茶引制度基本形成，至此，宋代榷茶制度也就基本稳定下来。茶引制实际上是榷茶制的发展和深化，茶引制规定，经营茶叶贩运的茶商要先到榷货务交纳茶引税，购买茶引后凭所购买的茶引到园户处购买定量茶叶，再送到当地官办山场查验，山场加盖封印后，茶商才能按规定的数量、时间和地点出售茶叶。宋政和二年（1112），蔡京再次推出新茶法，史称"政和新法"。"政和新法"的使用使得茶引制更加严密和完备，把茶叶的产销完全纳入榷茶制的轨道，同时也给予园户和商人一定的生产经营自主权，调动了他们的积极性，一定程度上促进了当时的茶叶生产和茶叶流通。

　　宋代的榷茶制度，一直为元、明、清各朝所沿袭，元世祖至元十三年（1276），再行引茶之法，规定一长引可收茶一百二十斤，收税五钱四分二厘八毫，每一短引可收茶九十斤，收税四钱二分八毫。元代的这种茶税制度一直持续到公元1280年，封建统治者又废除了长引收税，专门使用短引收税，但是却将一短引的税额提高到了二两四钱五分，百姓茶税沉重。明清时期朝廷已经准许湖南安化黑茶进入西北茶马市场，茶商依例先向政府纳税。领取引票后，持引来湘采购黑茶，凭引采购的黑茶称为"引茶"，又称"官茶"。明代规定每引可采购"正茶"一百斤，捎带"附茶"十斤，共计一百一十斤。清康熙四十四年（1705），因国家已无战事，西北以茶易马停止，"因马例停，需茶无多，议将应交官茶，改收折价"，茶叶仍由官府专卖。清乾隆年间，乾隆皇帝在黑茶主产区——四川推行"引岸制"。即政府发给引票，引票即为当时的纳税凭证，引票上有茶叶的数量、纳税金额、采购和运销地点等内容，商人纳税后持引票到指定地点采购，运至指定地点销售，不得转运其他地方。清咸丰皇帝以后，清朝被迫允许外商在我国腹地开厂设栈，茶引法逐渐被废除，榷茶制也被厘金和其他捐税所替代，至此，这个在中国古代影响了1000多年的茶税制度便彻底消失了。

四、茶马互市

古代丝绸之路是中原王朝与西北各少数民族间政治、文化、经济交流的重要通道，自古西域各民族与中原民族之间交流频繁。茶是江南名产，边疆各民族最初是通过朝廷赏赐、民间贸易甚至走私等途径获得茶叶，后来则主要通过历代朝廷的"互市"获得，这就是茶马互市制度。茶马互市主要是指我国北部与西部从事畜牧业的少数民族，用马匹等牲畜与内地交换茶叶、布帛、铁器等生产、生活必需品的大规模集市性贸易活动。

二维码 6-3

微课：茶马互市

（一）茶马互市的起源

关于茶马互市的起源，学界有"唐代起源说""宋初起源说""五代起源说""南北朝起源说"几种观点，但始于唐代的观点在学界较为普遍。其中唐代起源说中又分为"唐与回纥始"与"唐与吐蕃始"两种观点。

关于"唐与回纥始"，此种说法的主要依据有二：一是依据唐代封演所著的小说《封氏闻见记》的记载："按此古人亦饮茶耳，但不如今人溺之甚。穷日尽夜，殆成风俗。始自中地，流于塞外。往年回鹘入朝，大驱名马，市茶而归，亦足怪焉。"这是史籍中最早关于以茶市马的确切记载。二是宋人所撰《新唐书》的记载："其后尚茶成风，时回纥入朝，始驱马市茶。"具体时间范围是唐德宗贞元年间。《新唐书》的记载有可能是沿袭了封氏之说，但也可佐证《封氏闻见记》的记载。后《玉海》和《文献通考》沿袭了正史《新唐书》的记载。茶马互市起源于此的说法也是由来已久，后人大多沿袭此说。

关于"唐与吐蕃始"，历史上的茶马互市以汉藏民族间的贸易时间最长、规模最大、最具特色，因而有部分学者将茶马互市的起源聚焦于最早唐蕃间的互市，认为开元十九年（731），唐与吐蕃互市于赤岭，茶马互市由此开始，此说也产生了较大影响，《中国大百科全书》就采用了此种说法。茶马互市始于唐开元十九年（731）之说的主要依据是《新唐书》和《资治通鉴》的记载，据《新唐书·吐蕃传》记载：开元十九年"吐蕃又请交马于赤岭，互市于甘松岭。宰相裴光庭曰：'甘松中国阻，不如许赤岭。'乃听以赤岭为界，表以大碑，刻约其上。"《资治通鉴》的记载是："辛未，吐蕃遣其相论尚它碑入见，请于赤岭为互市，许之。"依据史料记载可以得出，开元十九年，唐蕃间就已在赤岭地区互市，双方互市的具体物品并不清楚，所以，茶马互市始于开元十九年唐蕃间的互市之说，其推测的成分更大，因为未见用茶作为支付市马的确切记载。

史料记载，早在贞观十五年（641），唐太宗即命使者到西域各国买马，这是唐代用金帛市马的最早记载。唐初虽引进过不同品种的种马，但市马量并不大，只是零星、偶然为之的市马行为，还未定点、定时、大量市买周边少数民族的战马。所以，贞观十五年并不是大规模市买少数民族战马的起始时间。唐代大规模市买少数民族马匹最早始于开元十五年（727）。《旧唐书》载："（开元）十五年……仍许于朔方军西受降城为互市之所，每年赍缣帛数十万匹就边以遗之。"对此《新唐书》的记载是："……其后突厥款塞，玄宗厚抚之，岁许朔方军西受降城为互市，以金帛市马，于河东、朔方、陇右牧之，既杂胡种，马乃益壮。"从以上史书的记载可知：自开元十五年（727）始，唐王朝定点、定时、大规模从突厥处市买战马，市买战马一方面"以助军旅"，另一方面官牧孳息，这开启了中原汉王朝从周边少数民族地区大规模市买战马的先河，是中原汉王朝进行大规模马匹边市的开端，也就是茶马互市真正的起源。

（二）历代茶马互市

唐代初期的茶马交易还是作为对少数民族进贡的一种回赠，至唐德宗建中元年（780），正式开始了商业性的茶马贸易。大唐用茶叶交换塞外突厥、回鹘、吐蕃等民族的良马，每年约3万匹。

宋朝是一个长期在辽、金、西夏侵扰威胁下的朝代，战事频起，马匹紧缺。宋神宗熙宁七年（1074），宋代文学家王韶奏称："西人颇以善马至边，其所嗜惟茶，乞茶为市。"此后，朝廷开始禁用铜钱买马，改为以茶来换马，既能繁荣边贸、广开财源，又可达到削藩固边的目的。然后，朝廷遣派官员李杞去四川筹措茶叶，对成都府路、利川路的茶叶实行官榷，设茶马司专掌以茶易马，至此，茶马交易成为定制，且制定了相应的"茶马法"。北宋开展茶马交易的边市有今晋、陕、甘、川等地，换取吐蕃、回纥、党项、藏族等的马匹。到南宋时，只剩川、甘两地。从西北换得的马，马壮价低，主要用作战马，换一匹大马约需名山茶120斤。从西南换得的马，又称羁縻马，马劣价高，一般作役用，一匹大马需换名山茶350斤。宋朝廷为了西南边境的安宁，不得不通过茶马交易，在经济上笼络和安抚西南少数民族。宋代茶马交易一方面保证了防务军需，另一方面维持了西南、西北部分地区的安宁。如通过在黎州等地的茶马贸易，使该地区"边民不识兵革，垂二百年"。在熙河地区以茶易马贸易，得到了吐蕃部族的拥护，使之与宋共同抵制西夏的进攻。此外，茶马交易还增加了内地与少数民族地区的经济交流。

元代，因统治者为蒙古族人，马源充足，无须易马，茶马交易遂被废止。

明代，朝廷基本处于战争之中，军马尤为重要，明太祖朱元璋对茶马互市贸易极为重视。明洪武初年即恢复了茶马交易，并在西安、临潭、临夏三地设茶马司，专门管理与西北少数民族的茶马交易。明洪武二十六年（1393），明太祖开始推行"金牌信符制度"，强行垄断茶马交易，不许商人介入，官茶实行榷禁，严防走私。驸马欧阳伦也携私茶处境，被赐自尽。这种严格的管控政策，在明代后期有所放宽，允许部分官茶商运，商茶商运。明代的茶马互市场，其目的还是控制少数民族，使其年年买茶、岁岁进贡，达到"以茶治边"的目的。

清朝把茶马互市视作"实我秦陇三边之长计"，继续推行茶马交易。顺治二年（1645），在陕西设立五个茶马司，沿袭明制，设巡视茶马驿使等职。顺治四年（1647），准直隶和宝营与鄂尔多斯部族易马。顺治十八年（1661），应达赖喇嘛之请，于云南胜州开设茶马互市。清代茶马交易主要以笼络边民为主，管理上不及明代严格，部分配额任由商人倒卖，所得马匹数也不及明朝。康熙以后，疆域扩大、政局稳定，茶马交易的政治作用和实际需要日趋下降，导致无马可易，甚至出现了积茶沤烂的情况。康熙四十四年（1705），西宁等地茶马交易停止。雍正十三年（1735），甘肃茶马交易停止，有着千年历史的茶马交易在中国历史上画上了句号。

以茶易马是我国古代长期推行的一种茶马制度，统治阶级在制定和贯彻这种制度的过程中，其主观动机是企图通过内地的茶叶来控制边疆地区，利用肥壮的边马来强化对内地的统治，但是在客观上，茶马互市对于促进我国兄弟民族之间的交流和经济发展起到了一定的积极作用。

第二节　茶的博览文化

茶在被人们利用的过程中，已与政治、经济、文化生活建立了千丝万缕的联系。随着社会时代的变更、茶业经济与文化的进一步发展，形成了各具特色、异彩纷呈的茶的博览文化。茶的博览文化是茶的经济文化的一种展现，发展到今天，主要有茶马古道、茶博物馆、茶博览会及茶奥运会等表现形态。

一、茶马古道

茶马古道指连接云南、四川等传统茶叶产区，以马帮等载体运输茶叶等物品到藏区和其他传统茶叶市场，换取皮毛、酥油、马匹等产品的交通运输网络。广义上它以云南、四川、西藏为中

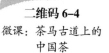

二维码 6-4
微课：茶马古道上的
中国茶

心，覆盖了周边的湖南、贵州、广西、甘肃、陕西、宁夏等省区，还进一步向外延伸到了缅甸、印度、老挝、泰国等东南亚、南亚国家和地区。

（一）概念起源

"茶马古道"一词，最早是由木霁弘等学者提出，主要指以滇、川、藏三角地带为核心，从事以茶叶为主的商品交换的交通和商贸古道网络。该概念自 20 世纪 80 年代末提出。"茶马古道"最初是在文史学者范围内使用和流传的小众术语，随后地理学、民族学、人类学、文化遗产学等学科又跟进研究。在经济发展、社会需求和文化复兴的带动下，"茶马古道"从学术界迅速"出圈"，受到经济、旅游、音乐、影视等领域的热捧，在世纪之交已经成为我国西南地区文化的符号性资源。

1987 年木霁弘、王可等学者了解到云南存在从丽江、德钦沿澜沧江贩运茶叶进藏区的古道，于是将其命名为"茶马之道"。1988 年底，木霁弘、王可在为中甸县志办辑校《中甸汉文历史资料汇编》的"序言"中，首次使用了"茶马之道"的称谓。1990年，木霁弘、李旭等六人通过徒步考察和文化旅游的方式，历时 100 天走访了马帮的相关路线，次年，六人以笔名发表《超越——茶马古道考察记》一文，并首次使用"茶马古道"一词。1992 年，六人又结合自己的行程和思考，写成《滇藏川"大三角"文化探秘》一文，并绘制了滇藏、川藏两条茶马古道的路线图及其自身的行进图，将茶马古道视为滇、藏、川"大三角"的文化纽带。不仅如此，该书还对茶马古道的概念做了初步定义："茶马古道在唐代就已经形成，它以滇、川、藏三角地带为核心，西出印度、尼泊尔，东抵四川盆地西缘，东南至桂林。"

茶马古道提法出现的最初十年，没有得到普遍认同，学界关注度很少，甚至在此期间公开出版的论著对茶马古道未置一词。十年之后，这一情形有所改观，主要是云南省希望将马帮文化打造成一种旅游景观，将其作为历史文化资源，不遗余力地推动和宣传。在学术和经济两股力量的推动之下，加上影视传媒等力量的介入，茶马古道在 2000 年以后变得炙手可热。值得一提的是，茶马古道所交易的产品，并不仅仅指茶叶贸易，还可以是丝、棉等纺织品，盐、铜、锡等矿产品，药材、皮革和日常生活用品等。因此对茶马古道的研究可以拓展到商品的生产、流通和消费，商品的数量、结构和货值，商品贸易的路线、基础设施，以及商品的交易、保险等贸易制度。

（二）主要线路

目前，公认的茶马古道的线路主要有三条。

第一条是陕甘茶马古道，是中国内地茶叶西行并换回马匹的主道，是古丝绸之路的主要线路之一，被部分学者认为是最早成形的茶马贸易古道。

明洪武五年（1372）起，明朝政府先后在青藏高原入口处的秦州、河州、洮州等地设立茶马司。茶马司设立后，朝廷先是在陕西紫阳茶区收购了13万斤茶叶，又在四川保宁收购了100万斤茶叶，加在一起去西南地区换取战马。到了清朝，在这条茶马古道上，为了换取战马，清朝政府将茶叶数量增加到了1500吨，以至于在《甘肃通志·茶马》中有这样的记载："中茶易马，惟保宁、汉中。"陕甘茶马古道是从陕西紫阳始发，到达汉中后，经"批验所"检验又分两路向青藏。一路称为"汉洮道"，另一路称"汉秦道"。"汉秦道"在到达天水后又会分成两条，一条去往甘肃兰州，另一条去往西藏草原。可以看出，陕甘茶马古道覆盖的面积很大，在当时是连结东西的主要贸易商道。

第二条是陕康藏茶马古道，也称蹚古道。陕康藏茶马古道从西安出发，分成六路，最终都汇集到汉中，又从汉中出发到达康定，再从康定进藏。由于明清时政府对贩茶实行政府管制，贩茶分区域，其中最繁华的茶马交易市场在康定，因此陕康藏茶马古道是当时可以在国内跨区贩茶的茶马古道。

川藏茶马古道是陕康藏茶马古道的一部分，东起雅州边茶产地雅安，经打箭炉（今康定），西至西藏拉萨，最后通到不丹、尼泊尔和印度，全长4000余千米，已有1300多年历史，具有深厚的历史积淀和文化底蕴，是古代西藏和内地联系必不可少的桥梁和纽带。

第三条是滇藏茶马古道，大约形成于公元6世纪后期。

滇藏茶马古道的主要路线分为两条，分别为上行和下行。上行是从普洱茶的原产地西双版纳、思茅等地出发，向西北方向前进，经景谷、下关、丽江、中甸、德钦，直到西藏。在进入西藏后，有一部分茶叶会从西藏出口到印度、尼泊尔等国；而另一部分会最终运送到拉萨。下行则是从普洱出发，一路向南，经勐先、黎明、江城，最终到达越南莱州、海防等地。滇藏茶马古道是古代中国与南亚地区一条重要的贸易通道。

二、茶博物馆

博物馆教育是一个永恒的主题。茶博物馆作为宣传中国茶叶文化的一个主要窗口，同时也是目前我国对外宣传茶文化的主要媒介之一。从宏观层面来看，博物馆的三大主要功能是收藏、研究和教育，其中教育是重中之重。博物馆是社会教育机构，参观茶博物馆，人们可以学习到很多茶知识与茶文化。

二维码 6-5

微课：茶博物馆

第六章 茶的经济文化

目前全国的茶博物馆有公办和社会力量办两类，比较有特点的茶博物馆主要有以下几个。

1. 中国茶叶博物馆

中国茶叶博物馆位于杭州，是我国唯一以茶与茶文化为主题的国家级专题博物馆。目前，中国茶叶博物馆分为两个馆区，双峰馆区位于龙井路88号，占地4.7公顷，1991年4月对外开放；龙井馆区位于翁家山268号，占地7.7公顷，2015年5月对外开放。双峰馆区以茶文化为主线，讲述了茶从莽苍丛林走入市井百姓的故事。展厅主要有茶史厅、茶萃厅、茶事厅、茶具厅、茶俗厅、紫砂厅。龙井馆区依山而建，江南风格的民居建筑散落其间，山顶的茶坛可以眺望茶山与西湖景致，是最具山地园林景观特色的博物馆。展厅主要有世界茶展厅、中国茶业品牌馆、西湖龙井茶专题展。两馆建筑面积共约1.3万平方米，集文化展示、科普宣传、科学研究、学术交流、茶艺培训、互动体验及品茗、餐饮、会务、休闲等服务功能于一体，是中国与世界茶文化的展示交流中心，也是茶文化主题旅游综合体。近年来，中国茶叶博物馆面向年轻人推出了许多丰富多彩的体验活动和文创产品，提高了知名度，已经成为杭州的网红打卡地。

2. 湖北茶博馆

湖北茶博馆是湖北第一家以茶与茶文化为主题的专题博物馆，由湖北省农业厅主办、湖北采花茶业集团承建。该馆位于湖北五峰县渔洋关镇三房坪村采花茶业科技园内。占地2000平方米，设有"两厅四馆一堂"，即主展厅、三君子厅、茶源馆、茶道馆、品茗馆、展售馆、采花堂，由茶源、茶系、茶具、茶诗、茶艺、茶道等十几个展区组成，全方位、多层次、立体地展示茶文化的无穷魅力。游客来到这里可以了解到湖北省的十大名茶、宝顺合茶庄、土家族饮茶风俗等具有当地特色的茶文化逸事，品味地道采花毛尖茶。

3. 中国（贵州）茶工业博物馆

茶工业博物馆位于贵州产茶大县——湄潭。20世纪30年代末40年代初，中央实验茶场和国立浙江大学先后落户和西迁至湄潭，使这座宁静小城一度成为战时中国的科教重镇和茶叶研究推广中心，这是中国茶叶科研及中国现代茶叶加工工业里程碑式的起点。中央实验茶场的旧址，包括管理用房的办公场所和实验茶场加工厂，中央实验茶场加工厂于1949年改造为湄潭茶厂，中国茶工业博物馆就是在湄潭茶厂原址兴建的。自2013年初建，经以后陆续建设，现已建成综合陈列室、红茶精制、绿茶初制、绿茶精制、机修、茶工业机具馆等9个展厅和1个子馆。馆区总占地面积约25300平方米，展厅面积4000多平方米。游客来到这里，可以看到保存完好的木制制茶工具，仿佛回到了战火纷飞的年代中那个紧张繁忙的制茶车间之中，切身感受到我国近代茶产业转型的历史瞬间。

4. 青岛万里江茶博物馆

该博物馆由青岛万里江茶业有限公司投资兴建，2014年6月落成于有"海上名山第一"之称的崂山脚下，整个园区占地90000多平方米，其中博物馆展出面积约1500平方米。作为展示茶文化主题的专业博物馆，青岛万里江茶博物馆将茶文化与博大精深的齐鲁文化、南茶北引工程紧密联系在一起。在资料挖掘、整理方面做了许多开拓性的工作，充分利用馆园结合，全方位提升博物馆的服务功能。游客来到这里，除了可以了解中国几千年的茶文化历史，还可以深入了解崂山茶特殊的栽培方式与品质特点。

5. 谢裕大茶叶博物馆

谢裕大茶叶博物馆位于安徽黄山市徽州区，该博物馆收藏了徽州各种民间传统制茶工具、毛峰茶文化历史书籍等，展现了中国徽文化和徽州茶文化悠久的历史，2008年4月建成对外开放。谢裕大茶叶博物馆是安徽省首家茶文化博物馆，总面积3500平方米，按徽派风格建造，是集黄山毛峰创始人谢正安及黄山毛峰茶的发展史、谢裕大产品的制作工艺展示、茶道表演、品茗为一体，以宣传徽州文化和徽州茶文化为主题的博物馆，是谢裕大茶业股份有限公司的对外品牌形象，更是黄山毛峰和中国茶文化传播的重要载体。

谢裕大茶叶博物馆依托徽商历史，挖掘徽商商业文化精神，从中国茶文化发展史的角度，展示了黄山毛峰茶的起源、发展、演变，以及谢正安历经艰辛、数年耕耘试验后，终成"正果"，创制出具有独特样式与品质的闻名天下的经典毛峰茶，被后人誉为"黄山毛峰第一家"的历程。

6. 天福茶博物院

天福茶博物院位于中国福建省漳州市漳浦324国道旁，占地80亩，始建于2000年初，2002年1月建成开院，荣获国家AAAA级旅游景区，首批全国农业旅游示范点。茶博物院内景色优美、典雅别致，内设五大展馆：主展馆、中国茶道教室、韩国茶礼馆、日本茶道馆和书画馆。以生动的模型、灯箱及图片展示中国云南野生大茶树群落、中华茶文化、民族饮茶风情、现代茶艺、茶与诗、茶与书画、茶与健康及茶叶科技等，附设天福史馆展示天福集团的发展历程，以及薪火相传、茗风石刻、明湖垂影、茂林修竹、唐山瀑布、武人茶苑、兰亭曲水、天宫赐福八大景观。

三、茶博览会

茶博览会是近十几年中国茶行业高速发展的一个重要组成部分，也是茶文化发展的一个最直观的缩影。茶博览会主要展览以六大茶类为主的知名茶叶品牌和企业，以及茶具、茶叶包装、茶叶艺术品等茶行业相关的产品，现场同时有丰富多彩的茶事活动以及茶艺表演。茶博览会不仅带来了行业内先进的信息与技术，促进了茶企的宣传和销售，而且为国内外采购商和广大茶友提供了更多交流的机会。一般茶博览会大都包含两类观众，即专业观众和普通观众。专业观众是指茶行业的从业者，普通观众则是指茶叶消费者。

随着茶产品消费的升级，电商业与快递业的普及与发展，茶产品销售渠道越来越扁平化、多样化，茶的文化和社交属性越来越彰显，如何营造和引导消费者显得越来越重要，茶博览会需要向更多的消费观众开放，从专业型展会向消费体验型展会转型发展，促进茶文化及茶产业的发展。

目前我国形成规模的茶博览会主要有以下这些。

1. 北京茶博会

中国（北京）国际茶业及茶艺博览会，简称北京茶博会，创办于 2011 年，由商务部批准，中国农业国际合作促进会主办，中国农业国际合作促进会茶产业委员会、北京京港环球国际展览有限公司承办，举办周期为一年两届，每年 4 月下旬、8 月下旬在北京全国农业展览馆举办。从 2011 年的 4000 平方米增长到 2021 年 26000 平方米，经过 10 余年的培养，已成长为国内极具影响力的春茶盛会，全国优秀绿茶品牌齐聚北方，绿茶占比突破 50%，素有"北方春茶必看展""中国春茶晴雨表"之美誉。主要展品范围为茶叶、茶具、茶器具、泡茶水、茶服、茶业质量检测仪、茶文化类、茶叶包装、茶叶机械等茶产品。

第十三届中国（北京）国际茶业及茶艺博览会于 2021 年 4 月 23 日—26 日在全国农业展览馆 1.3.11 号馆举办，茶博会以"茶润春色、万象更新"为主题，展出面积达 26000 平方米，1300 个标准展位。云集了西湖龙井、贵州绿茶、恩施富硒茶、平阳黄汤、祁门红茶、利川红、金骏眉、武夷山大红袍、宜兴紫砂、景德镇陶瓷、锡兰红茶、尼泊尔红茶等国内外 900 余家茶叶、茶具品牌，四天的展出时间共吸引了近 5 万名观众参观。

2. 上海茶博会

上海茶博会是由上海市商务委员会批准，中国茶叶流通协会、中国长三角茶业合作（上海）组织、浙江省茶叶产业协会、安徽省茶叶行业协会、上海市茶叶行业协会主办，上海东贸展览服务有限公司承办的一个茶叶展销会。上海茶博会以"科技创新、推广新品、巩固合作、促进交流"为博览会主题，主要展品有六大茶类、再加工茶类、茶具产品、茶叶包装、泡茶用水、茶叶加工设备、茶叶销售包装等。上海茶博会自2004年5月26日—28日首次开展以来，目前已经连续举办过十八届，基本上都是在每年的5月下旬或6月上旬举办，展览面积近20000平方米，吸引了来自全国各地的知名企业及观众参观。

3. 杭州茶博会

杭州茶博会在国内较早开展，1998年10月，首届中国国际茶博览交易会在杭州世贸中心举办，茶博会由杭州市人民政府、中国国际茶文化研究会、浙江世界贸易中心共同主办，以后每年10月举办，是集茶叶、茶具、茶文化于一体的综合性博览会。2005年4月13日—15日又举办了2005年中国（杭州）西湖国际茶文化博览会。

2017年"首届中国国际茶叶博览会"由中华人民共和国农业农村部、浙江省人民政府主办，杭州市人民政府、浙江省农业农村厅、浙江省供销合作社联合社承办，5月18日—21日在杭州国际博览中心进行，有48个国家和地区的1700余家经销商近万种茶叶及咖啡品种参展，展会以"品茗千年、中国好茶"为主题，以成就展示、贸易洽谈、合作交流为主要内容，重点展示我国和世界茶产业发展成就，促进茶产品贸易合作，交流茶文化，这是国内唯一由农业农村部举办的茶叶展会，以后永久落户杭州。2021年的主题是"茶和世界、共享发展"，以全面推进乡村振兴为主线，以塑强茶品牌和促进茶消费为核心，全面展示中国茶产业发展成就及新品种、新技术、新业态，共有来自全国各产茶省区市及国外的1500余家企业、4000多家采购商参展。展会规模近70000平方米，约有3500个展位，每年吸引参展观众数万人。

图6-1 2017年首届中国国际茶叶博览会

4. 广州茶博会

广州茶博会也叫广州茶叶国际展，首次广州茶博会创办于 2006 年，早期举办时间在每年的 11 月中旬，举办频率为一年一次。自 2011 年起，广州茶博会分春、秋两季举办，春季展览会的举办时间在 5 月下旬至 6 月上旬，秋季展览会时间在 11 月中旬左右，目前已经连续举行过 20 多届茶叶博览会。经过多年的累积和沉淀，广州茶博会已成为预示年度茶业发展趋势的风向标，展会所呈现出的前瞻性和专业性也备受业界关注。2021 年中国（广州）国际茶业博览会春茶展销会由中国茶叶流通协会、广东省茶业行业协会主办，广州益武国际展览有限公司承办，展会规模达 60000 平方米，有来自全国 20 多个省区市产茶区 500 多家品牌企业参展。展会地点在广交会展馆 C 区，共设中华品牌馆、经典普洱馆、国际名茶馆、茶具文化馆、活动展演馆等 6 个展馆。展品丰富，六大茶类的各品牌茶叶、紫砂陶瓷茶具、茶家具、茶服、茶食品、香道产品等，涵盖整个茶行业产业链。参展企业都是茶产业链中具有代表性的企业和知名的茶叶品牌，每年吸引大量的参展观众参加。

5. 海峡两岸茶博会

为进一步构建福建省茶产业的发展平台，打响闽茶品牌，建设福建茶叶强省，促进海峡西岸经济区建设和海峡两岸农业合作与交流，福建省人民政府决定从 2007 年起举办海峡两岸茶业博览会。首届海峡两岸茶业博览会于 2007 年 11 月 16 日—20 日举办，由福建省人民政府主办，泉州市人民政府承办，在福建泉州举行，以"对台农业、海峡两岸""茶为国饮、闽茶为优"和"全国一流、可持续办"为三大特色，吸引参展企业 465 家，其中台湾省参展企业 53 家，标准展位 622 个，参展的茶叶产品包括茶叶、茶具、茶叶加工产品等。从第二届海峡两岸茶业博览会起，展览会的地点固定在了武夷山，至 2021 年已经连续举办了 15 届，举办频率为一年一次，举办时间为每年的 11 月中下旬，展会规模约 45000 平方米，展位约 2000 个，展览范围涉及茶叶、茶具、茶保健品、茶制品、茶工艺品、茶精品、茶食品、茶饮料、茶家具、茶叶加工机械、茶叶包装机械、茶叶种植用农药 、茶叶加工科技、茶叶种植科技、茶叶保鲜及贮存技术、茶主题旅游、茶媒体等范围。

6. 深圳茶博会

第一届中国（深圳）国际茶业茶文化博览会于 2008 年 12 月在深圳会展中心举行。深圳茶博会由中国国际茶文化研究会、中国茶叶学会、深圳市贸促会、香港联合国际展览有限公司联合主办，深圳华巨臣实业有限公司承办，举办频率为一年一次或一年两次，举办时间在每年的 12 月初。深圳茶博会全力整合国内国际市场产、供、销一体化的资源优势，坚持以"弘扬茶业文化、提升民族品牌、引导绿色健康消费、促进茶产业和谐发展"为办展宗旨，力争成为中国最具影响力、进行品牌战略、品牌建设的宣传平台，中国最具深度和广度的茶文化鉴赏及创新的交流、演绎平台，倾心打造中国最具竞争力的专业茶业博览会。2009年，第二届深圳茶博会再掀高潮，650家参展商将所有展位分享一空，4天入馆观众达12万人次，现场通过现金及刷卡成交金额达2600万元，统计订单近5000万元。另外，入馆海外买家达25000人次。在海外买家中，我国香港买家约占35%，东南亚买家约占28%，韩国、日本、马来西亚、新加坡、泰国、斯里兰卡等海外买家也纷纷莅临采购。2021年12月20日，第25届深圳秋季茶博会落下帷幕，整个展销会的展览面积达到10万平方米，拥有国际标准展位4700个，10余个政府组团参展，超过1800家品牌茶企强势助阵，展览的范围包括六大茶类、茶器具、茶服、茶机械、茶包装等产品，展出了24个品类的超20万件产品，呈现了近100场专业茶事活动，谱写了世界茶文化和茶产业发展的新篇章，助推全球茶经济繁荣、茶产业发展。

四、茶奥运会

中华茶奥会是我国首个以茶为主题的奥林匹克盛会，以赛、品、论、展多种形式展现繁盛茶事。中华茶奥会由中国国际茶文化研究会、中国农业展览协会、浙江大学、中华全国供销合作总社杭州茶叶研究院、中华茶人联谊会、杭州市人民政府主办，国内外爱茶人士报名参赛，正逐步成为一个政府指导、公益为先、市场运作、创新发展的世界性大型茶竞技类赛事活动。自2014年举办以来，中华茶奥会已吸引了来自18个国家和地区的超过5000名参赛者，国际影响力不断提升。至今已经连续举办了8届茶奥运会，举办频率为一年一次，举办地点在浙江省杭州市。2018年后，将茶奥运会的举办地点固定在了杭州的龙坞茶镇。举办时间为每年的11月—12月。茶奥会突出科技、品质、人文、活力、时尚等元素，通过茶艺大赛、仿宋茗战等赛事项目和高峰论坛活动，搭建竞技茶功夫、切磋茶技艺、展示茶文化的平台，推广茶文化，培育优秀行业品牌，促进茶产业转型升级，让中国茶的魅力远播世界。历届茶奥运会的比赛内容非常丰富，早期的茶奥会主要有茶艺大赛、仿宋茗战、茶品鉴及冲泡技艺竞赛、茶席与茶空间设计赛、茶具设计赛（茶具秀）、"茶+"调饮赛、茶服设计赛（茶服秀）、"茶说家"演讲大赛、抹茶产品赛等。随着茶奥运会的进一步发展，比赛内容也越来越丰富，近年来又增加了中国茶人之家大赛、中国茶红人直播大赛、茶叶包装设计与品牌视频大赛等新的比赛内容。

未来，浙江省杭州市政府将把中华茶奥会作为重点经典主题茶事进行打造，与在杭州举行的中国国际茶叶博览会呼应，形成上半年中国国际茶叶博览会、下半年中华茶奥会这样一年两会的茶事格局，进一步提升"杭为茶都"的形象。中华茶奥会的发展有利于带动茶产业的发展，加强国际间的交流合作，弘扬"茶为国饮"，建设"杭为茶都"；有利于创新茶产业的融合，通过"平民化"的茶叶竞技平台的打造，让更多人了解并爱上茶文化，从而有效推动茶产业和茶文化的可持续发展，有利于见证茶行业的成长，弘扬茶人精神。

第三节　茶的旅游文化

　　茶文化旅游作为一种新兴的旅游文化，是一种独特的文化休闲方式，是将农业旅游、生态旅游、文化旅游有机地结合在一起的可持续发展的旅游产业。当前，以茶会友、以茶养心、以茶修身已成为都市人的生活时尚。我国丰富的茶文化遗迹为发展茶文化旅游奠定了坚实的基础。茶文化庄园作为新型的茶文化旅游业态受到广泛关注。

　　我国的名茶产地大多与名山、名泉、名刹相连，这些地方留下了大量历代王公贵族、文人墨客与茶相关的痕迹，这些茶文化资源与民俗风情、地方特色结合起来是非常好的旅游资源。茶文化旅游的开发不仅可以提高人民的生活水平，还可以为乡村振兴提供实践路径。

图6-2　千岛湖观光茶园

一、茶文化遗迹

我国是茶的起源地，对茶树的开发利用历史悠久，留下了丰富多彩的茶文化遗迹。这些遗迹属于不可重新创造的有形文化遗产，蕴含着丰富的经济、社会、生态和科学研究等价值，是一种文化资本。在当今茶文化兴盛的形势下，对它们进行保护与开发利用具有重要的现实意义。根据茶文化专家的调查研究，茶文化遗迹主要包括自然遗迹类、自然遗迹与人文遗迹结合类。

二维码 6-6
微课：茶文化遗迹

茶文化的自然遗迹类，主要有茶马古道、古茶道、古茶山、古茶树、古茶园和宜茶井泉六大类。自然遗迹与人文遗迹结合类，主要有古茶所、寺观、碑帖典籍、古窑址、茶史实物、文物及实物馆藏处等。它们主要分布在全国 21 个省区市，遗迹数量较多的省份是浙江、江西、湖北、四川、江苏、安徽、云南。

1. 万里茶道

"万里茶道"亦称中俄茶叶之路，特指从 17 世纪后半叶起至 20 世纪 20—30 年代中国茶叶经陆路输出至俄罗斯等国的贸易路径，也是继古代丝绸之路衰落之后在欧亚大陆兴起的又一条重要的国际商道。万里茶道起于福建武夷山下梅村，经江西、湖南、湖北、河南、山西、河北、内蒙古向北延伸，穿越蒙古戈壁草原，抵达中俄边境口岸恰克图，总长约 4760 千米。此后继续向西延伸，横跨西伯利亚，通往莫斯科、圣彼得堡以及欧洲各国，全程约 1.3 万千米。"万里茶道"在我国 8 省区沿线地区地理环境多样、族群文化多元，自然文化遗产丰富，在新时期具有重要的战略价值、文化价值和旅游价值。

2. 云南的古茶树与古茶园

云南的西双版纳、普洱、临沧、保山等地区都有大面积的古茶树和古茶园。西双版纳的古茶园约 80000 亩，是野生型古茶树和栽培型古茶树较集中的产地之一。临沧秘境古茶林，是世界茶树起源的重要区域，茶树种为大理茶种。双江万亩原生野生茶树群，有 80000 多株原生茶树，是迄今发现的世界上面积大、树龄长、海拔最高的原生古茶树林。考证认为，云南芒景、芒迈栽培型古茶树林是少数民族中布朗族先民濮人驯化栽培留下来的茶树。云南勐海县南糯山树龄为 800 多年的栽培型古茶树、云南澜沧县邦崴村树龄为 1000 多年的过渡型古茶树和勐海巴达树龄为 1700 年的野生大茶树是世界三大"古茶树"。

3. 江南茶区的茶文化名山

江南茶区名山众多，名山出名茶。安徽黄山出产黄山毛峰茶，九华山出产金地佛茶；江西庐山出产庐山云雾茶；浙江天台山出产天台山云雾茶；临安天目山出产天目青顶茶；苏州洞庭山出产碧螺春茶；乐清雁荡山出产雁荡毛峰茶；福建武夷山出产岩茶等。茶文化遗迹丰富了这些名山的内涵，为游人提供了更多文化遐想。这些名山风景优美、环境清幽，出产的茶叶品质优良，成为当地的特色旅游产品。

4. 广东潮州的古茶山

潮州凤凰山为中国著名产茶区之一，有900多年的茶树栽培历史，是乌龙茶的发源地之一，现存3000多株200~600多年树龄的古茶树，其中乌岽村附近600年树龄的单丛宋种最为著名，被中外专家认定为目前世界上数量最多、罕见多香型、多品种、栽培型珍稀茶树资源，是我国独有的栽培型古茶树群落。凤凰山所产的凤凰单丛茶以香气高扬、香型众多而著名，被誉为茶中香水，很有特色。

5. 制茶场所遗迹

大唐贡茶院遗址。位于浙江长兴县顾渚山虎头岩后，是中国历史上最早的贡茶——紫笋茶的制作作坊，称"顾渚贡焙"，始建于唐大历五年（770），始贡500串，到唐会昌中，增至18400斤，多时采制工人数万人，所制贡茶清明前急程速递长安。元代，贡茶院改为磨茶院，院址移到下游水口，贡茶院旁还有金沙泉，附近山崖绝壁上还有茶事摩崖石刻。

北苑御焙遗址。位于福建省建瓯市东峰镇焙前村，是宋代管理北苑御焙的衙署及生产"龙团凤饼，名冠天下"贡茶的作坊所在地。总面积约2万平方米。2006年5月该遗址被国务院核定为第六批全国重点文物保护单位。

浙江磐安玉山古茶场。位于玉山镇马塘村茶场山下，为全国重点文物保护单位。现存的玉山古茶场始建于宋、重修于清，被文物专家称为"中国茶文化的活化石""国内现存最早的茶叶交易市场"。

6. 茶文化名寺

余杭径山寺。位于浙江余杭、临安交界处，属天目山脉之东北峰。唐代禅宗大兴，开始把茶融入禅门清规之中，形成了一套以茶待客的仪规，后人称为"径山茶宴"，对日本茶道产生了极大影响。

天台国清寺。是第五批全国重点文物保护单位，占地7.3万平方米，寺周保存了大量的摩崖、碑刻、手书、佛像和法器等珍贵文物。国清寺在佛教发展史和中外关系史上都具有重要地位国清寺是一座历史文化古刹。唐贞元年间，日本高僧最澄到天台山国清寺学习天台宗义理，回国后在京都比睿山创立了佛教天台宗并带回了茶种。

我国茶文化遗迹众多,除了以上介绍的地区,重要的代表还有福鼎太姥山茶园、福安坦洋古茶村、杭州十八棵御茶遗址、雅安名山皇茶园遗址、宜茶名泉如杭州虎跑泉、无锡惠山泉、宜昌陆羽泉、建阳建窑遗址等。休闲游览时选择到茶文化遗迹中走走看看,可切实感受到我国茶文化的悠久魅力。

二、茶文化庄园

茶文化庄园集茶叶生产和茶文化旅游于一体,是一种能够推动茶业与文化旅游深度融合的新兴业态。茶文化庄园一般以茶产业为主导,其业务范畴包含茶叶生产、加工、经营、休闲、观光、文化、教育等。庄园内生态环境优美、风光秀丽、交通便捷,尤其受到都市人群的喜欢。建设茶庄园,我国的不少茶区在做,建设得也比较好,如云南柏联普洱茶庄园、浙江临海羊岩山茶文化园、福建华祥苑安溪铁观音茶庄园、广东韶关新丰大丰茶

二维码 6-7
微课:茶文化庄园

庄园、广西合浦县七里香茶庄园、贵州兰馨茶庄园、四川苗溪私茶庄园、湖北玉皇剑茶庄园、湖南湘丰茶庄园、河南信阳阿里云智慧茶庄园等。

1. 云南柏联普洱茶庄园

柏联普洱茶庄园,位于云南普洱的景迈山,建于 2007 年,以法国红酒庄园为蓝本,是世界第一个集茶叶种植、生产、加工、窖藏、科研、销售、旅游体验、文化传承以及品牌运营为一体的茶庄园。庄园的建设以两大茶叶基地为核心,涵盖九大建设内容,涉及茶园种植、现代化工厂生产、构建营销渠道与品牌运作,通过构建茶叶全产业链打通了一二三产,并将茶产业与旅游、休闲养生深度结合起来开发,拥有三大旅游配套项目。

柏联普洱茶庄园制茶坊由著名建筑设计大师邢同和设计,全钢架结构、全玻璃外墙和隔断的精制厂房,把具有云南傣族、布朗族民居特色的木材、茅草、小挂瓦、回廊、尖顶等元素自然地融入其中,与周围茶园浑然一体,既方便游客观光,又可以保证生产环境的整洁,打造了一座集现代建筑美感和傣族、布朗族民族特色为一体的制茶坊。

2. 浙江临海羊岩山茶文化园

羊岩山茶文化园为国家 AAA 级景区,位于河头镇海拔 786 米的羊岩山区,登峰顶可东观三门湾,南瞻临海城,西眺括苍巅,北望华顶云。古以"山顶石壁上有石影如羊"而得名,今因出产"江南第一勾青茶"而闻名。羊岩勾青茶质量已达国际先进水

平，通过了国家绿色食品的认证，曾在国际、国内评比活动中多次获奖。

羊岩山茶文化园以优美的自然环境为条件，以茶产业为基础，以茶区多样性的自然景观和特定历史文化景观为依托，深入挖掘茶文化、宗教文化和生态文化的内涵。茶文化园占地约 20 平方千米，其中茶园约 5 平方千米，分别由羊岩茶道、羊岩之巅、茶乐园、茶生态园四大功能区和数十个景点组成，是国内首个集茶园生态观光、茶文化展示、品茗休闲、青少年科普教育和茶叶加工工业旅游为一体，以体验式为特点的综合性茶文化主题公园，是养眼、养颜、养心的好去处。

3. 福建华祥苑安溪铁观音茶庄园

华祥苑安溪铁观音茶庄园拥有从种植、生产、加工完全按生态标准进行生产的庄园茶基地，6000 多平方米铁观音初制加工厂，种茶采茶体验区，古法制茶体验区、品茗室，以及茶文化馆、茶艺表演区、农产品交易区、观光木屋、特色农家菜餐饮区、停车场等，成为集茶叶种植、加工、观光、休闲于一体的综合性茶文化基地。目前年接待游客 2.5 万人，并推出了庄园茶系列产品，市场反馈较好。

三、茶乡村振兴

产业融合发展是促进我国乡村振兴的重要战略举措。茶产业在我国的脱贫攻坚过程中发挥了重要作用，甚至是一些地区的支柱产业。对于茶叶生产区来说，发展茶文化旅游业能够将当地以农业为主的第一产业转移到以服务业为主的第三产业，改变当地的产业发展结构，提高当地的经济收入，改善生产区人们的收入情况和就业情况。茶文化的推广有利于推动精神文明建设、社会进步，丰富人们的文化生活，在推动乡村振兴过程中也发挥着

二维码 6-8
微课：茶乡村振兴

独特的作用。茶文化旅游助力乡村振兴，除了传统的茶乡旅游线路开发、茶文化旅游景点建设等方式，近年来还出现了一些新型业态，如茶文化田园综合体和茶文化主题民宿。

1. 茶文化田园综合体

田园综合体是以企业和地方合作的方式，在乡村社会进行大范围整体、综合的规划、开发、运营，形成的是一个新的社区与生活方式，是企业＋农业＋文旅＋地产的综合发展模式。近年来，随着茶旅的兴起，一些产茶区已经出现以茶为主题的田园综合体雏形，这些景点以茶园为主题，增加多种旅游观光元素，通过多元化创新，实现多元素融合，构建起以茶为主题的田园综合体，并且已经产生了很好的经济效益。

四川屏山县梯田茶海位于锦屏社区，当地积极探索乡村振兴新模式，打造产业兴旺示范区，坚持"特色水果园区 + 农村新型社区 + 乡村旅游景区"三区共建，共同发展。依托"万亩梨茶套种示范基地"，形成了以"茶文化"为核心、万亩生态茶叶为依托，"四统三分"管理模式的省级农业示范主题公园。春观万亩梨花，闻绿茶香；夏看层层梯田，望层峦叠嶂；秋赏红叶片片，品鲜果香甜；冬观茫茫白雪，享宁静之景。

安徽省六安茶谷规划面积约 5696 平方千米，人口约 157 万人，主干线长约 260 千米，建设范围涉及 5 个县区、46 个乡镇、2 个风景区、5 个水库。茶谷以六安瓜片为产业基础，全面反映六安茶产业的特色，将六安瓜片、霍山黄芽、金寨翠眉、舒城小兰花、华山银毫原产地和主产区全部纳入茶谷。"500 里茶谷孕育五朵金花"，可以客观全面地反映茶产业的鲜明特色和六安茶谷茶旅游的独特魅力。

贵州兴仁县的云中茶海观光区，除有茶叶田园综合体良好的硬件设施外，还包括实景演出、茶文化馆、茶园迷宫、净心禅院等。其中《黔茶印象》实景演出在白天举行，以贵州布依族茶文化为载体，以茶山为背景，用写意的手法，融入布依族的古茶歌、茶戏、舞蹈等，完成人与自然、古与今的对话。云中茶海观光区真正实现了集观光体验、休闲娱乐、山地运动、农业体验、禅茶体验、自然养生等为一体，目前已经成为在全国小有名气的田园综合体。

2. 茶文化主题民宿

旅游民宿，是指利用当地闲置资源，民宿主人参与接待，为游客提供体验当地自然、文化与生产生活方式的小型住宿设施。其中，根据所处地域的不同可分为城镇民宿和乡村民宿。近年来，随着生活节奏的加快和工作压力的增大，乡村民宿成了人们放空心灵、追寻宁静致远田园生活的栖息之地，也成为旅行中能深刻融入当地环境的一种最直接的方式。

茶叶本身具有的休闲文化底蕴与民宿的内涵高度契合，茶文化主题民宿已成为茶文化旅游中的新型业态。茶文化主题民宿旅游产品开发，从供给方角度而言即为利用茶生态旅游资源和景观，实现旅游者的一次茶主题度假活动，为游客提供吃、住、行、游、购、娱等多方面服务于一体的物质产品和服务产品的组合；从旅游者角度而言，茶主题度假旅游产品是游客所获得的一次茶生态和茶文化的旅游经历，使得物质和精神上都得到满足，它具有自然趣味性、休憩体验性、科普教育性等特点。目前，在一些茶文化氛围浓厚的地区，如杭州西湖区、福建武夷山、德清莫干山等地已经出现了茶文化主题民宿的集聚区。但总体而言，茶文化主题民宿的发展还处在初级阶段，在广大茶叶产区有良好的发展前景。

课后习题

1. 我国古代的茶税制度有哪些？对茶业发展有什么作用？

2. 什么是茶马古道和万里茶道？

3. 茶与旅游如何有机结合？

参考文献

（1）姚国坤．中国茶文化学 [M]．北京：中国农业出版社，2019

（2）刘勤晋．茶文化学 [M]．北京：中国农业出版社，2000

（3）龚永新．茶文化与茶道艺术 [M]．北京：中国农业出版社，2014

（4）吴觉农．茶经述评 [M]．2 版．北京：中国农业出版社，2005

（5）中国茶叶学会．吴觉农选集 [M]．上海：上海科学技术出版社，1987

（6）陈椽．茶叶商品学 [M]．合肥：中国科学技术大学出版社，1991

（7）陈椽．茶叶通史 [M]．2 版．北京：中国农业出版社，2008

（8）黄志根．中华茶文化 [M]．杭州：浙江大学出版社，2000

（9）余悦，叶静．中国茶俗学 [M]．西安：世界图书出版西安有限公司，2014

（10）陈宗懋．中国茶叶大辞典 [M]．北京：中国轻工业出版社，2012

（11）施海根．中国名茶图谱（绿茶篇）[M]．上海：上海文化出版社，1995

（12）中国硅酸盐学会．中国陶瓷史 [M]．北京：文物出版社，1982

（13）朱红缨．中国茶艺文化 [M]．北京：中国农业出版社，2018

（14）钱时霖．中国古代茶诗选 [M]．杭州：浙江古籍出版社，1989

（15）刘枫．新茶经 [M]．北京：中央文献出版社，2015

（16）朱世英．茶诗源流 [M]．北京：中国农业出版社，2012

（17）杨东甫．中国古代茶学全书 [M]．桂林：广西师范大学出版社，2011

（18）蔡烈伟．茶树栽培技术 [M]．北京：中国农业出版社，2014

（19）汪逸芳．中华茶文化与民族精神的结合——长篇小说《南方有嘉木》介评 [J]．中国出版，1997(1):1

（20）刘勤晋．茶经导读 [M]．北京：中国农业出版社，2015

（21）伍萍，丁以寿．《茶经述评》的述评 [J]．茶业通报，2009，31(4):168-170

（22）郭丹英，王建荣．中国茶具流变图鉴 [M]．北京：中国轻工业出版社，2009

（23）屠幼英．茶与健康 [M]．西安：世界图书出版西安有限公司，2011

（24）朱永兴，周巨根．茶学概论 [M]．北京：中国中医药出版社，2013

（25）叶乃兴．茶学概论 [M]．北京：中国农业出版社，2013

（26）宋时磊．茶马古道的概念、研究瓶颈与开拓方向——历史学科的视角 [J]．农业考古，2021(5):228-233

（27）刘超凡．近三十年来茶马古道研究综述 [J]．农业考古，2021(2):261-270

（28）凌文锋，罗招武，木霁弘.茶马古道研究综述[J].云南社会科学，2018(3):97-106+187

（29）陆骏.依托地域特色营造茶博馆人文景观——中国茶叶博物馆龙井分馆景观建设的思考[J].中国园艺文摘，2017, 33（7）：100-105

（30）牛震.以茶为题，讲述产业振兴新故事——第四届中国国际茶叶博览会侧记[J].农村工作通讯，2021(11):35-37

（31）徐明.茶与茶文化[M].北京：中国物资出版社，2009

（32）中国茶叶博物馆.中国茶事大典[M].北京：中国农业出版社，2019

（33）丁以寿.茶艺与茶道[M].北京：中国轻工业出版社，2019

（34）江用文，童启庆.茶艺师培训教材[M].北京：金盾出版社，2008

（35）徐晓村.中国茶文化[M].北京：中国农业大学出版社，2005

（36）钱时霖，竺济法.中华茶人诗描[M].北京：中国农业出版社，2005

（37）周国富.世界茶文化大全[M].北京：中国农业出版社，2019

（38）段文华，于良子，周智修，姜仁华.我国茶文化遗址遗迹初考[J].农产品市场，2020（9）：14-21

（39）周国富.建设茶庄园，助力乡村振兴[J].茶博览，2021（8）：14-22

（40）贺晓敏，史治刚，李菲.茶叶生产区乡村旅游开发现状与策略初探[J].福建茶叶，2022, 44（1）：91-93

（41）陈晨，何礼平，王美燕.乡村振兴背景下浙江茶乡主题民宿的发展研究[J].福建茶叶，2022, 44（2）：46-48

（42）丁以寿，黄友谊，蔡荣章.中华茶艺[M].合肥：安徽教育出版社，2012

（43）杨晓萍.茶叶深加工与综合利用[M].北京：中国轻工业出版社，2019

（44）施兆鹏.茶叶审评与检验[M].北京：中国农业出版社，2010

图书在版编目（CIP）数据

中华茶文化 / 胡民强主编. -- 北京：中国人民大
学出版社，2022.8
新编21世纪高等职业教育精品教材．公共基础课系列
ISBN 978-7-300-30956-9

Ⅰ.①中… Ⅱ.①胡… Ⅲ.①茶文化—中国—高等职
业教育—教材 Ⅳ.①TS971.21

中国版本图书馆 CIP 数据核字（2022）第 159594 号

新编21世纪高等职业教育精品教材·公共基础课系列
中华茶文化
主　编　胡民强
副主编　高玉萍　王　瑶
主　审　章志平
Zhonghua Cha Wenhua

出版发行	中国人民大学出版社	
社　　址	北京中关村大街 31 号	**邮政编码** 100080
电　　话	010-62511242（总编室）	010-62511770（质管部）
	010-82501766（邮购部）	010-62514148（门市部）
	010-62515195（发行公司）	010-62515275（盗版举报）
网　　址	http://www.crup.com.cn	
经　　销	新华书店	
印　　刷	北京宏伟双华印刷有限公司	
规　　格	185 mm×260 mm 16 开本	**版　次** 2022 年 8 月第 1 版
印　　张	18.5 插页 1	**印　次** 2022 年 8 月第 1 次印刷
字　　数	352 000	**定　价** 40.00 元